国家出版基金项目
NATIONAL PUBLICATION FOUNDATION

现代农业高新技术成果丛书

保护性耕作的土壤生态与固碳减排效应

——华北麦玉两熟区典型研究

Soil Ecology, Carbon Sequestration, and Greenhouse Gas Mitigation under Conservation tillage: A Case Study of the Winter Wheat–Summer Corn Double Cropping System in North China

陈　阜　张海林　主编

中国农业大学出版社
·北京·

内容简介

本书系统梳理了在华北平原10余年的保护性耕作研究成果，重点介绍了保护性耕作土壤结构效应、温室气体排放特征、土壤固碳效应等，对于正确评价保护性耕作固碳效应具有重要的意义，也为华北平原保护性耕作的发展提供了理论依据。

图书在版编目(CIP)数据

保护性耕作的土壤生态与固碳减排效应：华北麦玉两熟区典型研究/陈阜，张海林主编. —北京：中国农业大学出版社，2012.9

ISBN 978-7-5655-0536-2

Ⅰ.①保… Ⅱ.①陈…②张… Ⅲ.①资源保护－土壤耕作－土壤生态学－研究②资源保护－土壤耕作－二氧化碳－总排污量控制－研究 Ⅳ.①S341

中国版本图书馆CIP数据核字(2012)第087108号

书　　名　保护性耕作的土壤生态与固碳减排效应——华北麦玉两熟区典型研究

作　　者　陈　阜　张海林　主编

责任编辑　孙　勇　　**责任校对**　陈　莹　王晓凤

封面设计　郑　川

出版发行　中国农业大学出版社

社　　址　北京市海淀区圆明园西路2号　　**邮政编码**　100193

电　　话　发行部 010-62818525,8625　　读者服务部 010-62732336

编辑部 010-62732617,2618　　出　版　部 010-62733440

网　　址　http://www.cau.edu.cn/caup　　**e-mail**　cbsszs @ cau.edu.cn

经　　销　新华书店

印　　刷　涿州市星河印刷有限公司

版　　次　2012年9月第1版　2012年9月第1次印刷

规　　格　787×1092　16开本　14.25印张　350千字

定　　价　58.00元

编写人员

主　　编　陈　阜　张海林

副 主 编　吕贻忠　孔凡磊　孙国峰　翟云龙

编写人员　（按姓氏笔画排序）

孔凡磊　王福军　卢小宏　伍芬琳

吕贻忠　孙国峰　张　宇　张二朋

张明园　张海林　李　琳　李素娟

杨再洁　杨志臣　陈　阜　陈中督

陈军胜　陈继康　周　虎　胡立峰

徐尚起　崔思远　黄光辉　童文杰

韩　宾　翟云龙　魏燕华

出版说明

瞄准世界农业科技前沿，围绕我国农业发展需求，努力突破关键核心技术，提升我国农业科研实力，加快现代农业发展，是胡锦涛总书记在 2009 年五四青年节视察中国农业大学时向广大农业科技工作者提出的要求。党和国家一贯高度重视农业领域科技创新和基础理论研究，特别是 863 计划和 973 计划实施以来，农业科技投入大幅增长。国家科技支撑计划、863 计划和 973 计划等主体科技计划向农业领域倾斜，极大地促进了农业科技创新发展和现代农业科技进步。

中国农业大学出版社以 973 计划、863 计划和科技支撑计划中农业领域重大研究项目成果为主体，以服务我国农业产业提升的重大需求为目标，在“国家重大出版工程”项目基础上，筛选确定了农业生物技术、良种培育、丰产栽培、疫病防治、防灾减灾、农业资源利用和农业信息化等领域 50 个重大科技创新成果，作为“现代农业高新技术成果丛书”项目申报了 2009 年度国家出版基金项目，经国家出版基金管理委员会审批立项。

国家出版基金是我国继自然科学基金、哲学社会科学基金之后设立的第三大基金项目。国家出版基金由国家设立、国家主导，资助体现国家意志、传承中华文明、促进文化繁荣、提高文化软实力的国家级重大项目；受助项目应能够发挥示范引导作用，为国家、为当代、为子孙后代创造先进文化；受助项目应能够成为站在时代前沿、弘扬民族文化、体现国家水准、传之久远的国家级精品力作。

为确保“现代农业高新技术成果丛书”编写出版质量，在教育部、农业部和中国农业大学的指导和支持下，成立了以石元春院士为主任的编审指导委员会；出版社成立了以社长为组长的项目协调组并专门设立了项目运行管理办公室。

“现代农业高新技术成果丛书”始于“十一五”，跨入“十二五”，是中国农业大学出版社“十二五”开局的献礼之作，她的立项和出版标志着我社学术出版进入了一个新的高度，各项工作迈上了新的台阶。出版社将以此为新的起点，为我国现代农业的发展，为出版文化事业的繁荣作出新的更大贡献。

中国农业大学出版社

2010 年 12 月

前　言

华北平原是我国重要的粮食生产基地，小麦—玉米一年两熟是主要种植模式。20 世纪 80 年代以来，随着机械化程度的提高和灌溉面积的急剧扩大，地下水位下降、作业成本上升日益成为该区农业生产持续高效发展的限制因素。发展节水、高效、省工的耕作技术是华北平原的迫切需求。

土壤耕作是重要的农事活动之一，对作物的生长发育、产量提高等方面有着重要的影响。我国传统耕作以精耕细作著称，作物播种前需要多次的耕翻耙耱，农耗时间比较长，对下茬作物的正常生长具有一定的影响。合理的土壤耕作能够促进作物生产，提高资源的利用效率；不合理的土壤耕作不但会减产，甚至会造成灾难性的后果。20 世纪 30 年代，美国等国家发生了举世震惊的“黑风暴”，究其原因是频繁地采用翻耕措施造成的。“黑风暴”之后，美国开始推广以免耕为主的保护性耕作技术，后来逐步在全世界范围内推广。目前，保护性耕作以其节水、省工、省力等特点成为了可持续农业发展的重要支撑技术之一。

与国外保护性耕作研究相比，在华北平原开展保护性耕作研究具有一定的难度。首先，国外保护性耕作技术研究与推广，多数是在一年一熟旱地条件下进行的，而华北平原一年两熟条件下，作物茬口之间衔接时间短，周年土壤耕作与作物的密切结合问题突出，要充分考虑上下茬周年平衡增产与资源利用；第二，作物产量高，秸秆量大，秸秆处理技术难度大；第三，耕地规模小，保护性耕作机械小型化，需要适合一家一户小型经营的作业机械；第四，粮食安全与资源高效利用问题更为突出。华北平原在保证我国粮食安全问题上具有重要的作用，但同时面临着水资源紧缺的突出问题，因此，在华北平原发展保护性耕作既要考虑粮食增产又要兼顾资源的高效利用。中国农业大学（原北京农业大学）针对华北平原小麦—玉米一年两熟作物生产的实际问题，20 世纪 70 年代在华北平原率先开展夏玉米免耕覆盖的研究，推动了该区域土壤耕作技术的改革，也带动了我国保护性耕作的研究和发展。目前，华北平原已经有 90%以上的夏玉米采用免耕覆盖播种，节约了人力、物力资源的投入，同时提高了资源的利用效率。进入 21 世纪，中国农业大学农业部保护性耕作研究中心设计研制出 2BMD-12 型小麦免耕播种机可以一次性完成秸秆（部分）粉碎、施肥、播种和镇压作业，并在华北小麦—玉米一年两熟区进行了推广应用。虽然，小麦—玉米周年保护性耕作技术仍有一定的问题，但对解决华北平原作物生产资源紧缺问题具有积极作用。

系统揭示保护性耕作条件下，土壤—作物系统的作用机制，对指导保护性耕作技术具有重要的意义。中国农业大学保护性耕作课题组在“十五”国家科技攻关计划“粮食丰产科技工程”项目“粮食主产区保护性耕作制与关键技术研究”专题、“十一五”国家科技支撑计划重点项目“保护性耕作技术体系研究与示范”课题“保护性土壤耕作关键技术与轮耕模式”、国家自然科学基金“华北平原麦玉两熟区保护性耕作冬小麦田水热动态变化机理及其技术模式的研究”等项目的资助下系统开展了华北平原保护性耕作关键技术及其农田生态效应的研究，对华北平原保护性耕作技术的完善与推广具有积极的作用。

进入 21 世纪以来，全球气候变暖成为了世界瞩目的问题，节能减排环境友好型的技术备受推崇。保护性耕作被国际上认为是固碳减排的重要农业技术，但也有专家认为，保护性耕作固碳减排效果并不突出。本书系统梳理了 10 多年的保护性耕作研究成果，重点介绍了保护性耕作的土壤结构效应、温室气体排放特征、土壤固碳效应等，对于正确评价保护性耕作的固碳效应具有重要的意义，也为华北平原保护性耕作的发展提供了理论依据。

本书研究成果是基于中国科学院栾城农业生态系统实验站长期保护性耕作试验的观测结果，由中国农业大学保护性耕作研究小组科研人员共同编写而成的，试验研究得到了该站的大力支持，在此表示诚挚的谢意；部分引用的成果在各章节进行了标注，也一并表示感谢！全书由陈阜、张海林统稿。

本书可以作为广大保护性耕作研究人员、技术推广人员、科技管理人员的参考书籍，也可为相关领域研究人员提供借鉴。希望本书的出版对我国保护性耕作及其相关领域的研究与发展起到积极的推动作用。

受编者水平的限制，书中错误和不足在所难免，欢迎广大读者进行批评指正。

编 者

2012 年 3 月

目　　录

绪　论

土壤耕作是作物生产过程中一项十分重要的环节，其通过改变土壤的各种性状、协调“土壤一植物一大气”之间的关系来影响农业生产。合理的土壤耕作具有稳产、增产、增效的作用，不合理的耕作措施不仅导致农田土壤质量和产量的下降，同时也会造成资源的浪费和环境的破坏。随着世界人口的增加带来的粮食安全和气候变化的压力以及举世闻名的“黑风暴”的发生，迫使人们探寻更好的土壤耕作方法来改善耕作对农业生产和环境的影响。

0.1　保护性耕作的产生

中国是一个具有悠久农耕文明史的国家，是世界上最早使用铁犁进行犁耕的国家，创造了耕、耙、耱、耢、中耕等一系列耕作措施，以精耕细作闻名于世界，在土壤管理方面积累了丰富的经验。保护性耕作也由来已久。我国传统上有一系列保土、保墒、增产的土壤耕作技术，在某种意义上已具有保护性耕作的作用。

现代的保护性耕作首先在工业化发达的北美地区兴起。1934 年威力强大的“黑风暴”横扫美国 2/3 国土，使成千上万年才能形成的肥沃表土在风暴中瞬间消失于大西洋中。有鉴于此，人们开始重新审视土壤耕作制度。1935 年，美国成立了土壤保护局，开始研究改良传统的翻耕方法，推广残茬覆盖耕作法，限于除草剂、农机具的发展，当时并未大范围推广。

1943 年，Edward Faulkner 在其著名的《犁耕者的愚蠢》一书中指出了传统翻耕的问题和实行免耕的必要性；1951 年，K. C. Barrons 等发表了免耕技术实施成功的报道；1967 年，“保护性耕作”一词才首先在美国伊力诺伊州启用。美国土壤保护局认为，保护性耕作是相对于传统翻耕的一种新型耕作技术，它是用大量秸秆残茬覆盖保护地表，将耕作减少到只要能保证种子发芽即可，主要用农药来控制杂草和害虫的耕作技术。

1988 年美国保护性耕作信息中心(CTIC)以秸秆残茬覆盖为标准,将耕作技术分为 3 种模式:一是传统耕作,播后地面覆盖率小于 15%,包括深松或翻耕加表土耕作;二是少耕,播后地面覆盖率在 15%～30%,包括多次表土耕作;三是保护性耕作,播后地面覆盖率大于 30%,免耕或播前一次性表土作业,除草剂除草。

2002 年农业部按照保护性耕作的内涵和目标,将其定义为“对农田实行免耕、少耕,并用作物秸秆覆盖地表,以减少风蚀、水蚀,提高土地肥力和抗旱能力的先进农业耕作技术”。张海林等认为,凡是减少了耕作次数、耕作面积以及增加地表覆盖度的耕作措施均可纳入保护性耕作。高旺盛等将保护性耕作核心技术划分为 3 类:一是以改变微地形为主的等高耕作、沟垄耕作等技术,主要是根据地形地貌特征和气候特点,利用农机具对地形进行改造,人为创造沟垄改变地表状态,减少土壤侵蚀;二是改变土壤物理性状为主的少耕、深松、免耕等技术,这类技术以“少动土”为重要特征,主要通过改变耕作方式、次数和面积,创造松紧适度的土壤结构,为作物生长发育创造适宜的环境;三是以增加地面覆盖为主的秸秆覆盖、留茬或残茬覆盖等技术,这类技术以“少裸露”为重要特征,通过秸秆覆盖、残茬还田等技术增加地表的覆盖度、粗糙度,从而减少农田水土流失,提高土壤肥力。

虽然国内外对保护性耕作含义的理解不完全相同,但其实质都是以少免耕和秸秆覆盖为主要措施,达到保持水土和提高土壤肥力的目的。

0.2　保护性耕作的作用

0.2.1　固土防沙,保持水土

我国北方连年出现大范围的沙尘暴天气,由于风沙大、能见度低,给交通运输及人们的日常生活和工作带来不利影响,有些地方甚至造成人员伤亡。由于保护性耕作保持地面残茬覆盖,土壤扰动小,且具有较高的含水量,一般不会产生干松细碎的表土,同时有大量的地表覆盖物,增加了地表粗糙度,降低了地表风速,从而使地表不至于产生明显风蚀;减少耕作次数,辅以镇压,使表土松紧适宜,因而减少了土壤风蚀;作物残根能使土壤团聚在一起,起到固定土壤的作用,可以减轻风蚀。臧英等研究认为,保护性耕作输沙量比传统耕作少,秸秆覆盖对减少风蚀的作用最大,可以减少 71.2%的沙尘量,输沙量随着秸秆覆盖量的增加而减少。

在裸露的地表,雨滴的动能将土壤颗粒分离,造成表土碎化、封闭孔道,在飞溅的水滴和地表径流作用下,土壤颗粒便随径流流失;雨滴的撞击会分散土壤团聚体,降低地表粗糙度,破坏土壤结构,使土壤板结和结皮,因而又促进了径流。翻耕后的地表,在没有完全被生长作物覆盖前,其裸露部分通常水蚀最为严重。保护性耕作地表有作物残茬覆盖,大大降低了地表的径流,能够很好地抑制水蚀。王晓燕研究表明,免耕覆盖比传统翻耕减少径流量 52.5%,减少土壤流失量 80.2%,降低径流强度 14.6%。但保护性耕作中应该是秸秆覆盖与少耕的有机组合才能充分发挥保水作用。如果没有秸秆覆盖配合,少免耕比传统翻耕的水分流失量增大 14%,土壤流失量增加 54.8%。

0.2.2　蓄水保墒、培肥地力

耕作保墒是一种最传统的抑制土壤蒸发的技术，但是频繁与不适宜的耕作，不但不会起到节水增产的效果，反而会使土壤结构的稳定性降低，使得作物产量降低。一般认为保护性耕作技术通过改变土壤的理化性质，使土壤具有良好的孔隙状况，增加入渗量，增加水分储存，而秸秆覆盖又抑制了蒸发，所以保护性耕作具有较好的保水效果。保护性耕作由于地表的秸秆覆盖减少了太阳对土壤的照射，降低土壤表层温度，可以有效地控制土壤蒸发；同时，秸秆覆盖阻挡水汽的上升，因此保护性耕作条件下的土壤水分蒸发大大减少。Kanwanr 等认为，免耕增加了土壤中小孔隙，有利于降水的入渗，因此免耕可增加土壤含水量，提高土壤水分的有效性，特别是表层区域。李立科认为，采用小麦秸秆全程覆盖耕作技术，可以使自然降水的蓄水率由传统耕作法的 25%～35%提高到 50%～65%，每亩(1 亩＝1/15 hm^2)地增加 60～120 mm 水分；张海林等多年研究结果表明，保护性免耕比传统耕作增加土壤蓄水量 10%左右，减少土壤蒸发约 40%，耗水量减少 15%，水分利用效率提高 10%。

Singh 等研究表明，不同耕作方式和残茬管理对土壤有机质含量的影响显著，长期应用保护性耕作可有效提高表层土壤的有机质含量。Zibilske 等研究表明，在 0～4 cm 土层，免耕处理比翻耕处理土壤有机质增加 58%以上，在 4～8 cm 土层有机质可增加 15%。Koch 和 Stockfisch 认为，保护性耕作能有效增加 0～10 cm 土层有机质含量。汤树德报道，黑龙江一些国有农场实施秸秆还田，土壤有机质年增量为 0.02%～0.04%，少数农场达到 0.1%～0.15%。张志国等研究表明，长期免耕覆盖可显著增加土壤表层(0～5 cm)有机碳和有机氮含量。李琳等以双季稻区保护性耕作定位试验为研究对象，结果表明，秸秆还田提高土壤各层总有机碳，免耕提高土壤 0～10 cm 总有机碳。朱文珊等研究发现，多年连续秸秆覆盖免耕，0～20 cm 土层土壤有机质、全氮、全磷、有效氮、有效磷含量和土壤蔗糖酶、磷酸酶活性明显提高；免耕能提高表层土壤微生物生物量。

Brevik 等研究表明，长期免耕秸秆覆盖处理的土壤有机质发生显著改变可能归功于秸秆残茬覆盖增加了土壤碳的输入，提高外来有机质的数量，使土壤有机质的动态平衡向腐殖质化方向移动，从而有利于维持和提高土壤有机质的含量。陈文新认为，免耕秸秆覆盖能有效减少土壤侵蚀和雨水对土壤有机质的淋失。Chowdhury 和 Embacher 等研究指出，不同耕作处理土壤全氮随着土层深度的增加而降低，且免耕处理下土壤全氮含量始终都保持在较高的水平。Urioste 等认为，长期实施免耕会使磷在表层(0～5 cm)富集，其原因可能是在免耕条件下，土壤颗粒结合态磷的向下移动受到限制，磷在土壤中的移动性较差，作物根系吸收下层的营养，也有利于磷向上运移。康红等的免耕试验结果表明，在中国北方麦田土壤表层 10 cm 以上，免耕较翻耕可增加 5%的土壤有效磷。刘世平等认为，保护性耕作下土壤极少搅动，来自于施肥和地表有机物分解后，不易移动的养分(如磷和钾)极易在表层富集，而易移动养分(如氮)的消长则取决于土壤质地、降雨量和灌溉条件等因素。

0.2.3　节约成本，提高经济效益

保护性耕作特别是少耕、免耕免去了传统耕作中一套繁琐的翻耕、耙、耱、镇压、中耕等

措施，其直接效益是节省了机械及人工作业费，经济效益十分明显。有研究表明，在马铃薯茬上免耕种植小麦，免耕省工省时省成本，每亩成本比翻耕节省 30 多元，加上免耕地增产折算效益，平均每亩净收益比翻耕地高出 50 多元。朱文珊等研究认为，冬小麦—夏玉米一年两季连续免耕结合秸秆覆盖作业，7 年平均亩产比等量秸秆还田增产 8.5%，比铁茬播种增产 16.7%，省工节油约 50%，减少机械田间作业次数 50%～60%，明显降低了生产成本，净增值可比铁茬和常规耕作提高 20%～30%。

区伟明等对插秧水稻免耕抛秧和常耕抛秧研究表明，大田免耕抛秧与常耕抛秧比较，产量仅增加 0.6%，免耕抛秧节省成本 45 元，减幅达 117%。大田免耕抛秧每亩纯收入为 55.5 元，常耕抛秧纯收入为 8.0 元，对比增收 47.5 元，说明免耕抛秧栽培具有明显的节本增收效果。山西的试验数据显示，保护性耕作由于成本降低和产量增加，农民收入可增加 20%～30%。

0.2.4 增加土壤碳汇，减少温室气体排放

欧美一些国家由于实行保护性耕作和少免耕，农业土壤碳库呈稳定增长的趋势，显著弥补了其碳排放。据估计，全球农业土壤碳收集潜力为(0.9±0.3)Pg/年，欧盟 15 国农业土壤碳收集潜力为 90～120 MT C/年，美国为 107 MT C/年，全球农业土壤碳收集潜力差不多是全球每年大气 CO_2 总量增加值的 1/3 或 1/4。

20 世纪 80 年代以来我国农田土壤有机碳库基本上呈增长趋势，这种增长趋势的主导因素是秸秆还田。保护性耕作和其他措施的配合是有机碳快速增长的良好措施，采用保护性耕作对增加土壤有机碳，减缓温室效应具有重要的意义。目前，国内土地利用和管理措施对土壤有机碳的影响并未引起足够的重视，我国高产高投入和高度集约化的农业利用与国外农业有很大差别，在碳循环研究上要充分考虑我国农业的这种特殊性，应大力加强对农业措施与农田土壤碳循环的相关研究。

0.3 保护性耕作固碳减排相关研究进展

0.3.1 土壤有机碳研究

土壤有机碳是土壤的重要组成部分，尽管只占土壤总重量的很小一部分，但在土壤肥力、环境保护、农业可持续发展等方面均起着极其重要的作用。一方面，土壤有机碳含有植物生长所需要的各种营养元素，是土壤生物生命活动的能源，对土壤物理、化学和生物学性质都有着深刻的影响；另一方面，土壤有机碳对全球碳平衡起着重要作用，被认为是影响全球“温室效应”的主要因素。

耕作方式对表层土壤有机碳有较强的影响。传统耕作由于对土壤的翻动作用，土壤好气性微生物增加，有机碳迅速矿化，而保护性耕作减少了对土壤的扰动，加上地表残茬的作用，减少了表土有机碳的流失，增加了表层有机碳的含量。大量研究表明，保护性耕作可以增加表层土壤有机碳的含量，而对于保护性耕作是否可以增加深层土壤有机碳含量国际上

观点并不一致。有学者研究认为，和传统耕作相比，少免耕通常增加的土壤有机碳主要集中在土壤表层几厘米深度，并不总是引起整个土体土壤有机碳的增加，表现出明显的层化现象，即土壤表层有机碳含量高，随着深度的增加而有机碳含量下降，甚至出现较低的水平。庄恒扬等在沿江砂壤土上进行少免耕试验后指出，少免耕 5 年后，全耕层有机质含量在不同耕作处理下无显著性差异，但在层次分布上两种处理都表现出表层富集。Baker 等研究认为，目前大多数保护性耕作的研究取样方法对结果可能影响很大，如今绝大多数发表的论文认为保护性耕作能够增加碳汇，但取样深度通常为 30 cm 左右，而作物根系往往要比这深得多。

另外，关于土壤有机碳含量是否随保护性耕作年限增长而持续变化的现象，由于试验年限问题，国内外研究并无定论。有学者认为短期内保护性耕作对土壤有机碳的变化幅度影响不大，耕作方式对土壤有机碳没有较大的影响。West 等指出，免耕处理在 3～5 年对有机碳的积累仅限于表层（＜10 cm），免耕固碳的滞后效应使得免耕 5～10 年后才能有明显的土壤碳固定。Sampson 等通过数据收集计算得出，任何一个农业生态系统的耕作方式改变，在前 20 年中土壤碳都以稳定的速率积累，后 20 年碳积累速率成直线下滑，最终达到一个碳积累速率为零的一个稳定状态。中国在保护性耕作方面的试验时间均较短，土壤有机碳的波动较大，无法提供较有说服力的数据。

农田土壤有机碳含量和组成不仅反映着土壤有机质的水平，而且还取决于土壤有机物料输入和损失相对速率的变化。Dalal 和 Chan 按化学性质把土壤有机碳分为活跃碳库、非活跃碳库和惰性碳库 3 个部分，认为土壤总有机碳可能在较短时间内对因农业管理措施导致的土壤质量的变化反映不甚敏感。Jenkinson 和 Rayner 试图用土壤有机碳亚库来指示全碳变化。Dalal 认为，农业生产措施（如土壤耕作管理、植物残体或有机物料的还田等）引起土壤碳库的最初变化主要是易分解、矿化的部分，即活性碳部分。一些研究发现，土壤活性有机碳对耕作方式和秸秆还田的反应更为迅速，尽管这部分碳素占全碳的比例很小，但对土壤碳的转化很重要，而且与土壤生产力密切相关。李琳等分析了华北平原保护性耕作对土壤不同层次的总碳、活性碳的影响，结果表明，旋耕和翻耕提高了土壤活性碳含量，免耕则降低土壤活性碳含量。伍芬琳等对南方双季稻区的研究表明，活性碳均随土层的增加而减少，活性碳分层受秸秆还田影响大，秸秆还田和少免耕提高 0～20 cm 土层土壤活性碳的含量。许多研究认为，轻组有机碳或颗粒有机碳对土壤耕作比较敏感，是反映在不同农田管理措施下土壤质量变化较好的指标，对于准确评价保护性耕作影响土壤碳过程具有重要意义。近来一些研究者应用土壤有机质物理分组和同位素^{14}C 方法研究了耕作方式对碳组分的影响，研究表明，耕作方式主要影响的是土壤有机碳组分中分解相对快的部分（轻组有机碳和颗粒有机碳）。因此，系统深入的研究保护性耕作对农田土壤有机碳组分的影响，有利于揭示耕作措施对土壤生产力影响的内在机制。

土壤微生物生物量碳是指土壤中活的微生物数量。它既是土壤有机质和土壤养分转化与循环的动力，又可作为土壤中植物有效养分的储备库。因此，其在土壤肥力和植物营养中具有重要作用。翟瑞常等认为，土壤微生物生物量碳及其占土壤总有机碳的百分比被认为是监测土壤有机质动态变化很有用的一个指标，且相对百分含量在反映土壤有机质的质量上要比绝对含量好，因为它可以消除不同土壤中有机质含量的差别。土壤微生物生物量碳对土壤环境因子的变化极为敏感，土壤的微小变动均会引起其活性显著变化，向土壤中添加有机物会使土壤微生物量发生改变。Workneh 等发现，同常规农作的土壤相比较，有机农业的土壤具有更高的微生物活性。徐阳春等研究认为，由于长期免耕，连年施用的有机肥和作物残体等多积累于地表，使 0～5 cm 土层内的土壤微生物特性发生较大变化，与常规耕作比较，该层次的土壤微生物生物量碳显著增加。关于前人对于免耕和秸秆还田是否能增加土壤微生物碳的说法，Staley 等一些人认为，免耕和秸秆还田增加了土壤微生物碳；樊丽琴等认为，免耕则降低了土壤微生物碳，而翟瑞常等则认为免耕对土壤微生物碳的影响不大。

0.3.2 温室气体排放研究

一般认为少免耕等保护性耕作措施减少了土壤的扰动，使土壤原有结构得到了保持，减少了土壤碳氧化程度，会降低温室气体的排放，可大大降低土壤碳汇的强度。关于耕作措施对 CO_2 和 CH_4 的排放的研究主要集中在排放特征（日变化、季节变化）、排放量及影响排放的因素方面。

0.3.2.1 CO_2 排放

土壤有机碳矿化是土壤有机碳变成无机的 CO_2 和 CH_4 的过程。对 CO_2 的农田排放研究主要集中在北方旱田，CO_2 在水田排放通量明显低于旱地。CO_2 是大气温室气体主要成分之一，它的温室效应对气候变暖的贡献率约为 40%，为处于第二位的 CH_4 贡献率的 2 倍。一般认为，采取保护性耕作会减少 CO_2 的排放。Reicosky 等认为，频繁的耕作特别是采用有壁犁耕作会导致土壤有机碳的大量损失，CO_2 释放量增加，而免耕则有效地控制土壤有机碳的损失，降低 CO_2 的释放量。Álvaro-Fuentes 等在地中海半干旱地区的研究表明，少耕和免耕可以在耕作的初期（0～48 h）及中期（从耕作操作起的几天内）降低 CO_2 的排放量，特别是免耕降低的幅度较大。但美国得克萨斯州的耕作试验表明，常规耕作转变为免耕后虽然可以使土壤碳储量增加，而免耕以 CO_2 形式释放的碳与常规耕作相同甚至更多，他们认为免耕保持了土壤湿度，增加土壤容重并提高了地温，而耕作会使土壤迅速变干、疏松且散失更多的热量，长期耕作也会使土壤产生 CO_2 的底物土壤有机碳减少，从而导致常规耕作农田比免耕田释放较少 CO_2。

影响农田土壤 CO_2 排放的因素很多，其中温度、水分和农田管理尤为重要。有研究以 CO_2 排放通量为因变量，以土壤温度、湿度等因子为自变量分别进行回归分析，结果表明，土壤温度是影响旱地土壤 CO_2 排放的主导因子。一般认为，在一定范围内环境温度升高可加速土壤中有机碳的分解和微生物活性，从而增加土壤中 CO_2 浓度，温度对 CO_2 释放量的影响是通过多种途径起作用的。Joukosllvola 等长期观测得出了一些定量关系，杜宝华等认为用地表下 5 cm 处的温度比用地表温度效果要好一些。农田 CO_2 释放有明显的季节和日变化规律，主要是气温变化的结果，温度不仅影响微生物细胞的物理反应及化学反应速率，而且对环境的物理化学特征也有影响。土壤有机碳在微生物的参与下分解成简单的有机化合物，其中一部分进一步矿化成 CO_2 和 CH_4 等。该矿化过程受温度的控制。CO_2 排放速率的日均值与气温、地表温度呈显著的相关关系。有研究认为，在$<$15℃时，CO_2 排放通量以土

壤微生物代谢呼吸为主;地温为土壤微生物代谢活动的主要限制因素,对 CO_2 排放通量影响显著;而随着温度升高,小麦根系处于生长高峰期,根系的呼吸所占比重逐渐加大,温度不再是 CO_2 排放通量的唯一影响因子,多种因素共同影响 CO_2 排放通量。

0.3.2.2 CH_4 排放

CH_4是大气中重要的温室气体之一。受人类活动的影响,大气中 CH_4的浓度正以每年1%的速度持续增加。据 IPCC 估计,全球旱地土壤每年消耗的 CH_4 相当于大气 CH_4 总汇的 6%,而土壤消耗 CH_4 的作用不仅仅体现在对大气 CH_4 的消耗,更重要的是土壤对内源 CH_4 的消耗。不少研究表明,保护性耕作可以降低 CH_4的排放量,但其在旱地生态系统的排放很少。Eleder 等在美国俄亥俄州小麦玉米轮作系统研究表明,CH_4 排放量很少,各耕作处理差异不大。稻田被认为是 CH_4的主要人为排放源之一。据研究,每年有(20～100)×10^{12} g 的 CH_4从水稻田排放到大气中,占全球总排放量的 4%～19%。Shao 等在中国西南地区研究表明,采取保护性耕作后,CH_4 排放量明显降低;伍芬琳等在中国双季稻区的研究也取得了类似的结论。保护性耕作降低 CH_4排放的原因主要是保护性耕作可以维持土壤的原状结构,有利于提高 CH_4 氧化菌的氧化能力,从而降低了 CH_4 的排放量。

0.3.2.3 N_2O 排放

温室气体的另外一个重要组成部分是 N_2O,其单位分子的增温潜能是 CO_2 的 150 倍。大气中 N_2O 气体的浓度以每年 0.2%～0.3%的速度增长。土壤中 N_2O 的产生主要是在微生物的参与下,通过硝化和反硝化作用完成的。这是一个复杂的物理、化学和生物学过程。除此之外,还可能有其他过程参与。其中,硝化作用主要发生在排水良好、酸碱中性的北方土壤中。硝化作用最适宜的温度是 35℃左右,低于 5℃或高于 40℃活动就要受到抑制。虽然早期的研究表明,稻田排放的 N_2O 很少,但 Xing 在总结分析了中国农田 N_2O 排放结果后发现,稻田的平均排放通量小于旱地,但其排放量却是不容忽视的,尤其是近年来约有 57%的中国稻田水稻生长期采用间隙灌溉的水分管理措施,更加大了稻田 N_2O 的排放。徐文彬等研究表明,冬季休闲水田土壤可能也是一个重要释放源。

丁洪等研究表明,不同氮肥品种间的 N_2O 排放量存在极显著差异,施用尿素、碳铵、氯化铵的农田 N_2O 排放量极显著高于施用硫铵的农田。郑循华认为,温度是影响 N_2O 季节变化的关键因子;此外,灌水时间和强度以及施肥时间和强度也是影响 N_2O 排放变异的重要因素。高志岭等认为,农田土壤上 N_2O 的排放通量要明显高于草地土壤,南方稻麦轮作体系 N_2O 的年排放通量要高于东北和华北旱地土壤。Kaiser 和 Heinemeyer 研究表明,N_2O 排放的时间变异也很大,排放速率呈现正态分布,N_2O 的排放高峰分别发生在冻融交替时期和施肥后 1 周之内,而且每次降水之后也存在 N_2O 释放高峰。作物残茬及其他有机物施入农田后 N_2O 排放量会增加。封克和殷士学认为,在农田土壤中,翻耕较免耕土壤能产生和排放更多的 N_2O,这是因为免耕土壤含有较多的水分和较小的总空隙度。国外 Kessavalou 等学者研究发现,耕翻会引起土壤 N_2O 剧烈脉冲释放。李天杰认为,采用免耕法 N_2O 的排放量将减少 51.2%。

0.3.3 保护性耕作农田生态系统固碳潜力研究

保护性耕作由于减少了土壤扰动，增加了地表覆盖，提高了土壤耕层有机碳含量，减少了碳排放，很多科学家认为保护性耕作具有碳汇效应，同时保护性耕作还可以节约化石燃料，为土壤起到间接固碳的效果。Lal 估计，如果全球耕地实行保护性耕作后，土壤有机碳含量预计到 2020 年可以增加到 5.37×10^{8} Mg/(hm^2 · 年)。2005 年以“中国全球环境变化研究”为主题的香山科学会议得到如下共识：20 世纪 80 年代以来，中国农田土壤有机碳库基本上呈增长趋势；这种增长趋势的主导因素是秸秆还田、保护性耕作和其他措施的配合。邱建军等运用农业生态系统生物地球化学模型(DNDC)，估算北方农牧交错带内蒙古自治区耕地土壤碳储量及其平衡状况后，提出免耕、休耕等保护性耕作措施有助于土壤有机碳的积累。芮雯奕等对长江三角洲水田耕层保护性耕作土壤碳收集效应进行了初步估算，结果表明，油菜面积的扩大、小麦的少免耕和作物秸秆还田有利于碳增汇。

关于保护性耕作是否能增加土壤碳汇效应，学术上也有一定的争议，保护性耕作土壤有机碳的层化现象在评价其固碳潜力上可能会有重要的影响。Baker 指出保护性耕作虽然优点突出，但目前的研究还不足以证明保护性耕作有利于碳增汇；Lal 课题组也认为取样深度对保护性耕作碳汇效应的客观评价有一定的影响。因此，正确评价保护性耕作对土壤固碳潜力或者碳汇效应还应在试验和分析方法上进行探讨。中国关于保护性耕作的固碳潜力的研究还比较少，从田块尺度上多是耕层土壤有机碳的研究，由于受研究时间的限制，缺乏相应预测基础；而区域尺度上的研究由于土壤资料的限制，也没有过多的深入研究；另外，从研究方法上也有一定的局限性。

0.4 华北平原保护性耕作发展概况

华北平原是我国重要的粮食生产基地，典型的种植模式为小麦—玉米一年两熟区，传统土壤耕作以翻耕为主。华北平原属暖温带半湿润、湿润气候，四季分明，光热资源充足，降水集中夏季，雨热同季。≥10℃积温 4 000～4 800℃，由北向南、由高地向低地逐渐增加。精耕细作、灌溉、一年两熟、高投入、高产出是该区种植制度的主要特点。随着机械化程度的提高和灌溉面积的急剧扩大，地下水位下降、作业成本上升日益成为该区农业生产持续高效发展的限制因素，土壤耕作也逐渐向省工、省力的方向发展。

0.4.1 华北平原保护性耕作的发展历程

概括来讲，华北平原土壤耕作大致分为 4 个阶段：1985 年以前，小麦玉米传统耕作阶段；1985—1995 年，玉米免耕播种、小麦翻耕播种阶段；1996—2001 年，玉米免耕播种、小麦少耕播种阶段；2001 年以后，玉米、小麦少免耕播种阶段，目前仍处于技术研发完善阶段。

第一阶段(1985 年以前)：小麦-玉米传统耕作阶段。这个阶段冬小麦和夏玉米均采用传统翻耕的耕作方式，畜力犁耕和机械耕作并存，人畜力是不少地区的主要耕作动力。其主要特点是：耕作次数频繁、消耗动力较多，土壤耕作农耗时间长，作物产量低。这个阶段主要是在小麦、玉米等作物收获后，需要完成秸秆搬运、造墒、施肥（化肥和有机肥）、翻耕（15～20 cm）以及耙、耱等整地环节，然后播种。其缺点主要体现在：①土壤耕作需要多次的耙、耱、镇压等作业才能进行播种，对土壤的扰动较大，土壤水分散失和有机质的分解严重。为了保证土壤墒情，很多情况下不得不在收获前后进行灌溉。如果灌水后土壤含水量过高，播种又受到影响。②机械化水平低，田间作业以人力畜力为主，由于收、种、管同时进行，农时非常紧张，经常出现“场上小麦发芽、地里难以下种”的现象。③除根茬外，作物秸秆全部转移出农田，土壤养分入不敷出，导致了土壤有机质和土壤肥力的普遍下降；而没有牲畜的部分地区，焚烧秸秆现象比较严重，农田污染突出。④不少地区（如北京等地）由于农耗时间紧张，造成一年两熟作物生育期不足，夏玉米收获时不能正常成熟，作物产量较低。但这个阶段由于土壤以翻耕为主，土壤耕层深厚，平均深度可以达到 20 cm 左右。这个阶段玉米免耕播种已经开始进行研究，但推广面积不大。

第二阶段（1985—1995 年）：玉米免耕播种，小麦翻耕播种。这个阶段夏玉米采用免耕播种，冬小麦仍然采用翻耕播种。玉米免耕直播有两种形式：一种是在小麦成熟的后期，人工点种玉米，冬小麦套种夏玉米，在玉米出苗-苗期中耕灭茬，玉米拔节期施用化肥；另外一种形式由北京农业大学（现中国农业大学）在 20 世纪 70 年代开始研究的夏玉米机械化免耕直播，冬小麦采用联合收割机收获，秸秆铺撒到地面，采用玉米免耕播种机播种，播后喷洒除草剂，拔节期施肥。夏玉米免耕直播技术首先在机械化收割发展较快的城郊地区得到发展，随后在各地迅速普及。该模式由于在夏玉米季省去了造墒、施有机肥、翻耕和耙、耱等环节，既节约了农时，又明显减少了土壤水分损失，但该管理体系作物秸秆还田率仍然很低，土壤有机质降低的趋势没有得到有效遏制。另外，由于农民收入的增加和生活质量的改善，秸秆的价值相对降低，玉米收获后大量秸秆焚烧，导致了严重的环境问题。与此同时，由于冬小麦仍采用传统的翻耕播种技术，其水分利用率和生产效益都很低。

第三阶段（1996—2001 年）：玉米免耕直播，小麦少耕播种。随着机械化耕种越来越普及，可以同时完成播种和施肥作业的玉米免耕播种机得到了较大发展，加上除草剂的使用，使玉米免耕直播技术得到进一步完善。与此同时，秸秆焚烧现象在各区域屡禁不止。为了禁止焚烧秸秆，我国政府出台了严厉的玉米秸秆管理政策，秸秆粉碎还田机械和技术得到了较大发展。在此基础上，冬小麦实现了少耕播种，即玉米收获（人工摘穗）后，利用秸秆还田机将秸秆粉碎两遍，旋耕还田，然后同时完成施肥和播种作业；冬小麦采用旋耕后播种，省去了翻、耙等频繁的作业措施，旋耕后地表平整，避免了翻耕的不少缺点。这项技术一经推出，很快得到了大面积的推广。大量玉米秸秆还田扭转了土壤有机质含量逐年下降的趋势。但该体系仍然存在土壤水分损失较多的缺点，秸秆粉碎、旋耕和播种等作业降低了小麦生产的效益。同时，旋耕作业有旋耕刀旋转作业，对土壤结构破坏严重，特别是对土壤团聚体损坏巨大；另外，耕层有越旋越浅的趋势，理论上旋耕可以旋深 15 cm，但由于机械动力等限制，耕深仅有 10～12 cm。在这个阶段的早期，有相当一部分农户将粉碎后的秸秆翻压还田（10～15 cm），以创造良好的种床。

第四阶段（2001 年至今）：玉米免耕直播，小麦旋耕为主、免耕崭露头角。进入 21 世纪后，劳动力紧缺成为我国各地区农业发展的限制因素，省工省力的耕作栽培技术越来越受到农民的欢迎，小麦免耕技术受到了各级政府和科研部门的高度关注。在冬小麦季实现免耕栽培，具有较大的难度，除了春季低温问题，最大的问题是玉米的秸秆处理问题。针对小麦玉米两熟制，中国农业大学农业部保护性耕作研究中心设计研制出 2BMD-12 型小麦对行免耕播种机，可以一次性完成秸秆(部分)粉碎、施肥、播种和镇压作业。2BMD-12 型小麦免耕播种机的研制成功，在华北地区小麦—玉米一年两熟区冬小麦免耕播种技术得到了初步的推广应用。免耕冬小麦由于玉米秸秆量大，造成机械通过性能差，播种容易堵塞，出苗较差等问题，尽管仍然存在一系列问题，小麦免耕技术有望实现小麦、玉米一年两季免耕，进一步提高一年两熟区作物的水分利用效率和经济效益。

0.4.2 华北平原麦玉两熟保护性耕作存在的问题

与国外一年一熟旱作不同，华北平原是以小麦—玉米为主的一年两熟为主的灌溉地区，两季作物衔接很紧，给耕作活动和秸秆处理的时间极短，作物产量高，作物秸秆量大，因而增加了耕作与秸秆还田的难度。冬小麦播种前的耕作措施尚缺乏成熟的模式，免耕覆盖往往减产。目前多以旋耕为主，但旋耕对翻埋玉米秸秆效果较差，引起小麦缺苗，连年免耕或旋耕又容易出现土壤紧实和耕层变浅的问题。因此，在借鉴国外保护性耕作发展成功经验的基础上，华北平原麦玉两熟体系下周年保护性耕作的研究，特别是农机农艺相结合的稳定的保护性耕作技术体系还有待进一步探讨。

1. 秸秆量大，不易管理

免耕种植技术成功的关键环节是保证作物播种质量。目前，秸秆堵塞已成为免耕冬小麦播种质量以及产量的限制因子，保护性耕作主要的内容是秸秆的管理，而我国作物单产在世界处于前列，作物秸秆量也大，尽管生产上采用的粉碎秸秆、旋耕还田和播种三步走的方式一定程度上避免了这个问题，但作业成本增加，秸秆覆盖的保水、保土效果没有得到充分发挥。华北平原两熟区玉米秸秆的生物量高达 12～15 t/hm^2。在如此大量的秸秆上播种冬小麦，对农机和农艺都提出了较高的要求。因此，应当从种植制度、改进播种机和秸秆循环利用等方面来解决冬小麦免耕播种时玉米秸秆的直立还田问题。

从种植方式角度看，应当研究夏玉米的替代作物，如夏大豆、夏花生等。这些作物的经济产量低于玉米，但其产值可能接近甚至超过玉米，培肥地力效果也要优于玉米，但目前还缺乏这方面的分析研究。从改进播种机方面看，华北两熟区农户地块小，配套动力较低，不具备发展大型机械的条件，但可以进一步优化免耕播种机前后梁的间距以及开沟器之间的距离，提高播种机的秸秆通过性能。对于秸秆还田，究竟是全量还是半量，也尚无定论，可以探讨将一部分秸秆(如玉米植株的上半部分)转移出农田，直接饲用或青贮，从而缓解畜牧业饲料紧张、解决大量秸秆还田造成播种出苗效果差的问题。

2. 免耕出苗率低，生长发育滞后

近几年，中国农业大学、中国科学院栾城农业生态系统实验站的观测表明，由于播种质量造成的水、热、紧实度等土壤环境的差异，免耕冬小麦在出苗、根系生长和分蘖等方面与传统种植的冬小麦存在较大差异，表现在出苗率低、出苗不均匀、植株瘦弱和生长发育滞后等。

如何根据土壤环境条件(特别是秸秆覆盖对土壤性状的影响)、播种机的作业参数以及作物生长发育特征,适当调整免耕冬小麦的播种时间、播种量、播种深度以及行距,为冬小麦发芽、生长和分蘖提供良好的水、肥、气、热环境,是进一步研究需要解决的问题。

3. 施肥量、肥料配比研究滞后

免耕种植方式给传统的施肥技术也提出了挑战。首先,由于肥料只能随播种机进入土壤,传统的有机肥不再适用,化肥也应选择有效含量较高的粒状复合肥或复混肥;其次,由于大量秸秆的存在,土壤的 C/N 比增加,施肥时应适当增加 N 素化肥的用量;第三,为了避免肥料与种子的直接接触,需要将肥料和种子施入土壤的不同位置或不同深度,对播种机的设计(特别是其防堵性能)提出了更高的要求;最后,由于覆盖秸秆对土壤水热状况的影响,冬小麦的生长发育进程发生了变化,各生育期的施肥量以及 N、P、K 元素的配比等也需要进行相应的调整,而目前还没有这方面的研究和报道。

4. 保护性耕作灌溉技术研究缺乏

由于大量秸秆覆盖,冬小麦免耕种植具有显著的减少土壤蒸发和降低径流的作用。中国加拿大合作“河北旱地项目”在河北省宁晋县的研究表明,免耕冬小麦可以节水 60 mm 左右。但在生产上,秸秆覆盖也给冬小麦灌水带来一些不利的影响。第一,冬小麦免耕种植对土壤含水量的要求较严。含水量过低,种子和土壤接触不好,影响冬小麦发芽和出苗;含水量过高,则易形成坷垃,堵塞播种机。因此,若玉米生长后期(收获前两周左右)土壤含水量较低,应再增加 1 次灌水。当然,如果播种前有降雨,这样做会推迟小麦播种期。第二,目前冬小麦免耕播种中采用的大小行种植方式产生了宽约 12 cm 的垄沟和 26 cm 的垄背。垄背比垄沟高 10 cm 左右且秸秆大部分位于垄背上。对于目前生产上大面积应用的大水漫灌方式,这种地形既浪费水又容易将地表的秸秆冲到一起。因此,应当进一步探讨适于免耕冬小麦的灌溉技术。

5. 病、虫、草害滋生

理论上秸秆覆盖可以抑制杂草的发生。若覆盖不均匀或播种质量较差,免耕种植则往往容易滋生杂草。由于免耕农田难以采用传统的中耕技术,大都使用除草剂来防除杂草。除草剂使用应掌握宜早不宜晚的原则。秋季应当在播种前杀灭玉米田的杂草,春季使用除草剂一般应在小麦起身-拔节期。此时,杂草正处在苗期,宜于控制,而且不容易造成除草剂对小麦的药害。另外,由于秸秆覆盖形成的微气候环境非常有利于病虫害(如根腐病、纹枯病、白粉病和蚜虫等)的发生,两熟制免耕冬小麦的病虫害比传统耕作方式要严重些。目前这种现象还不太明显,但随着免耕播种年限的增加,可能会出现加重的趋势。一般地,播种前应拌种。在作物生育期,应针对性地选用合适的杀虫剂进行防治。

6. 保护性耕作与常规耕作配合问题尚待进一步深化

国外种植制度相对较为单一,轮作模式简单,特别是欧美许多国家多采用休闲轮作制。而我国的种植制度、熟制和轮作模式复杂多样,也导致耕作技术类型的多样,单一的耕作技术不能解决耕作制度的系统问题。免耕不是万能的,仍有一些负效应。国内外大量研究表明,长期采用免耕技术,会造成土壤理化性状的不良影响,如表层容重增加,犁底层明显变浅,土壤有机质上层增加、下层削弱等,不利于作物的生长发育。所以,免耕与常规耕作技术的配合,即轮耕技术,正是通过合理配置土壤耕作技术措施,来解决长期免耕的负效应。但轮耕的周期、翻、旋、免、松等土壤耕作措施合理的组合与配置问题还没有科学的试验依据。

0.5 华北平原保护性耕作试验研究

本书研究成果是基于中国科学院栾城农业生态系统实验站保护性耕作定位试验完成的，试验于 2001 年进行。该站位于河北省石家庄栾城县聂家庄乡，北纬 37°50′，东经 114°40′。该区属中国东部暖温带半湿润季风气候，地处华北冀中平原的中南部，是太行山前平原的典型代表区；年平均太阳辐射总量为 546.5 kJ/cm²，年日照时数 2 544 h；年平均气温 12.5℃，≥0℃的积温 4 370℃，≥10℃的积温 4 251℃；无霜期 196 d，光热资源丰富；土壤为褐土类灰黄土种，质地为轻壤土；耕层土壤平均容重为 1.39 g/cm³，肥力较高；表 0.1、表 0.2 列举了试验地土壤物理特征参数和化学性状；降水量的年际变化较大，年内分配不均，主要集中在 7、8 月份，占年降水量的 60%左右，年平均降雨量 480.7 mm。从作物及组合对温度的要求看，该区属小麦、玉米套种或年内连作适宜区。

表 0.1 试验地基础土壤物理特征参数

土壤深度/cm	土壤质地	容重/(g/cm³)	密度/(g/cm³)	孔隙度	饱和导水率/(m/d)
0～25	亚沙土(沙壤)	1.39	2.7	0.49	1.090
25～40	亚沙土(沙壤)	1.50	2.73	0.46	0.434
40～60	亚沙土(轻壤)	1.47	2.72	0.46	0.730
60～85	亚沙土(中壤)	1.49	2.73	0.46	0.713
85～120	亚黏土(轻黏)	1.54	2.75	0.46	0.020
120～165	黏土(轻黏)	1.63	2.77	0.42	0.003
165～210	亚黏土(沙黏)	1.55	2.75	0.44	0.016

资料来源：栾城试验站。

表 0.2 试验地基础土壤养分特性

层次/cm	全氮/(mg/kg)	碱解氮/(mg/kg)	速效钾/(mg/kg)	速效磷/(mg/kg)	有机质/%
0～10	0.074	37.95	115	62.9	1.28
10～20	0.064	30.58	90	39.62	1.24
20～30	0.045	27.99	65	23.32	0.99

资料来源：栾城试验站。

0.5.1 保护性耕作试验

保护性耕作试验于 2001 年开始进行，设置翻耕秸秆还田、旋耕秸秆还田、秸秆直立免耕和秸秆粉碎免耕 4 个处理，3 次重复，每个重复 0.1 hm²。各耕作处理玉米秸秆和小麦秸秆均为全量还田，冬小麦播种量均为 180 kg/hm²。

1. 翻耕秸秆还田(简称翻耕)

玉米收获后粉碎秸秆并均匀铺撒于地表，撒施化肥，然后将秸秆翻埋于土壤(耕深

20 cm)，旋耕机旋平土壤，采用常规播种机播种冬小麦。播种机行距为 15 cm。

2. 旋耕秸秆还田(简称旋耕)

玉米收获后粉碎秸秆并均匀铺撒于地表，撒施化肥，然后用旋耕机进行二次秸秆粉碎及进行二次土壤旋耕(旋耕深 5 cm)，采用常规播种机播种，并进行耙地。播种机行距为 15 cm。

3. 秸秆粉碎免耕(简称免耕)

播种前玉米秸秆粉碎，采用免耕播种机一次性完成播种、施肥和镇压作业。免耕播种机为大小行播种，大行行距为 20 cm，小行行距为 10 cm。播种后地表形成沟、垄背的微地表(垄背垄沟高度差为 13 cm)，小麦种播于垄沟两侧土壤中。

4. 秸秆直立免耕

播种前玉米秸秆(直立)自然分布于农田，采用免耕播种机一次性完成秸秆部分打断、播种、施肥和镇压作业。免耕播种机为大小行播种，大行行距为 20 cm，小行行距为 10 cm。播种后地表形成沟、垄背的微地表(垄背垄沟高度差为 13 cm)，小麦种播于垄沟两侧土壤中。

5. 翻耕秸秆不还田

玉米收获后，将玉米秸秆移出，撒施化肥，然后将秸秆翻埋于土壤(耕深 20 cm)，旋耕机旋平土壤，采用常规播种机播种冬小麦。播种机行距为 15 cm。

为了说明耕作方式的效应，2004 年设置了翻耕秸秆不还田处理：玉米收获后将秸秆清除出农田，撒施化肥，翻耕土壤(耕深 20 cm)，采用常规播种机播种冬小麦。播种机行距为 15 cm。

主要测定指标包括：土壤容重，毛管孔隙度，含水量，饱和导水率，土壤总孔隙度，土壤微形态，土壤水分，水分特征曲线，土壤温度，土壤热特性，水稳性团聚体，土壤活性有机碳，土壤微生物生物量碳，重组、轻组有机碳，温室气体(CO_2、CH_4、N_2O)等指标。

(1)土壤容重　采用环刀法，即用体积为 100 cm^3(高 5 cm，直径 5.04 cm)的环刀，在作物关键生育期，分 0～5 cm、5～10 cm、10～20 cm、20～30 cm 4 个层次采集原状土样，重复 3 次。

(2)毛管孔隙度　采用测定毛管水的方法，即采集带有原状土样品的环刀，其中，有孔的一端置于托盘内的网状物上，并将另一端盖子取下，随后向托盘内缓慢加入去气水，直至浸没环刀下端 3～5 mm，静置 8 h 后，每隔 2 h 测定一次样品重量，直到稳定为止，然后烘干，称重计算毛管孔隙度。

(3)饱和导水率　用体积为 120 cm^3(高 4 cm，直径 6.18 cm)的环刀，分 0～5 cm、5～10 cm、10～20 cm、20～30 cm 4 个层次采集原状土样，重复 3 次，密封带回实验室，用水饱和后，采用降水头法测定饱和导水率。

(4)土壤总孔隙度　采用测定饱和导水率的样品，充分饱和后称重，可用下式计算：

$$P_t = W_s / \rho V$$

式中：P_t 为总孔隙度(%)；W_s 为饱和原状土含水质量(g)；ρ 为水的密度(g/cm^3)；V 为环刀体积(cm^3)。

(5)土壤微形态　用容重环刀按垂直方向对每一个处理的 0～20 cm 土层分别取原状土样。土样风干后，松散土壤采用 E44 环氧树脂灌胶-三乙醇胺低温固化一冷杉胶粘片制片；紧实土壤用冷杉胶-松节油加热渗胶常温固化后，采用 502 胶粘片制片，制成厚度 0.03 mm 的标准薄片，在偏光显微镜下进行观察研究并摄影。观察土壤中基质的类型和特征，土壤结构和孔隙的形状、大小和数量，土壤中植物残体的分解和腐殖化程度，腐殖质的存在形态和数量，土壤中生物活动的踪迹及其对土壤的影响。

(6)土壤水分　采用烘干法，分 0～20 cm、20～40 cm、40～60 cm、60～80 cm、80～100 cm、100～120 cm、120～140 cm、140～160 cm、160～180 cm 9 个层次测定不同土层土壤水分含量。

(7)水分特征曲线　利用高为 1 cm、直径为 5.40 cm 的小环刀，分 0～5、5～10、10～15 cm 3 个层次。样品采集后，两头用盖盖好后，密封带回。样品放在冰箱内低温保存(约 4℃)以抑制微生物活性。样品饱和后，分别用张力台(沙箱)技术和压力板法测定水分特征曲线。

(8)土壤温度　采用铜-康铜热电偶测定分别测定土壤 2.5 cm、5 cm、10 cm、20 cm、40 cm 和 80 cm 处温度，每 10 min 测定 1 次，半小时进行平均，数据采集仪自动记录。热电偶探头分别埋在小麦行间与行上。

(9)土壤热特性参数　采用热脉冲时域反射技术测定土壤耕层 0～20 cm 的土壤热容量、热扩散系数及导热率。

(10)水稳性团聚体　参照 Kemper 和 Rosenau(1986)土壤团聚体湿筛测定方法，用四分法称取约 150 g 已过 8 mm 筛的风干样品，分别过 5 mm、2 mm 干筛，将样品分成 3 份，再按比例称量约 50 g 样品于 150 mL 烧杯中，加蒸馏水约 100 mL(水土比为 2∶1)浸泡 24 h 后，用机械湿筛法测定土壤团聚体的组成。

在描述土壤团聚体分布时，平均重量直径(mm)被广泛应用，它是基于不同粒级团聚体的重量和大小而拟定的，可以表示为：

$$MWD = \sum_{i=1}^{n} x_i w_i$$

式中：x_i 是筛出来的任一粒径范围团聚体的平均直径，w_i 是任一粒径范围团聚体的重量占土壤样品干重的分数(%)。

另一个反映团聚体大小分布的指标是几何平均直径(*GMD*)，可以通过下式进行计算：

$$GMD = \exp\left[\left(\sum_{i=1}^{n} w_i \lg x_i\right) / \sum_{i=1}^{n} w_i\right]$$

式中：w_i 是平均直径为 x_i 的团聚体重量(g)，$\sum_{i=1}^{n} w_i$ 是土壤样品的总重(g)。

(11)土壤有机碳　采用重铬酸钾($K_2Cr_2O_7$)容量法(鲍士旦，2003)。分 0～5 cm、5～10 cm、10～20 cm、20～30 cm 4 个层次多点取样，重复 3 次，带回实验室自然风干后，剔除石砾及植物残茬等杂物，随后过 0.25 mm 筛，待测。

(12)土壤活性有机碳　采用高锰酸钾($KMnO_4$)氧化法，样品前处理同土壤有机碳。称量处理过约含 15 mg 有机碳的土样，放在三角瓶(100 mL)内，用 333 mmol/L 的 $KMnO_4$ 溶液 25 mL 振荡处理 1 h 后离心 5 min(4 000 r/min)，取上清液，用去离子水按 1∶500 比例稀释，然后用分光光度计 565 nm 比色测定，根据 $KMnO_4$ 含量的变化计算活性有机碳质量分数(单位 mg/g，即每克干土中含活性有机碳量)。

(13)土壤微生物生物量碳　采用氯仿熏蒸-K_2SO_4 提取法测定。土壤水分调至 20%左右，过 2 mm 筛，在标准条件下（25℃，100%湿度的容器内）黑暗预培养 7 d。称取 6 份培养土样，每 1 份土壤 25 g(烘干基)，其中 3 份直接用 0.5 mol/L K_2SO_4 提取（300 r/min 振荡30 min）；另 3 份在真空干燥器内用氯仿熏蒸（24 h），熏蒸的土样除去氯仿后立即提取测定。以熏蒸土样与不熏蒸土样提取的有机 C 的差值分别除以转换系数计算土壤微生物量 C。

$$SMBC = E_C / k_{EC}$$

式中：$SMBC$ 为土壤微生物生物量碳（mg/kg）；E_C 为熏蒸土壤浸提有机碳与未熏蒸土壤浸提有机碳的差值（mg/kg）；k_{EC} 为所浸提并测定出来的微生物生物量碳占土壤微生物生物量碳的比例，亦即浸提效率，也称转换系数，取值为 0.38(Vance *et al.*, 1987b)。

(14)重组、轻组有机碳　采用相对密度分组法（也称比重分组法）。称取通过 0.25 mm 孔筛的风干样品 5.00 g，置于已称重的 100 mL 离心管中。随后，向离心管中加入相对密度 1.8 的重液（溴化锌溶液）25 mL，离心管加盖后连续振荡 1 h。振荡后，以 3 000 r/min 的转速离心 10 min，此时未分解或部分腐殖化的轻组有机物悬浮于重组上部，重组部分分层于管底。离心后悬浮轻组有机物的重液倾入铺有滤纸的玻璃漏斗中过滤。离心管内样品继续加相对密度为 1.8 的重液，重复上述过程直至离心后的重液中无轻组有机物为止，一般需要 2～3 次分离。滤液保存在棕色瓶中继续使用，一般可以使用 4～5 次。离心管中的土样重组直接用 95%乙醇洗涤 3 次，再用水洗涤 2 次，最后将盛有土样重组的离心管置于温度不超过 40℃的鼓风干燥箱内烘干、称重，计算重组质量。根据重铬酸钾氧化法测定土壤和重组的有机碳含量。

(15)温室气体（CO_2、CH_4、N_2O）　温室气体采用静态箱法测定，采样箱用有机玻璃制成，箱底 30 cm×30 cm，高 60 cm。在小麦播种后在各处理农田分别安装 3 个静态箱底座，底座入土 5 cm。取样时采样箱垂直安放在底座凹槽内并用水密封，保证箱内气体与大气不进行气体交换。采样之前将箱内顶部风扇打开，使箱内气体混合均匀。在罩箱瞬间及之后的 10 min、20 min 和 30 min 用 50 mL 注射器从箱中抽取气体，通过旋转三通阀转移到0.5 L 气体采样袋备测。气体测定使用的色谱型号为 HP6890N，测定 CO_2 和 CH_4 检测器为 FID，测定温度 200℃，柱型为 Porpak Q 柱，柱温 70℃。N_2O 检测器为 ECD，测定温度 330℃，柱型为 Porpak Q 柱，柱温 70℃。

0.5.2　轮耕试验

为探讨尽力合理的保护性耕作措施，避免长期单一免耕措施的弊病，2008 年进行了轮耕试验，选择小麦—玉米连续 5 年进行周年免耕的试验田，在冬小麦播种前分别进行免耕、旋耕和翻耕 3 种轮耕处理，3 次重复，每个重复 0.1 hm^2。各处理玉米秸秆均为全量还田，冬小麦播种量均为 180 kg/hm^2。各处理田间作业如下：

(1)免耕　玉米收获后，秸秆机械粉碎全量还田，采用免耕播种机一次性完成播种、施肥和镇压作业。免耕播种机为大小行播种，大行行距为 20 cm，小行行距为 10 cm。播种后地表形成沟、垄背的微地表（垄背垄沟高度差为 13 cm），小麦种播于垄沟两侧土壤中。

(2)翻耕　玉米收获后，秸秆机械粉碎全量还田，撒施化肥，然后将秸秆和肥料翻埋于土壤（耕深 20 cm），旋耕机旋平土壤，采用常规播种机播种冬小麦。播种机行距为 15 cm。

(3)旋耕　玉米收获后，秸秆机械粉碎全量还田，撒施化肥，旋耕机旋耕两遍（耕深 10～12 cm，粉碎秸秆和破除根茬），采用常规播种机播种冬小麦。播种机行距为 15 cm。

主要测定指标有：土壤容重、毛管孔隙度、土壤总孔隙度、土壤饱和导水率、土壤微生物生物量碳、有机碳、活性有机碳等指标（相关测定方法同上）。

参考文献

[1] 高旺盛. 中国保护性耕作制. 北京：中国农业大学出版社，2011.

[2] 贾树龙，任图生. 保护性耕作研究进展及前景展望. 中国生态农业学报，2003，11(3)：152-154.

[3] 高焕文. 保护性耕作技术与机具. 北京：化学工业出版社，2004.

[4] 黄昌勇. 土壤学. 北京：中国农业出版社，2000.

[5] Kooistra M J, Lebbink G, Brussaard L. The Dutch programme on soil ecology of arable farming systems 2: Geogenesis, agricultural history, field site characteristics and present farming systems at Lovinkhoeve experimental farm. Agric. Ecosys. Environ., 1989, (27): 463-469

[6] 娄运生，李忠佩，张桃林. 不同利用方式对红壤 CO_2 排放的影响. 生态学报，2004，24(5)：978-983

[7] 陈述悦，李俊，陆佩玲，等. 华北平原麦田 CO_2 排放通量特征. 应用生态学报，2004：15(9)：1552-1560.

[8] 崔玉亭，韩纯儒，卢进登. 集约高产农业生态系统有机物分解及土壤呼吸动态研究. 应用生态学报，1997，8(1)：59-64.

[9] 王立刚，邱建军，李维炯. 黄淮海平原地区夏玉米农田土壤呼吸的动态研究. 土壤肥料，2002，(6)：13-17.

[10] 强学彩，袁红莉，高旺盛. 秸秆还田量对土壤 CO_2 释放和土壤微生物量的影响. 应用生态学报，2004，15(3)：469-472.

[11] 李琳，张海林，陈阜，等. 不同耕作措施下冬小麦生长季二氧化碳排放通量及其与土壤温度关系的研究. 应用生态学报，2007，18(12)：2765-2770.

[12] 杜宝华，杨平，仝乘风. 农田土壤二氧化碳释放问题的研究. 水土保持研究，1996，3(3)：100-103.

[13] IPCC. Climate Change. The Supp lementary Report to the IPCC Scientific Assessment. New York, Cambridge: Cambridge University Press. 1992.

[14] Lal R, Kimble J M, Follett R F, *et al*. The potential of US cropland to sequester C and mitigate the greenhouse effect. Chelsea, MI: Ann Arbor Press, 1998: 108.

[15] 张海林，高旺盛，陈阜，等. 保护性耕作研究现状、发展趋势及对策. 中国农业大学

学报,2005,10(1):16-20.

[16] 张海林,陈阜,秦耀东,等.覆盖免耕夏玉米耗水特性的研究.农业工程学报,2002,18(2):36-40.

[17] Hammel J E. Long term tillage and crop rotation effects on bulk density and soil impedance in northern Idaho. Soil Sci. Soc. Am. J,1989,53:1515-1519.

第1章

保护性耕作的土壤结构效应

土壤结构是指土壤颗粒(包括团聚体)的排列与组合形式。土壤结构是成土过程或土壤利用过程中由物理、化学和生物等多种因素综合作用形成的,具有强烈的时间变异性。土壤结构影响土壤中水、气、热以及养分的保持和移动,也直接影响植物根系的生长发育,其动态变化对农业生产力、碳氮循环和土壤微生物活动等具有显著的影响。土壤耕作是影响土壤结构最直接的措施。

本章系统地探讨了保护性耕作对土壤物理性状的影响,并通过对土壤团聚体数量、分布和稳定性的研究以及土壤微形态切片的分析,揭示土壤耕作方式对土壤结构的改良作用,为选择合理的耕作模式提供科学依据。

1.1 保护性耕作对土壤物理性状的影响

少免耕等保护性耕作技术保持了土壤结构的相对稳定,进而维持了土壤主要物理性状的稳定,土壤容重、孔隙度及孔隙分布等呈有序分布,而且在时间和空间上具有相对的稳定性。这一特性有利于作物的生长发育。保护性耕作较好地改善和保持了土壤结构,改善了土壤的孔隙度和孔隙大小的分配以及土壤的穿透力,维持了土壤孔隙的连续性,加速了土壤水、热、气、肥在土壤中的转移交换,提高了土壤肥力。连续实行保护性耕作对土壤物理性状有明显的改善作用。

1.1.1 保护性耕作对冬小麦田土壤容重的影响

容重是土壤重要的物理性状,受土壤的孔隙度、孔径分布的影响容重影响到土壤水、肥、气、热条件与作物根系在土壤中的穿插,进而影响到作物的生长发育。不同耕作方式由于对土壤扰动程度和层次不同，造成土壤容重的不同。研究表明，同传统耕作相比，保护性耕作增加了土壤容重，特别是表层土壤容重。张海林等研究免耕土壤容重的动态变化特征表明，不同耕作方式耕层土壤容重的变化集中在 0～20 cm 土层。一般表现为，耕作前期由于传统耕作的翻耕作用，使土壤松动，容重较低，但是随着时间的推移，翻耕处理表层土壤逐渐变紧实。

图 1.1 是 2007—2008 年冬小麦农田土壤容重的变化。经过一整年的时间，由上一季冬小麦播种时机械耕作造成的土壤结构的变化基本趋于稳定。在冬小麦播种前土壤容重如图 1.1 所示（耕作前），表层 0～5 cm 土壤容重以翻耕最高、免耕居中、旋耕最低，其中翻耕分别较旋耕和免耕高 10.0%和 4.1%。其原因主要是翻耕将大量秸秆翻压至深层土壤，表层土壤秸秆少，经过一年的降水和灌溉对土壤的作用，土壤变得比较紧实；旋耕处理经过两次旋耕作业，秸秆与土壤充分混合，且在大部分秸秆腐解后，仍保持着一定的秸秆量，导致容重最低；免耕 0～5 cm 土层也经过一定的扰动，且有大量玉米秸秆在表层累积，虽然经过一年时间绝大部分秸秆已经腐解，但是仍有一部分存在，造成土壤容重下降。5～10 cm 土层土壤容重以免耕最高、翻耕居中、旋耕最低，其中旋耕显著低于其他处理，且分别较翻耕和旋耕低 6.7%和 7.9%。翻耕较免耕略低，但没有显著差异。至 10～20 cm，由于只有翻耕机械动土达到 20 cm 的深度，旋耕和免耕未曾扰动过这个层次的土壤，所以该层土壤容重以免耕最高、旋耕居中、翻耕最低，旋耕和免耕差异不明显。20～30 cm 土层土壤容重以免耕最高、旋耕居中、翻耕最低，但各个处理之间均没有显著性差异。总体看来，这个时期土壤容重随土壤深度的增加而增加；翻耕 0～5 cm 土层最紧实，但其土壤容重随土壤深度增加而增加的幅度最小；0～10 cm 土层土壤容重均以旋耕最小；5 cm 以下土层土壤以免耕最紧实，但其随土壤深度增加的变化幅度最小，具有层次均一性。

耕作后，翻耕 0～20 cm、旋耕 0～10 cm 和免耕 0～5 m 土壤容重明显降低，其中 0～5 cm土层分别下降了 29.9%、18.7%和 19.5%。翻耕降低了 0～20 cm 土壤容重，但 20～30 cm土层土壤容重却增加了 4.7%。旋耕 10～20 cm 土层土壤容重也略有增加，仅增加了 1.1%，变化不显著。免耕除表层 0～5 cm 土壤容重显著降低外，其他各个层次均没有显著变化。处理间比较可见，耕作后 0～5 cm 土层土壤容重以免耕最高，旋耕居中，翻耕最低；其中旋耕和翻耕无明显差异，且免耕分别较翻耕和旋耕高 10.3%和 4.6%。翻耕 5～10 cm 土层土壤容重虽较旋耕略高，但差异不显著；翻耕和旋耕却均显著低于免耕，其中翻耕和旋耕分别较免耕低 22.5%和 24.8%。造成这种现象的原因在于翻耕和旋耕处理分别是在一次旋耕作业后进行的翻耕和旋耕作业，耕作对土壤又一次扰动，耕作后采用常规播种机播种时，由于圆盘刀对表层土壤的切割作用，进一步降低了表层土壤容重。翻耕和旋耕 0～5 cm 土层土壤容重均较 5～10 cm 低，且由于这两个处理的机械作业在表层对土壤作用效果相似，所以翻耕和旋耕在两个土层土壤容重上均没有显著差异。免耕则由于只进行了一次免耕播种机的联合作业，土壤扰动程度较小，但由于表层秸秆累积，也显著影响了土壤容重。免耕 0～5 cm 土层土壤容重与旋耕没有显著差异但显著高于翻耕。免耕 5～10 cm 没有经过机械作业，土壤容重较耕作前没有显著变化，明显高于翻耕和旋耕。10～20 cm 土层仅在翻耕条件下经过机械扰动，而旋耕和免耕与耕作前相比均没有明显变化。翻耕显著低于旋耕和免耕，较旋耕和免耕分别低 24.3%和 25.0%。不同耕作方式 20～30 cm 土层土壤容重

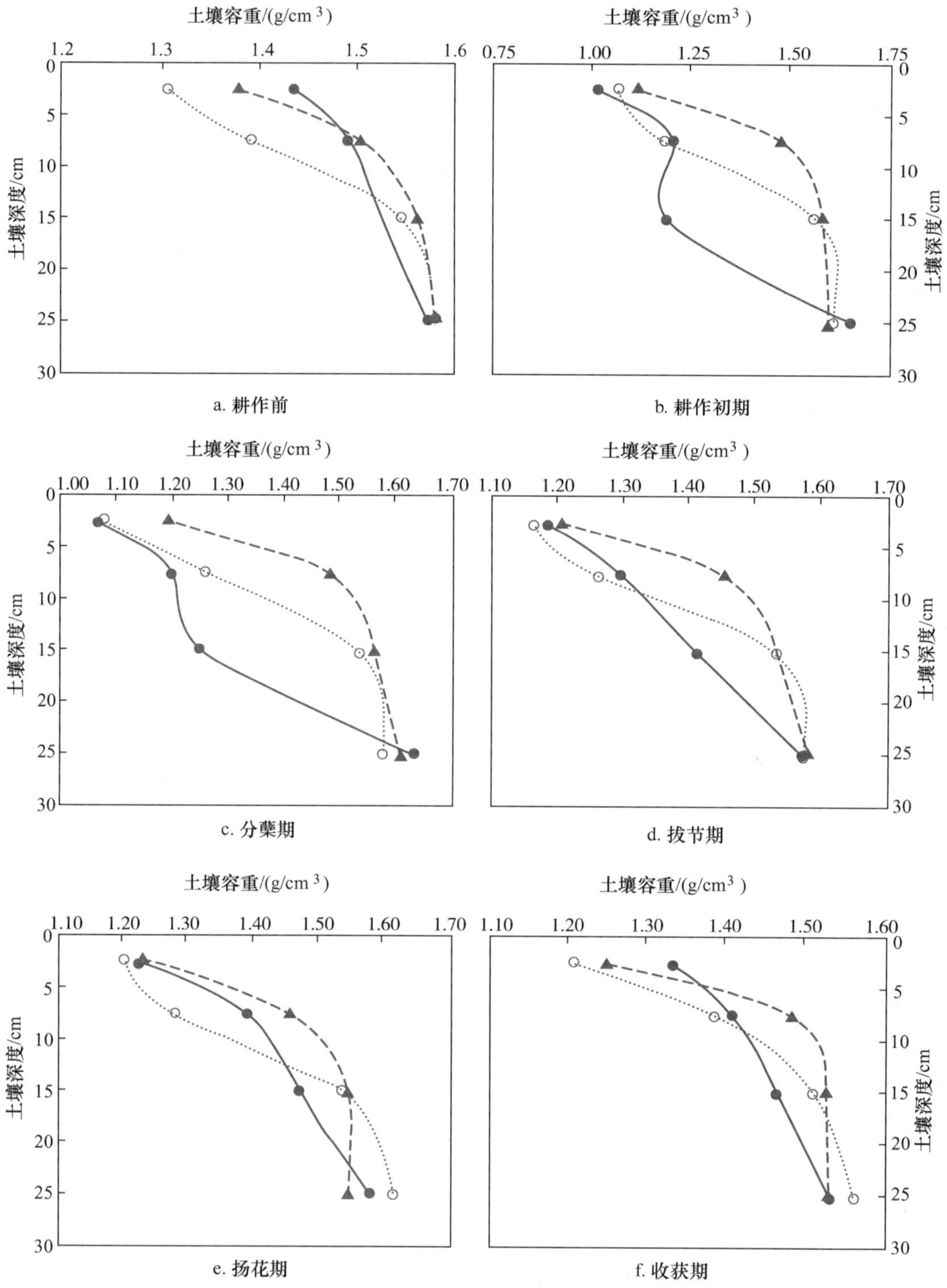

图 1.1　不同耕作方式对土壤容重的影响

—●— 翻耕　···○··· 旋耕　–▲– 免耕

没有显著差异，并且与前期相比没有显著变化。总体看来，耕作后显著降低了相应扰动层次的土壤容重(翻耕0～20 cm，旋耕 0～10 cm，免耕0～5 cm)，下层土壤容重略增，但没有显著差异；免耕保持了 5 cm 以下土层土壤容重的相对稳定和均匀。

在冬小麦分蘖期，经过灌溉的压实作用后，表层疏松的土壤趋于紧实和稳定，不同耕作方式表层土壤容重与耕作初期相比均有所下降，其中翻耕、旋耕和免耕 0～5 cm 土层土壤容重分别下降了 5.8%、1.8%和 7.8%。5 cm 以下各土壤层次也有所下降，但均没有显著变化。0～5 cm 土层土壤容重仍然以免耕最高、旋耕居中、翻耕最小，但由于其下降的幅度旋耕＜翻耕＜免耕，所以免耕显著高于翻耕和旋耕，翻耕和旋耕之间的差异很小。不同耕作方式 5～10 cm、10～20 cm 和 20～30 cm 土层土壤容重均保持了耕作初期的特征，即免耕 5～10 cm 土层土壤容重显著高于翻耕和旋耕，而旋耕和翻耕没有显著差异；翻耕 10～20 cm 土层土壤容重显著高于其他处理，而旋耕和免耕没有显著差异；各处理 20～30 cm 土层土壤容重均没有显著差异。可见，在较短的时间内，灌溉和降水等因素仅影响到了表层 0～5 cm 土层的土壤容重，而下层土壤基本保持了耕作初期的状态。

至次年冬小麦拔节期，经过冬季的冻融、降水冲击和灌溉作用等，不同耕作方式下农田相应经过耕作扰动的土层土壤容重均有所增加，其中翻耕、旋耕和免耕 0～5 cm 土层分别增加了 11.1%、7.7%和 0.4%；而未经过耕作扰动的土层土壤容重均略减，其中翻耕、旋耕和免耕 20～30 cm 土层分别降低了 3.8%、0.4%和 1.8%。从变化幅度来看，翻耕 0～20 cm 土层土壤容重均显著增加，旋耕仅 0～5 cm 土层显著增加，免耕以及翻耕和旋耕的其他层次均没有显著变化。可见前期(冬小麦分蘖期)土壤容重最低的翻耕增加幅度最大，土壤容重最高的免耕增加幅度最小，而土壤容重居中的旋耕变化幅度也居中。因此，耕作在大幅度降低土壤容重的同时，也增加了土壤容重的变化幅度，且土壤容重降低的程度、土壤容重的变化幅度和耕作的强度呈正相关。由于各处理的下降幅度不同，导致处理间的差异有缩小的趋势，表现为：各处理 0～5 cm 土层土壤容重没有显著差异；5～10 cm 土层仍以免耕最高，而翻耕和旋耕没有显著差异；10～20 cm 翻耕显著低于其他处理，而旋耕和免耕没有显著差异；各处理 20～30 cm 土层均没有显著差异。

随着时间的推移，至冬小麦扬花期，各个土层土壤容重均有所增加，但增加幅度有所降低。相对于冬小麦拔节期，土壤容重的增加幅度仍然以翻耕最高、旋耕居中、免耕最低，其中 0～5 cm 土层分别增加了 4.2%、3.6%和 1.9%，5～10 cm 分别增加了 7.5%、1.8%和 0.4%。不同耕作方式农田表层 0～5 cm 土壤容重无明显差异；5～10 cm 土壤容重以免耕最高，旋耕最小，翻耕居中，且均有显著差异；10～20 cm 翻耕显著小于其他处理，而旋耕和免耕无明显差异；20～30 cm 土层无明显变化。

至冬小麦收获期，虽然各处理土壤容重较耕作前低，但土壤容重随土壤深度变化及不同耕作方式间的差异基本恢复成了耕作前的状态，即翻耕 0～5 cm 土层土壤最紧实而 10～20 cm土层土壤容重最小，其土壤容重随土壤深度增加变化幅度最小；旋耕 0～5 cm 和 5～10 cm 土层土壤容重最小；免耕 5 cm 以下土层最紧实，但其随土壤剖面上的分布具有均一性，土壤容重随土壤深度增加没有显著变化。

1.1.2 保护性耕作对土壤孔隙的影响

土壤孔隙是由生物因素(根系生长、蚯蚓洞穴等)和非生物因素(耕作和运输、冻融作用和干湿交替等)的综合作用形成的。它影响着土壤水、气、热的流通和贮存以及对植物的供应是否充分和协调。土壤孔隙的大小、形状和连续性的形成受到生物因素和非生物因素的双重影响,其中生物因素包括根系生长、蚯蚓孔洞等,非生物因素包括土壤耕作、机械镇压、土壤冻融和干湿交替作用等。耕作措施改变了土壤孔隙的空间和时间分布特征,同时土壤孔隙的变化可以反映耕作向土壤施加作用的形式、数量和频率。下文分析了2007—2008年小麦农田土壤孔隙的变化情况。

1.1.2.1 耕作前期

土壤总孔隙度随土壤深度增加而降低,但不同耕作方式土壤总孔隙度随深度增加下降的幅度不同(图1.2)。在冬小麦播种前,旋耕0~5 cm土层土壤总孔隙度显著高于其他处理,免耕比翻耕高但没有显著差异,其中翻耕分别较旋耕和免耕低9.7%和4.5%。0~10 cm土层土壤总孔隙度下降幅度以免耕最大、旋耕居中、翻耕最小,分别下降9.8%、6.5%和4.7%。从而5~10 cm土层土壤总孔隙度以旋耕最大,免耕与翻耕之间无明显差异。相对于5~10 cm土层,10~20 cm土层土壤总孔隙度下降幅度以旋耕最高、免耕居中,而翻耕最小,分别下降了12.3%、5.2%和3.0%。这个层次土壤总孔隙度虽然以翻耕最高、旋耕居中、免耕最低,但是处理间没有显著差异。20~30 cm土层则以翻耕下降幅度最大,处理间没有显著差异。可见,旋耕具有最高的0~10 cm土层土壤总孔隙度,翻耕具有最均匀的0~20 cm土层孔隙分布,而免耕具有较高的表层0~5 cm土层总孔隙度和最均匀而且最低的5~30 cm土层总孔隙度。

耕作方式对土壤毛管孔隙度具有显著影响(图1.3)。0~10 cm土层土壤毛管孔隙度与土壤总孔隙度相似,其中0~5 cm土层均以旋耕最高、免耕居中、翻耕最低,而5~10 cm土层以旋耕最高、翻耕居中而免耕最低,但与总孔隙度不同的是旋耕和免耕0~5 cm土层土壤毛管孔隙度显著高于翻耕,而旋耕和免耕没有显著差异;各个处理5~10 cm土层间则均具有显著差异,其中旋耕分别较翻耕和免耕高3.1%和6.8%。0~5 cm,5~10 cm土层土壤毛管孔隙度下降幅度与总孔隙度变化相似,以免耕最高、旋耕居中、翻耕最低。10~20 cm和20~30 cm土层土壤毛管孔隙度翻耕显著高于其他处理,旋耕和免耕没有显著差异。总体来看,翻耕显著降低了0~5 cm土层土壤毛管孔隙度,但其毛管孔隙度在0~20 cm土层分布最均一;0~10 cm土层毛管孔隙度以旋耕最高,但旋耕0~10 cm和10~30 cm土层毛管孔隙度有显著差异,分布非常不均匀;免耕0~5 cm土层较翻耕土壤毛管孔隙度高,且5 cm以下土层毛管孔隙分布均一。

土壤非毛管孔隙度的变化受秸秆还田、耕作和蚯蚓的活动等影响,空间变异较大(图1.4)。在耕作前,各个层次的土壤非毛管孔隙度均以旋耕最高、免耕居中、翻耕最低,但在土壤非毛管孔隙度随土壤深度变化状态上却表现为旋耕随土壤深度变化最为强烈,其次是翻耕,免耕最平缓。可见,冬小麦耕作播种前,旋耕各个土层的土壤非毛管孔隙度最高,而且随

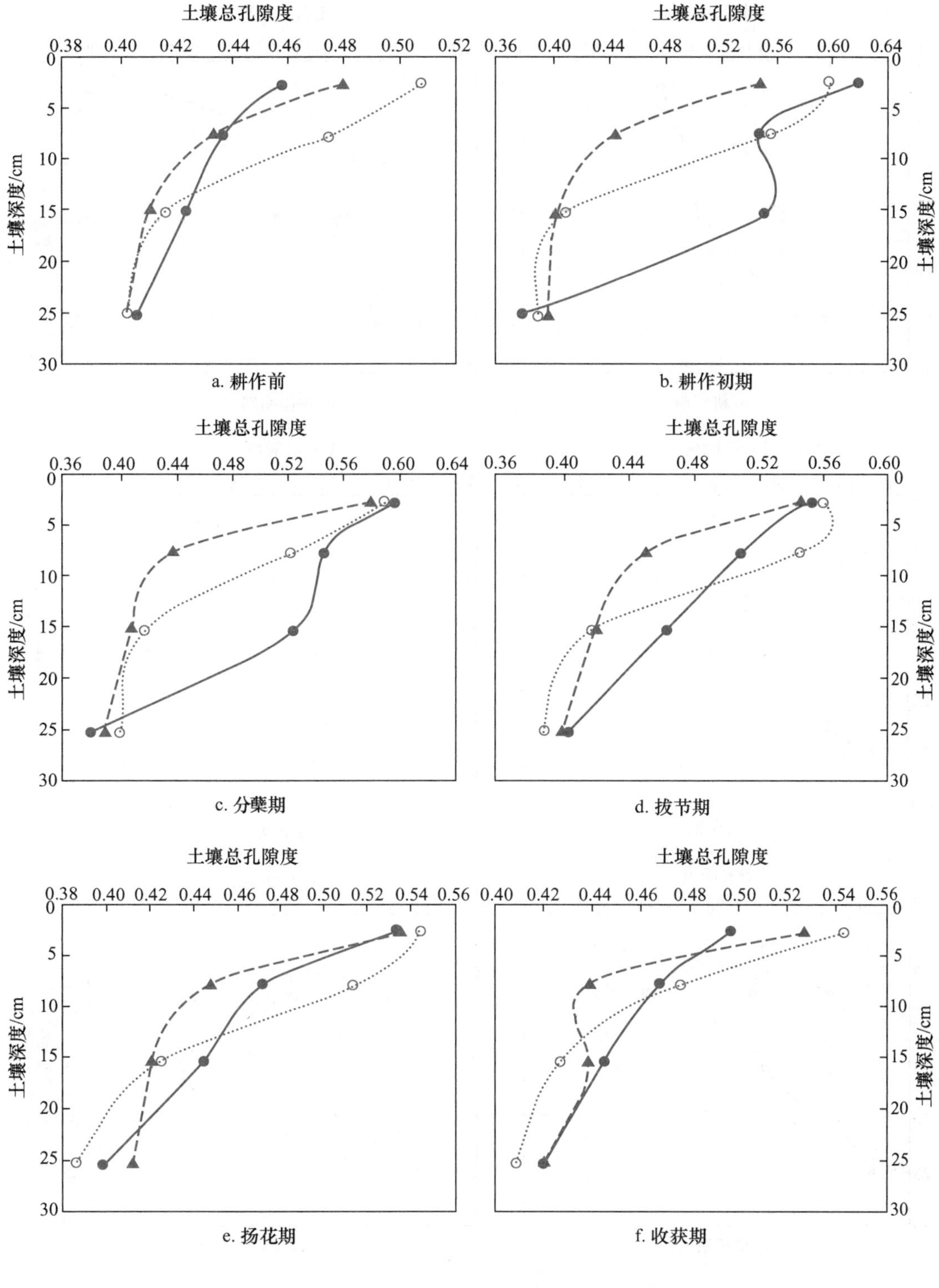

图 1.2 不同耕作方式对土壤总孔隙度的影响

—●— 翻耕 ···○··· 旋耕 –▲– 免耕

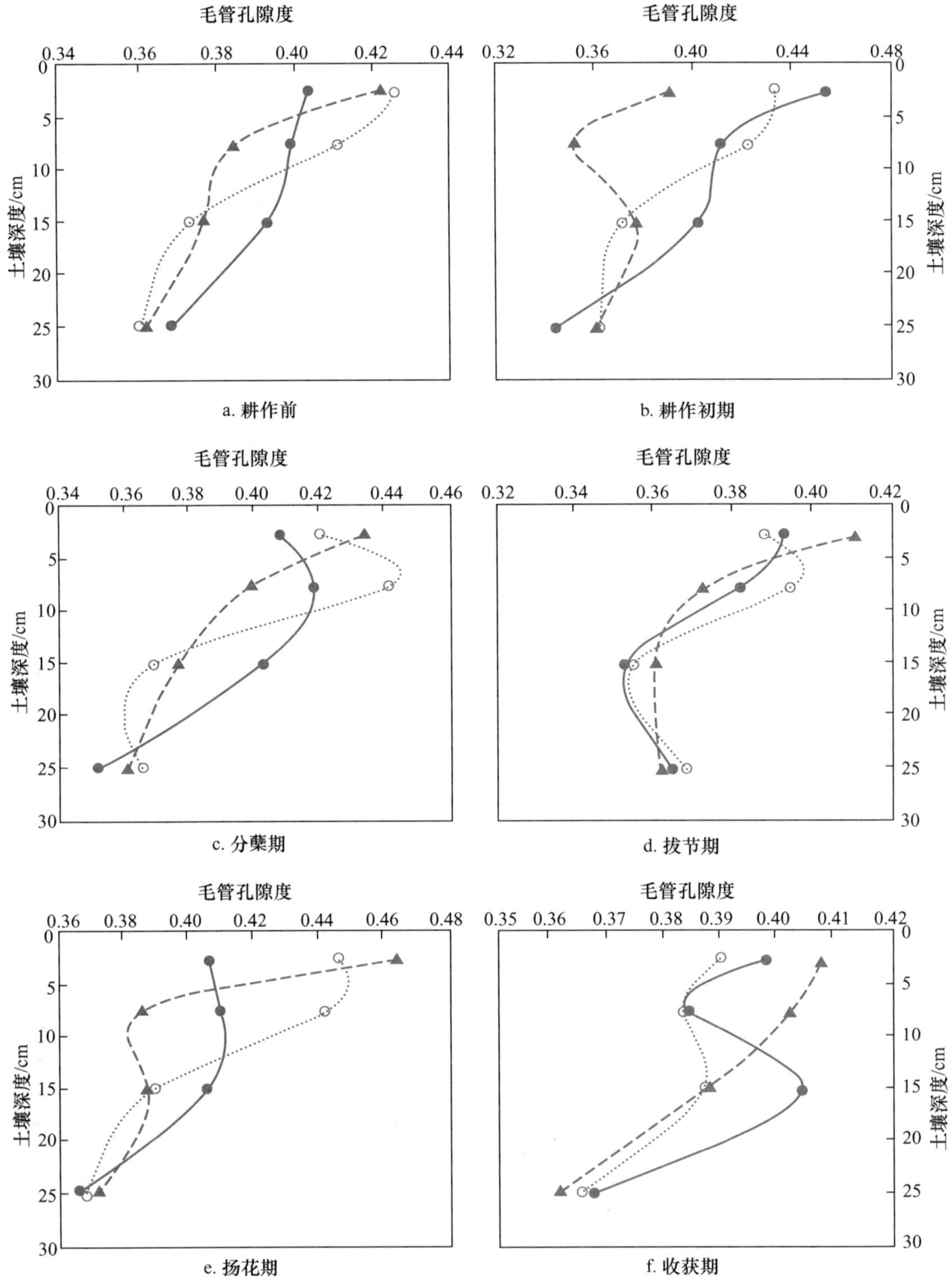

图 1.3　不同耕作方式对土壤毛管孔隙度剖面的影响

—●— 翻耕　···⊙··· 旋耕　–▲– 免耕

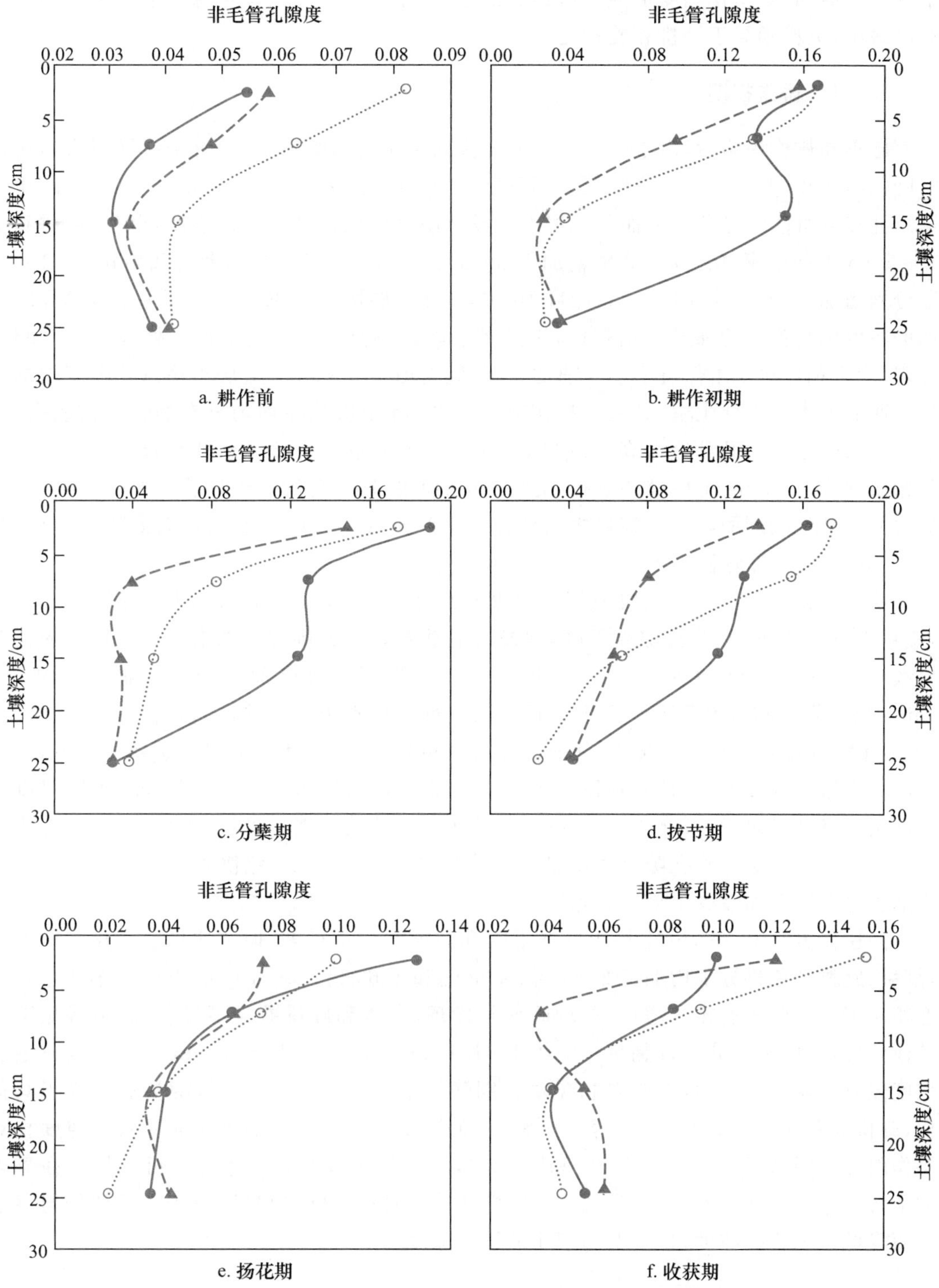

图 1.4 不同耕作方式对土壤非毛管孔隙度剖面的影响

—●— 翻耕 ···○··· 旋耕 —▲— 免耕

土壤深度的增加，其变化幅度也最大；翻耕土壤非毛管孔隙度最小，且随土壤深度增加的变化幅度最小；免耕则居于翻耕和旋耕之间。

1.1.2.2 耕作初期

实施不同耕作措施后，由于不同耕作方式扰动土壤的深度不同，而且未扰动层次与耕作前时间相隔较短，其他因素的影响较弱，翻耕 0～20 cm、旋耕 0～10 cm 和免耕 0～5 cm 土层土壤总孔隙度可能将显著增加而其他层次则没有明显变化。测定结果表明，翻耕、旋耕和免耕 0～5 cm 土层土壤总孔隙度分别增加了 35.3%、18.2%和 14.3%；翻耕和旋耕 5～10 cm 土层分别增加了 25.1%和 17.0%；翻耕 10～20 cm 土层增加了 30.3%。可见土壤总孔隙度增加的幅度也与耕作的强度呈正相关，以翻耕最高、旋耕居中、免耕最低。处理内层次间比较发现，旋耕和免耕基本保持了耕作前的状态；翻耕由于 0～5 cm 土层土壤总孔隙度增加幅度最大而显著大于下层土壤，导致了耕作前 0～20 cm 土层孔隙均匀分布的特征被改变，形成了 0～5 cm 土层总孔隙度最高、5～20 cm 土层均匀分布、20～30 cm 土层最低的状态。处理间则表现为 0～5 cm 土层翻耕最高、旋耕居中、免耕最低，且均达到显著水平；5～10 cm 免耕显著低于其他处理而翻耕和旋耕之间没有显著差异；10～20 cm 翻耕显著高于其他处理；20～30 cm 土层没有显著差异。

翻耕和旋耕扰动后土壤造成毛管孔隙度有所增加，而其各自的犁底层（翻耕 20 cm 以下，旋耕 10 cm 以下）毛管孔隙度下降，但没有显著差异。免耕表层则由于大量秸秆的存在而导致了 0～5 cm 土层毛管孔隙度下降了 7.1%，受到免耕播种机开沟作业镇压的 5～10 cm土层毛管孔隙度也下降了 8.5%，而下层土壤变化不明显。处理间比较发现，翻耕0～5 cm 具有最高的土壤毛管孔隙度，分别较旋耕和免耕高 4.7%和 16.0%；旋耕 5～10 cm具有最高的土壤毛管孔隙度，且分别较翻耕和免耕高 2.4%和 19.8%；10～20 cm 土层仍以翻耕显著高于其他处理，而 20～30 cm 翻耕则显著小于其他处理。可见，机械作业后，翻耕和旋耕增加了耕层土壤毛管孔隙度而降低了犁底层的毛管孔隙度，免耕则由于大量秸秆的存在增加了总孔隙度而减少了毛管孔隙度。

不同耕作方式 0～5 cm 土层土壤非毛管孔隙度差异不显著，但与耕作前相比却增加显著，翻耕、旋耕和免耕分别增加了 2.05 倍、1.03 倍和 1.69 倍。5～10 cm 土层土壤非毛管孔隙度相对于耕作前也有显著增加，处理间比较发现，翻耕和旋耕差异不显著，而免耕显著小于其他处理，其中免耕分别较翻耕和旋耕小 31.1%和 30.2%。10～20 cm 土层土壤非毛管孔隙度仅有翻耕显著增加，而旋耕和免耕分别降低了 12.8%和 24.6%，翻耕显著高于其他处理，旋耕和免耕没有显著差异。翻耕、旋耕、免耕 20～30 cm 土层土壤非毛管孔隙度相对于耕作前分别降低了 35.3%、14.0%和 14.5%，处理间也没有显著差异。可见耕作在显著增加了耕层非毛管孔隙的同时，降低了犁底层的非毛管孔隙度；免耕则由于大量秸秆与表土混合而降低了毛管孔隙度，显著增加了非毛管孔隙度。

1.1.2.3 冬小麦分蘖期

冬小麦分蘖期的土壤取样是在灌溉之后，土壤结构由于灌溉和降水而逐渐稳定。冬小麦分蘖期，翻耕和旋耕土壤总孔隙度下降而免耕有所增加，但是均未达到显著差异，其中 0～

5 cm土层翻耕下降3.5%、旋耕下降1.1%、免耕上升5.9%。旋耕5～10 cm土层显著下降5.6%，而翻耕和免耕虽然也有下降，但没有显著差异，处理间以翻耕最高、旋耕居中、免耕最低；10～20 cm土层土壤总孔隙度仅翻耕有明显下降，其他处理没有显著变化，其中翻耕下降4.8%，处理间仍然以翻耕显著高于其他处理。20～30 cm土层各个处理间土壤总孔隙度在冬前没有明显变化。总体来看，灌溉的作用使不同耕作方式0～5 cm土层土壤总孔隙度的差异变小，但不显著，而其他尚未受到灌溉显著影响的层次保持了耕作初期的状态。

冬小麦分蘖期，翻耕0～5 cm土层的土壤毛管孔隙度相对于耕作初期显著下降了10.3%，旋耕下降了3.2%，而免耕增加了10.6%。处理间以免耕最高、旋耕居中、翻耕最低，其中免耕分别较翻耕和旋耕高6.2%和3.1%。各处理5～10 cm土层土壤毛管孔隙度均有所增加，其中免耕显著增加了13.5%。不同耕作方式下，10～20 cm和20～30 cm土层土壤毛管孔隙度与耕作初期相比均没有显著变化，其中10～20 cm仍然以翻耕最高；20～30 cm仍以翻耕最低，且达到显著水平。

翻耕仅0～5 cm土层土壤非毛管孔隙度较耕作初期显著增加了15.0%，其他三个层次均有所下降，其中10～20 cm显著下降了17.8%。旋耕0～5 cm、10～20 cm和20～30 cm土层土壤非毛管孔隙度没有显著变化，但5～10 cm显著降低了38.4%。免耕0～5 cm和5～10 cm土层土壤非毛管孔隙度分别下降了5.5%和57.5%。可见免耕5～10 cm土层土壤非毛管孔隙度的显著降低是由于其总孔隙度没有显著变化而毛管孔隙度显著增加所致。免耕10～30 cm则没有显著变化。这个时期0～20 cm土层土壤非毛管孔隙度均以翻耕最高、旋耕居中、免耕最低，而20～30 cm各个处理间没有显著差异。

冬小麦分蘖期各处理5～10 cm毛管孔隙度的增加一方面是由于灌溉导致大粒径土块的破碎，非毛管孔隙度的下降；另一方面是由于作物根系的生长。比较不同耕作方式下3种不同类型的孔隙度变化规律可见，免耕有利于增加表层0～5 cm土层土壤毛管孔隙度，并具有5 cm以下土层孔隙的稳定性；翻耕增加的孔隙以非毛管孔隙度为主，其毛管孔隙度仅在20～30 cm土层最高。

1.1.2.4 冬小麦拔节期

至冬小麦拔节期，不同耕作方式土壤总孔隙度均表现为表层0～5 cm土层显著下降，其中，翻耕下降7.4%，旋耕下降5.3%，免耕下降6.0%。各处理间没有显著差异，但旋耕5～10 cm土层较分蘖期增加了4.3%，而翻耕降低了6.8%，导致其由分蘖期的翻耕较大变为旋耕最大，而且具有显著差异，免耕则仍然最低。翻耕10～20 cm土层土壤总孔隙度显著下降11.2%，但仍然显著高于其他处理。翻耕20～30 cm以及旋耕和免耕5～30 cm土层均没有显著变化。

冬小麦拔节期不同耕作方式农田土壤毛管孔隙度相对于分蘖期均表现为0～20 cm土层降低，而20～30 cm土层略有增加。其中翻耕、旋耕和免耕0～5 cm土层分别下降了3.5%、7.4%和5.0%；5～10 cm土层分别下降8.8%、10.6%和6.6%；10～20 cm土层分别下降12.3%、3.8%和4.4%。20～30 cm土层均有所增加，但没有显著差异。各个处理间表现为0～5 cm土层旋耕＜翻耕＜免耕，5～10 cm土层表现为免耕＜翻耕＜旋耕，10～20 cm土层则表现为翻耕＜旋耕＜免耕，20～30 cm土层没有显著变化。分析不同耕作方式0～

20 cm 土层土壤毛管孔隙度均表现下降的原因可能是冬小麦根系填充在孔隙之中以及土层因灌溉和降水而变得紧实所致。

结合土壤非毛管孔隙度可见，翻耕各个层次土壤总孔隙度、毛管孔隙度、非毛管孔隙度的变化规律一致，即 0～20 cm 降低，而 20～30 cm 增加。旋耕总孔隙度和非毛管孔隙度变化规律一致，即 0～5 cm 和 20～30 cm 土层略减，而 5～10 cm 和 10～20 cm 土层增加。免耕土壤总孔隙度与非毛管孔隙度变化规律一致，表现为 0～5 cm 土层降低，而下层土壤增加。处理间比较可见，0～5 cm 和 5～10 cm 土层土壤非毛管孔隙度均以旋耕最高、翻耕居中、免耕最低，而 10～20 cm 土层翻耕显著高于其他处理，旋耕和免耕没有显著差异。从层次上看，翻耕 0～20 cm 土层非毛管孔隙分布最为均匀的；旋耕 0～10 cm 和 10～30 cm 分布较均匀，但各层次间却有显著差异；免耕的特点则在于 5～30 cm 土层非毛管孔隙度在土壤剖面上的分布具有层次均一性，而且较前期变化最平缓。

1.1.2.5 冬小麦扬花期

进入冬小麦扬花期，土壤结构趋于稳定，土壤总孔隙度进一步下降，而且其变化幅度较前期也下降，其中翻耕、旋耕和免耕 0～5 cm 土层分别下降 3.4%、2.8%和 1.6%；5～10 cm 土层分别下降 7.2%、5.7%和 0.5%；10～20 cm 仅有翻耕下降 4.5%，而旋耕和免耕稍有增加，但均无显著差异。可见总孔隙度下降的幅度以翻耕最高、旋耕居中，而免耕变化最为平缓。与前期相比，不同耕作方式之间的差异基本保持原来的状态，表现为0～5 cm 土层差异不显著，5～10 cm 土层仍然为免耕＜翻耕＜旋耕，10～20 cm 仍然以翻耕较高，而旋耕与免耕没有显著差异。

各耕作处理的土壤毛管孔隙度则均表现为增加的状态，其中翻耕、旋耕和免耕 0～5 cm 土层分别增加 3.5%、14.8%和 12.7%；5～10 cm 土层分别增加 7.5%、12.1%和 3.4%；10～20 cm 增加显著，分别增加 15.0%、9.9%和 7.7%；20～30 cm 也有所增加，但差异不显著。各个处理土壤毛管孔隙度增加的原因可能是冬小麦根系的大量生长。这个时期 0～5 cm土层土壤毛管孔隙度以免耕最高、旋耕居中、翻耕最低，其中免耕分别较翻耕和旋耕高 14.0%和 3.9%；而 5～10 cm 以旋耕最高、翻耕居中、免耕最低；10～20 cm 以翻耕最高，旋耕和免耕没有显著差异。此时，土壤毛管孔隙度随土壤深度变化的规律及处理间的差异已经基本恢复为耕作前的状态。

与拔节期相比，扬花期土壤非毛管孔隙度与总孔隙度变化规律相似，但其下降幅度显著较高，其中翻耕、旋耕和免耕 0～5 cm 土层分别下降了 20.4%、48.8%和 45.4%；5～10 cm 分别下降 51.1%、62.5%和 18.7%；10～20 cm 分别下降 65.6%、43.3%和 44.7%；20～30 cm翻耕和旋耕分别下降 16.6%和 16.6%，而免耕没有显著变化。0～5 cm 土层以翻耕最高、旋耕居中、免耕最低，而其他层次差异相对较小或者没有显著差异。

综合比较 3 类孔隙度可见，冬小麦拔节期土壤总孔隙度和毛管孔隙度在土壤剖面上的分布状况及处理间的差异与耕作前相似。翻耕和免耕土壤总孔隙度和毛管孔隙度的分布分别在 0～20 cm 和 5～30cm 土层具有层次均一性；同时免耕增加表层 0～5 cm 的土壤毛管孔隙度而减少非毛管孔隙，并保持 5 cm 以下土层的稳定状态；翻耕导致 10～20 cm 土层土壤非毛管孔隙度最大，但随时间推移逐渐与其他处理没有显著差异。

1.1.2.6 冬小麦收获期

至冬小麦收获期，土壤总孔隙度一般表现为受耕作扰动的层次均有所下降而其他层次稍有所增加。其中翻耕、旋耕和免耕 0～5 cm 土层分别下降 7.1%、0.5%和 1.8%；5～10 cm土层分别下降 1.3%、7.6%和 2.4%；20～30 cm 土层分别增加 4.9%、5.5%和 1.7%。处理间各个层次土壤总孔隙度基本保持了扬花期的特征，即 0～5 cm 土层翻耕＜免耕＜旋耕，5～10 cm 土层免耕＜翻耕＜旋耕，10～20 cm 土层翻耕最大，而 20～30 cm 土层旋耕最小；但处理间差异的大小发生了变化，其中 0～5 cm 土层翻耕分别较旋耕和免耕小 9.3%和 6.3%，5～10 cm 土层翻耕与旋耕间的差异缩小，翻耕较旋耕低 1.8%。随土壤深度增加土壤总孔隙度的变化幅度也变小。

扬花期开始后，冬小麦停止营养生长而进入生殖生长，部分营养器官开始枯萎死亡。根系的消长以及机械作业、人为踩踏等原因使土壤毛管孔隙度的变化情况复杂，但基本保持了其随土壤深度增加而逐渐减小的特征。这个时期翻耕和旋耕表层土壤毛管孔隙度显著下降，0～5 cm 土层以免耕最高、翻耕居中、旋耕最小，其中免耕分别较翻耕和旋耕高 2.3%和 4.4%；5～10 cm 土层以免耕最高，翻耕和旋耕之间没有显著差异；10～20 cm 土层仍然以翻耕最高；20～30 cm 土层各个处理间没有显著差异。

冬小麦收获期的土壤非毛管孔隙度仅有翻耕 0～5 cm 和免耕 5～10 cm 土层分别减少 23.0%和 43.1%之外，其他层次均有所增加，其中旋耕和免耕 0～5 cm 土层分别增加 54.1%和 63.2%。另外，土壤非毛管孔隙度的增加幅度虽然较大，但因为其比例较小，所以非毛管孔隙度的绝对量没有显著增加。

综合分析 3 类孔隙度可见，冬小麦收获期土壤毛管孔隙度伴随着非毛管孔隙度的增加而降低，而耕作扰动层次(翻耕 0～20 cm，旋耕 0～10 cm，免耕 0～5 cm)土壤总孔隙度下降，因此，非毛管孔隙度的增加量没有毛管孔隙度的减少量大。各处理间土壤总孔隙度的差异基本保持了前期的状态，而毛管孔隙度则由于机械作业、人为踩踏(玉米播种等作业)等因素而发生较大变化。这种变化将随着时间的推移，逐渐恢复到耕作前的状态。

耕作作方式对土壤总孔隙度、毛管孔隙度和非毛管孔隙度均有显著影响。翻耕 0～20 cm土层孔隙分布具有层次均一性，总孔隙度随土壤深度增加变小；旋耕具有最高的 0～10 cm 土层土壤总孔隙度；免耕 0～5 cm 土层总孔隙度、毛管孔隙度和非毛管孔隙度均大于翻耕，5～30 cm 土层总孔隙度和毛管孔隙度最低，但具有层次均一性，且随时间的推移保持相对稳定。耕作初期，翻耕和旋耕增加了耕层土壤孔隙度，降低了犁底层的孔隙度，免耕则由于大量秸秆的存在增加了总孔隙度而减少了毛管孔隙度。不同耕作方式土壤孔隙度随时间的变化规律相似，但变化幅度一般以旋耕最大、翻耕居中、免耕最低。

1.1.3 保护性耕作对原状土饱和导水率的影响

不同耕作措施在冬小麦收获期对土壤饱和导水率(K_s)的影响见图 1.5。可以看出，不同处理下土壤饱和导水率随着土壤深度的增加而逐渐降低。在表层 0～5 cm 不同耕作处理下的土壤饱和导水率随着土壤扰动程度的增加而降低，表现为免耕＞翻耕＞旋耕，其中免耕处理的土壤饱和导水率为 5.01×10^{-4} cm/s，而翻耕和旋耕分别为 4.18×10^{-4} cm/s、4.66×10^{-4} cm/s，免耕较翻耕、旋耕分别增加了 19.9%和 7.74%。各处理在 0～20 cm 内土壤饱和导水率差异较大，而在 20～30 cm 的层次上较为接近，处理间差异不显著。

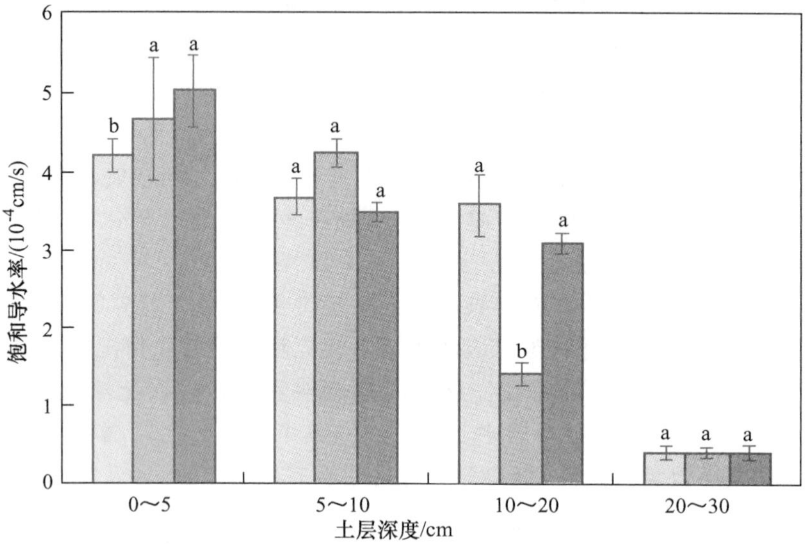

图 1.5 耕作措施对土壤饱和导水率的影响(2010 年小麦收获期)

□翻耕 ▨旋耕 ■免耕

综合来看，免耕处理下土壤饱和导水率要高于翻耕和旋耕。因此，可以认为免耕处理下孔隙的连续性以及大孔隙要优于翻耕和旋耕处理。翻耕和旋耕措施由于破坏了大孔隙的连续性，从而减少了大孔隙参与的水分流动。另外，通过对图 1.1 各处理下土壤容重的变化分析亦可推出，免耕处理下具有更加稳定的土壤结构，这对于维持土壤孔隙的连续具有积极的促进作用。对于大于 20 cm 的土层，由于耕作处理对深层土壤影响较小，土壤饱和导水率主要受到土壤本身性质的影响。

许多研究认为，随着土壤容重的增加，土壤饱和导水率表现出下降的趋势(李志明等，2009；吴华山等，2006)。杜章留等(2009)在华北地区的试验研究亦得出容重与土壤饱和导水率直接存在负相关关系。

不同耕作处理下土壤饱和导水率与土壤容重的相关性如表 1.1 所示，各处理原状土壤饱和导水率与土壤容重均表现出显著负相关关系，其中旋耕处理达到了极显著相关($p<0.01$)。不同处理原状土壤饱和导水率与土壤容重的相关性决定系数(R^2)表现为：旋耕＞免耕＞翻耕。

表 1.1 不同耕作措施土壤饱和导水率与土壤容重的关系

处理	线性方程	决定系数 R^2
翻耕	$y=-0.0648x+1.5837$	0.539*
旋耕	$y=-0.0989x+1.6233$	0.989**
免耕	$y=-0.0784x+1.6354$	0.731*

注：* 表示 $p<0.05$，** 表示 $p<0.01$；y 为原状土的饱和导水率，x 为土壤容重。

1.1.4 保护性耕作对土壤水分特征曲线的影响

土壤水分特征曲线反映了土壤水非饱和状态下土壤水的能态与数量间的关系，是分析土壤水保持和运动的最重要的因素之一。图 1.6 至图 1.8 是 2003 年实测的不同耕作措施下耕层的土壤水分特征曲线，可以看出随土壤深度的增加，耕作措施所造成的土壤水分特征曲线的差异减弱，0～5 cm 差异较大，10～15 cm 差异最小。在基质吸力(pF)1.5～4.2 的范围内，免耕垄背土壤含水量较高，翻耕土壤含水量最低；免耕垄沟土壤含水量低于免耕垄背，不同深度土壤水分特征曲线均呈这种趋势。分析造成这种差异的原因主要是免耕立杆直播，

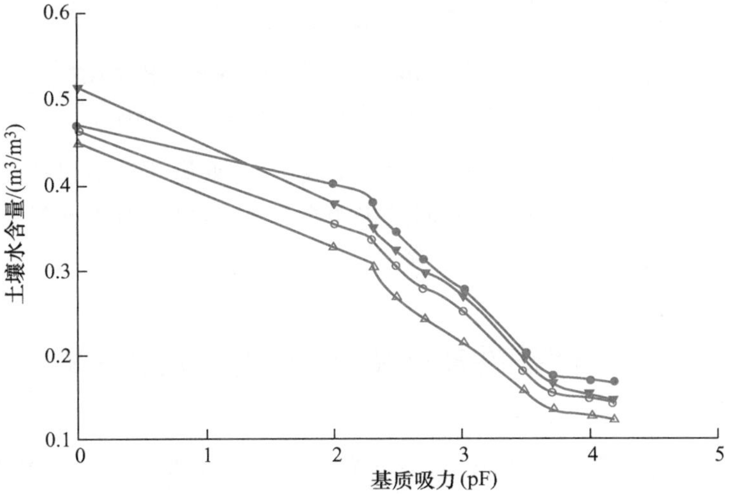

图 1.6 不同耕作措施 0～5 cm 实测土壤水分特征曲线

—●— 免耕垄背 —○— 免耕垄沟 —▼— 旋耕 —△— 翻耕

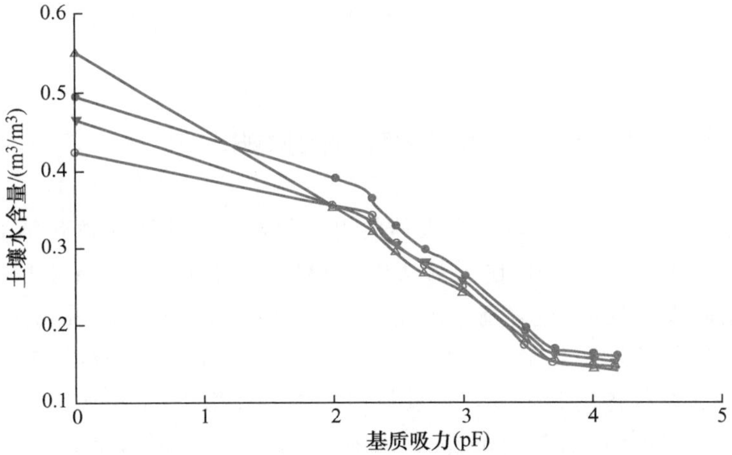

图 1.7 不同耕作措施 5～10 cm 实测土壤水分特征曲线

—●— 免耕垄背 —○— 免耕垄沟 —▼— 旋耕 —△— 翻耕

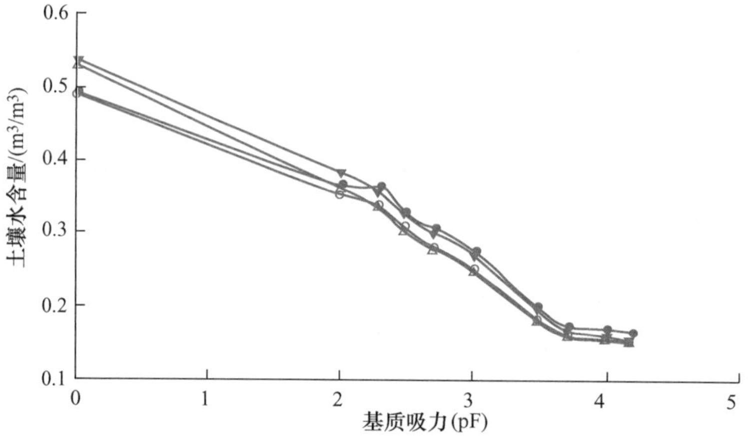

图 1.8 不同耕作措施 10～15 cm 实测土壤水分特征曲线

—●— 免耕垄背 —○— 免耕垄沟 —▼— 旋耕 —△— 翻耕

形成了垄背与垄沟，垄背上有秸秆覆盖，土壤扰动较少，土壤原状结构保持较好，而垄沟部位土壤扰动较大，破坏了土壤的原状结构；同免耕和旋耕相比，翻耕对土壤扰动程度最大，土壤原状结构破坏程度大，保水和供水性能下降。

1.2 保护性耕作对土壤团聚体的影响

土壤团聚体是土壤结构的基本单元，是土壤养分的"贮藏库"，其数量的多少反映了土壤供储养分能力的高低，决定了土壤结构性的好坏。影响土壤团聚体稳定的主要外界因素是土地利用方式。很多研究都表明土壤耕作会在一定程度上破坏团聚体结构。保护性耕作因为大大减少了土壤扰动，土壤团聚体的数量、分布和稳定性均有显著的增加和改善。本文分析了 2005 年 6 月冬小麦收获时及 2007 年 10 月耕作前后土壤样品，研究保护性耕作对土壤团聚体的影响。

1.2.1 保护性耕作对土壤团聚体数量的影响

通过干筛法可以获得原状土壤中团聚体的总体数量。这些团聚体包括非水稳性团聚体和水稳性团聚体。如表 1.2 所示，在干筛法中，免耕处理下 0～10 cm 土层内的 $R_{0.25}$（土壤中＞0.25 mm 的团聚体数量）显著高于翻耕和旋耕处理，而 10～30 cm 土层中的 $R_{0.25}$ 在各处理间没有显著差异，说明免耕显著地提高了表层 0～10 cm 土层内的＞0.25 mm 的团聚体的数量，使土壤团粒结构体的数量增多。旋耕与翻耕处理相比，干筛法＞0.25 mm 的团聚体含量在所有相同层次间都没有显著的差异，都在 76.6%～88.6%之间。3 种耕作处理下的所有层次的＞0.25 mm 土壤团聚体数量都在 75%以上，而免耕相对于翻耕，可使 0～5 cm 土层的团聚体数量提高 19.5%，5～10 cm 土层的团聚体数量提高 5.7%。

湿筛法获得的团聚体是土壤中的水稳性团聚体。水稳性团聚体对保持土壤结构的稳定性有重要的作用，因而比非稳性团聚体更为重要。从表 1.2 可以看出，湿筛处理下水稳性团聚体的 $R_{0.25}$ 最高为 34.9%，远小于干筛处理下的最小值 76.6%，说明该土壤的土壤团聚体大部分为非水稳性团聚体。

表 1.2 不同耕作处理干湿筛下的>0.25 mm 团聚体含量

土壤层次/cm	$R_{0.25}$/%(干筛法)			$R_{0.25}$/%(湿筛法)		
	免耕	旋耕	翻耕	免耕	旋耕	翻耕
0～5	91.5a	76.6b	78.3b	34.9a	32.4a	24.7b
5～10	93.3a	88.3ab	84.6ab	32.8a	14.8bc	22.6b
10～20	86.1ab	88.2ab	88.6ab	30.1a	12.8c	20.2b
20～30	87.2ab	84.2ab	88.6ab	19.9b	8.3c	8.6c

注：$R_{0.25}$ 指土壤中>0.25 mm 的团聚体数量；表中 a、b、c 表示差异达显著水平。

分析发现，免耕处理下的 0～30 cm 土层的水稳性团聚体数量均大于 30%，比旋耕、翻耕处理下的相同层次的数值都高，且 5 cm 以下土层与旋耕、翻耕之间差异显著，说明免耕有利于土壤水稳性团聚体的形成；旋耕与翻耕相比，在 0～5 cm 表土层内，旋耕处理的>0.25 mm的水稳性团聚体的数量显著高于翻耕处理，但 5～20 cm 土层内的水稳性团聚体的数量却显著低于翻耕处理。翻耕处理下耕层(0～20 cm)的水稳性团聚体的含量在 20%左右，但犁底层的水稳性团聚体含量显著降低(8.6%)，土壤呈明显的片状结构，而免耕处理可使犁底层消失，显著提高其水稳性团聚体的含量，与翻耕相比增加了 131.4%。

以上结果表明，对于华北平原的农田土壤，耕作方式会导致土壤团聚体的含量发生变化：免耕处理有利于耕层(0～20 cm)土壤团聚体的形成，并且具有较高的水稳性；旋耕处理虽然会提高 0～5 cm 层水稳性团聚体的含量，但降低了 5～30 cm 层水稳性团聚体的含量。

1.2.2 保护性土壤耕作对土壤团聚体大小的影响

为了能够定量地反映土壤团聚体的状态，便于不同处理间团聚体的比较，分析土壤团聚体同其他土壤参数之间的关系，Van Bavel 将各粒级数据进行加权求和，提出了平均重量直径(mean weight diameter，MWD)的概念。Gardener 在团聚体分布服从对数正态分布的假设的基础上，提出了几何平均直径(geometric mean diameter，GMD)的概念。不同粒级团聚体对土壤养分的保持和供应、孔隙组成、水力性质和生物运动具有不同的作用，因此在团聚体总量的基础上，团聚体大小分布状况与土壤的质量关系更加密切。MWD 和 GMD 值越大表示团聚体的平均粒径团聚度越高，稳定性越强。

如表 1.3 所示，干筛处理下，0～5 cm 和 5～10 cm 层土壤团聚体的 MWD 和 GMD 均是免耕>旋耕>翻耕，说明免耕处理的团聚状况好于旋耕和翻耕处理；在 10～30 cm 土层各处理间差异不显著。湿筛处理下水稳性团聚体 MWD 在 0～5 cm 层为旋耕>免耕>翻耕，其下各层均为免耕>旋耕>翻耕，但统计结果表明处理间的差异多不显著；湿筛法的 GMD 在 3 种耕作方式下的各层大小顺序均为免耕>旋耕>翻耕，其值以 0～5 cm 层最大，向下依次降低,且免耕处理与旋耕、翻耕处理相比其差异达显著水平。干筛法的 GMD 和 MWD 远比湿筛法的大,这是因为大量的非水稳性团聚体在水分的浸泡下分解的结果。

表 1.3　不同耕作处理下土壤团聚体平均重量直径和几何平均直径　mm

土壤层次/cm	干筛法						湿筛法					
	GMD			MWD			GMD			MWD		
	免耕	旋耕	翻耕	免耕	旋耕	翻耕	免耕	旋耕	翻耕	免耕	旋耕	翻耕
0～5	3.50ab	2.34c	2.44c	3.27ab	1.49d	1.46d	0.43ab	0.51a	0.34bc	0.56a	0.37bc	0.21cd
5～10	3.92a	3.45ab	2.95bc	3.74a	2.92ab	2.10c	0.41ab	0.33bc	0.31bc	0.54a	0.29cd	0.19cd
10～20	3.40ab	3.56ab	3.46ab	2.53b	2.98ab	2.90ab	0.33bc	0.26cd	0.27cd	0.52b	0.28cd	0.19d
20～30	3.54ab	3.08bc	3.64ab	2.79b	2.28c	3.05ab	0.26cd	0.19d	0.18d	0.47ab	0.25cd	0.14d

注:表中 a、b、c 表示差异达显著水平($p<0.05$)(LSD)。

1.2.3　保护性耕作的土壤团聚体分维特征研究

团聚体的形成和变化过程是多种复杂因素综合作用的结果。很多研究表明,土壤颗粒及其团聚体的性状具有明显的分形特征,并且用分形维数来描述团聚体的分布状态。杨培岭等分析土壤颗粒分形维数时指出,黏粒含量越高,质地越细,分形维数越高。吴承祯等也指出,团粒结构越好、越稳定则分形维数越小。

通过对团聚体干筛和湿筛数据进行拟合(R_2值均大于 0.92)可以计算出土壤团聚体分形维数。图 1.9 是不同耕作方式下土壤团聚体分形维数在 0～30 cm 剖面上的分布图。

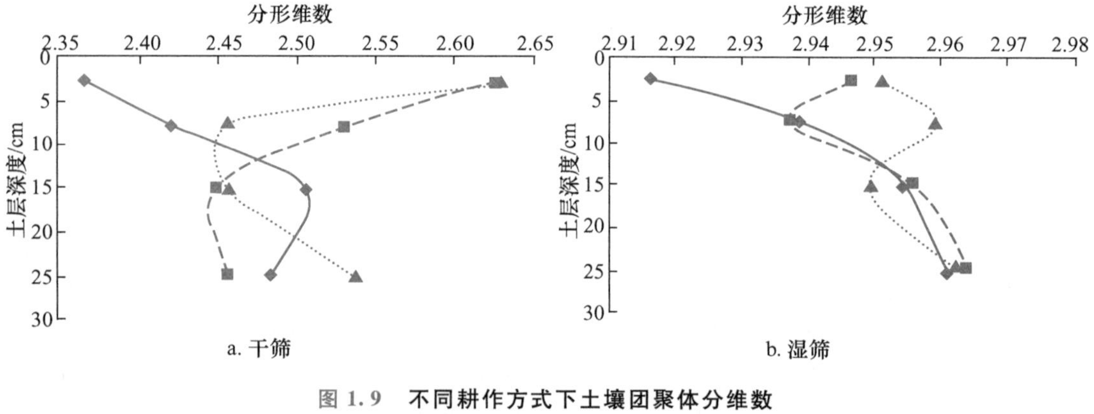

图 1.9　不同耕作方式下土壤团聚体分维数

从图 1.9a 可以看出,免耕处理下的非水稳性团聚体的分形维数在表层 0～5 cm 最低(2.37),从 0～15 cm 土层向下逐渐增大,15 cm 土层以下趋于稳定;而翻耕和旋耕处理的非水稳性团聚体的分形维数表层最大,在 0～5 cm 土层内土壤非水稳性团聚体的分形维数几乎相等(约为 2.63),从 0～5 cm 土层向下逐渐减小,15 cm 以下土层的非水稳性团聚体的分形维数趋于稳定;3 种耕作处理 15 cm 以下土层中非水稳性团聚体的分形维数的变化范围为 2.45～2.55,其变幅明显小于表层土壤;在 0～5 cm 内土壤非水稳性团聚体的分形维数以免耕最小，说明免耕处理使土壤非水稳性团聚体的稳定性增强；在 5～10 cm 土层内各处理分形维数也有明显的差异，表现为免耕＜旋耕＜翻耕；在 10～20 cm 土层内，非水稳性团聚体的分形维数以免耕最大；在 20～30 cm 土层中，旋耕处理土壤非水稳性团聚体的分形维数最高(2.54)，免耕和翻耕处理次之(2.48 和 2.46)。这表明，不同耕作措施对土壤团聚体特性的影响主要发生在 0～10 cm 土层中，尤其在表层(0～5 cm)。免耕处理有利于改善土壤的土壤团聚状况，使其非水稳性团聚体的分形维数显著降低；而翻耕和旋耕处理由于机械动力对土壤的扰动较大，使土壤团聚体破坏而分散，故其分形维数较高。在 20～30 cm 土层中，翻耕处理团聚状况优于免耕处理，旋耕处理最差。这可能是由于翻耕的犁底层大致处于 20～30 cm，受到机械压力而使土壤颗粒形成较大的团聚体。

图 1.9b 是水稳性团聚体的 D 值拟合曲线，其 R_2 值在 0.78～0.95 之间。可以看出，在 0～5 cm 土层，免耕处理分形维数最小，表明团聚体的水稳性最高，且土壤水稳性团聚体分形维数自表层向下逐渐增加，表明底层的土壤水稳性逐渐降低。翻耕处理的团聚体的分形维数则是先下降(5～10 cm)，然后再增加。旋耕处理变化呈“S”形，在 5～10 cm 土层的团聚体的分形维数显著升高，说明该层中土壤水稳性团聚体稳定性降低。在 20～30 cm 土层，各处理分形维数趋于一致，说明耕作对 20 cm 以下土壤水稳性团聚体的影响较小，但 20 cm 以下土壤中水稳性团聚体的分形维数最高，说明其颗粒最小，稳定性最低。

1.2.4 耕作前后土壤团聚体变化

土壤团聚体是土壤养分的贮存库和各种土壤微生物的生境。耕作通过机械扰动将土壤团粒破碎，同时将秸秆与土壤混合，增加土壤有机质而形成更多的土壤团粒。不同耕作方式对土壤的机械扰动程度不同，秸秆还田的方式及土壤结合的特征也不同，从而影响了不同粒级土壤团粒的含量。土壤团聚体在耕作前后变化大，研究其变化更能说明耕作方式对土壤团聚体的影响。2007 年 10 月，在耕作前和耕作后取样，研究了耕作前后土壤团聚体的变化。

1.2.4.1 耕作前

耕作前，土壤结构处于年内最稳定的时期。这时不同耕作方式下土壤团聚体的粒径分布也是最稳定的时期(如图 1.10)。相对于翻耕和旋耕，免耕显著增加了 0～5 cm、5～10 cm 和 10～20 cm土层＞2 mm 粒径土壤团聚体含量，其中 0～5 cm 分别较翻耕和旋耕高 12.3 倍和 2.9 倍；同时，免耕显著降低了 0～5 cm 土层 0.053～0.25 mm 和＜0.053 mm 粒径土壤水稳性团聚体含量。一般认为，粒径(直径)＞0.25 mm 的团聚体称为大团聚体(macroaggregates)，而粒径＜0.25 mm的团聚体称为微团聚体(microaggregates)，因此，免耕相对于翻耕和旋耕显著增加了 0～5 cm 土层大团聚体含量，且分别较翻耕和旋耕高 37.4％和 19.4％。旋耕具有最高的 0.25～2 mm 粒径土壤水稳性团聚体，而其他粒径均居于翻耕和免耕之间。

免耕 5～10 cm 土层大团聚体含量显著高于其他处理，分别较翻耕和旋耕高 16.1％和 5.7％。分析各粒级土壤水稳性团聚体可见，免耕具有最高的＞2 mm 和 0.25～2 mm 粒级土壤团粒和最低的 0.053～0.25 mm 粒径土壤团粒。旋耕相对于翻耕显著减少了＜0.053 mm 粒径土壤团粒含量，而显著增加了＞0.053 mm 粒径土壤团粒含量。5～10 cm 土层相比，翻耕具有较高的 0.25～2 mm 粒径和较低的 0.53～0.25 mm 粒径土壤水稳性团聚体含量，而＞2 mm和＜0.053 mm 粒径团粒没有显著差异；旋耕则增加了 0.25～2 mm 粒径土壤团粒而减少了＜0.053 mm 粒径土壤团粒含量；免耕则显著减少了＞2 mm 粒径土壤团粒而增加了 0.25～2 mm 粒径土壤团粒。可见，在 0～10 cm 土层，随土壤深度增加，免耕较稳定地保持了大团聚体含量和各粒级微团聚体的比例。

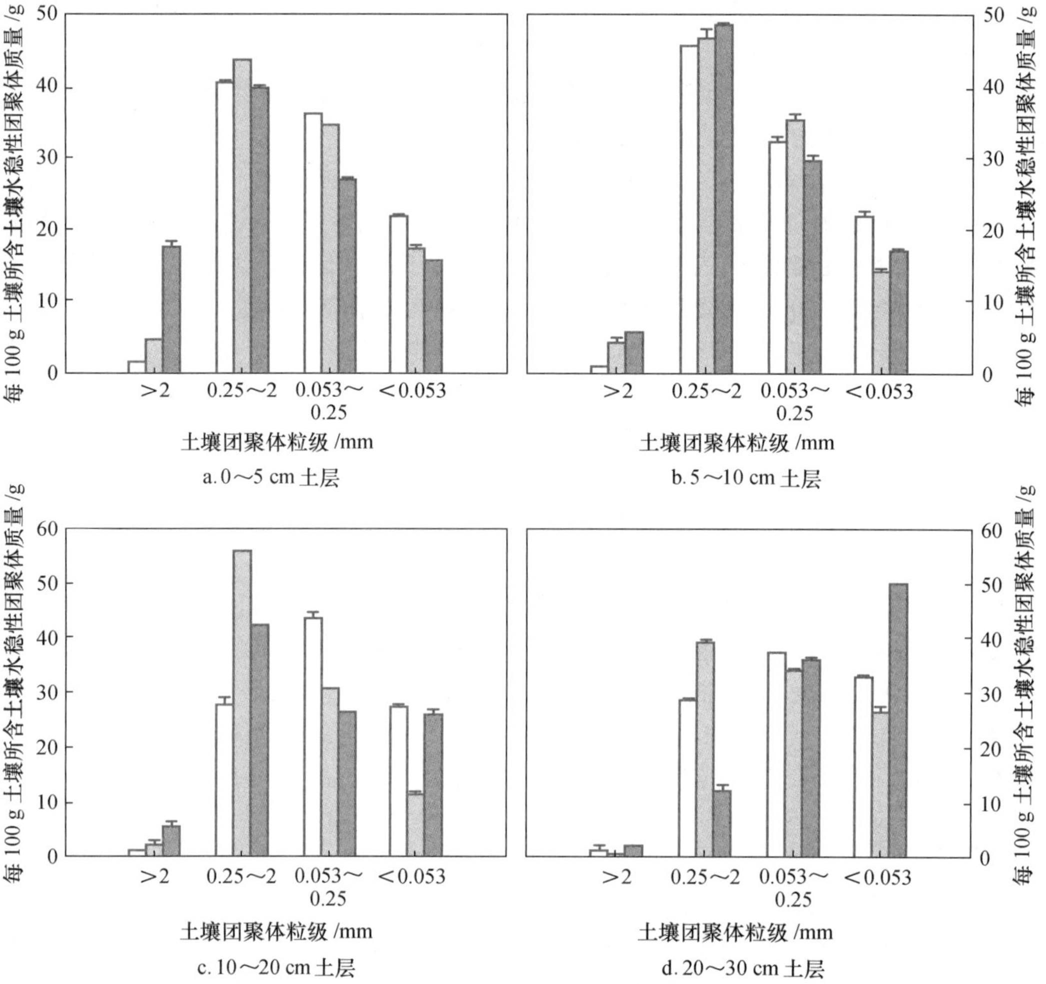

图 1.10　不同耕作方式对土壤水稳性团聚体的影响(耕作前)

□翻耕　□旋耕　■免耕

10～20 cm 土层，翻耕具有最低的大团聚含量，且分别较旋耕和免耕低 50.4% 和 22.1%；旋耕具有最高的 0.25～2 mm 粒径土壤团粒含量和最低的＜0.053 mm 粒径土壤团粒含量；免耕则具有最高的＞2 mm 粒径的土壤团粒含量和最低的 0.053～0.25 mm 粒径。相对于 0～5 cm 和 5～10 cm 土层，翻耕＞2 mm 粒径土壤团粒没有显著变化，0.25～2 mm 粒径土壤团粒显著降低，而 0.053～0.25 mm 及＜0.053 mm 粒径土壤团粒含量均有所增加，其中 0.053～0.25 mm 粒径土壤团粒含量显著增加 35.9%；旋耕表现为除 0.25～2 mm 粒径土壤团粒逐渐增加外，其他各粒级土壤团粒均有所下降；免耕则表现为＜0.053 mm 粒径土壤团粒含量显著增加，而其他粒径含量均降低。

旋耕 20～30 cm 土层土壤具有最高的大团聚体含量和最低的<0.053 mm 粒径土壤团粒含量；免耕与之相反，其中大团聚体分别较翻耕和旋耕低 52.5%和 64.2%。与 10～20 cm 土层相比，翻耕 20～30 cm 土层土壤大团聚体含量没有明显变化，而旋耕和免耕分别显著下降了 32.0%和 70.3%。

从整个 0～30 cm 土层来看，各处理>2 mm 粒径土壤团粒含量均表现随土壤深度增加而逐渐减小的趋势，其含量一般以翻耕最低、旋耕居中、免耕最高，而其下降幅度以翻耕最低、免耕最高、旋耕居于两者之间；<0.053 mm 粒径土壤团粒含量一般表现为随土壤深度增加而增加的状态，其在表层以翻耕最高、免耕最低，而在深层以免耕最高、旋耕最低；其他两个粒级随土壤深度增加波动变化，但均表现为 0.25～2 mm 粒级随土深增加趋于降低，而 0.053～0.25 mm 粒径随土深增加趋于增加。由于前述各粒级土壤团粒含量的变化，各处理大团聚体含量均表现为随土壤深度增加而降低，同时微团聚体含量表现增加趋势，其变化幅度在 0～20 cm 土层以翻耕最高、旋耕居中、免耕最低，而 20～30 cm 土层正好相反。

1.2.4.2 耕作后

不同耕作方式的实施对各土壤层次各粒级土壤水稳性团聚体含量产生了显著的影响（图 1.11）。各处理土壤水稳性团聚体含量随土壤深度变化的特征表现为：耕作后，翻耕 0～5 cm 土层与耕作前 10～20 cm 土层相似，10～20 cm 土层与耕作前 0～5 cm 土层相似，5～10 cm 和 20～30 cm 土层大团聚体含量显著下降而微团聚体显著增加；旋耕 0～5 cm 和 5～10 cm 土层大团聚体含量显著降低，10～20 cm 土层 0.25～2 mm 粒径土壤团粒含量显著降低，而<0.053 mm 粒径土壤团粒含量显著增加，20～30 cm 土层没有显著变化；免耕 0～5 cm土层>2 mm 粒径土壤团粒含量显著减少而 0.25～2 mm 和 0.53～0.25 mm 粒径土壤团粒含量显著增加，5～10 cm 土层除>2 mm 粒径土壤团粒含量显著减少外，其他各粒径含量均有所增加，10 cm 以下土层则没有显著变化。可见，不同耕作方式均导致大团聚体破碎成为较小粒径的土壤团粒，同时，翻耕通过土层翻转，使上层土壤与耕作前下层土壤相似而下层土壤与耕作前上层土壤相似。

处理间比较，翻耕具有 0～5 cm 和 5～10 cm 土层最低的大团聚体含量和 10～20 cm 土层最高的微团聚体含量；免耕仍然具有 0～5 cm 和 5～10 cm 土层最高的大团聚体含量，且 20～30 cm 土层微团聚体含量；旋耕一般居于两者之间。

不同耕作方式均可导致大团聚体破碎成为较小粒径的土壤团粒，但由于其扰动土壤的程度不同，不同粒级土壤团粒破碎的程度和相应形成的较小粒径土壤团粒增加的程度也不同。由于翻耕土层的翻转，其 0～5 cm 土层各粒级土壤水稳性团聚体含量较耕作前 10～20 cm土层没有显著变化，其 10～20 cm 土层相对于耕作前 0～5 cm 土层也没有显著变化，而 5～10 cm 土层显著降低的是 0.25～2 mm 粒径土壤团粒，显著增加的是<0.053 mm 粒径土壤团粒。旋耕 0～5 cm 土层显著降低的也是 0.25～2 mm 粒径土壤团粒，并显著增加了<0.053 mm 粒径土壤团粒。而免耕 0～5 cm 土层显著减少的是>2 mm 粒径土壤团粒，而且其中有 35.0%转化为 0.25～2 mm 粒径土壤团粒，62.2%转化为 0.053～0.25 mm 粒径土壤团粒。可见，旋耕由于在同一个层次进行了两次机械作业，其对土壤水稳性团聚体的

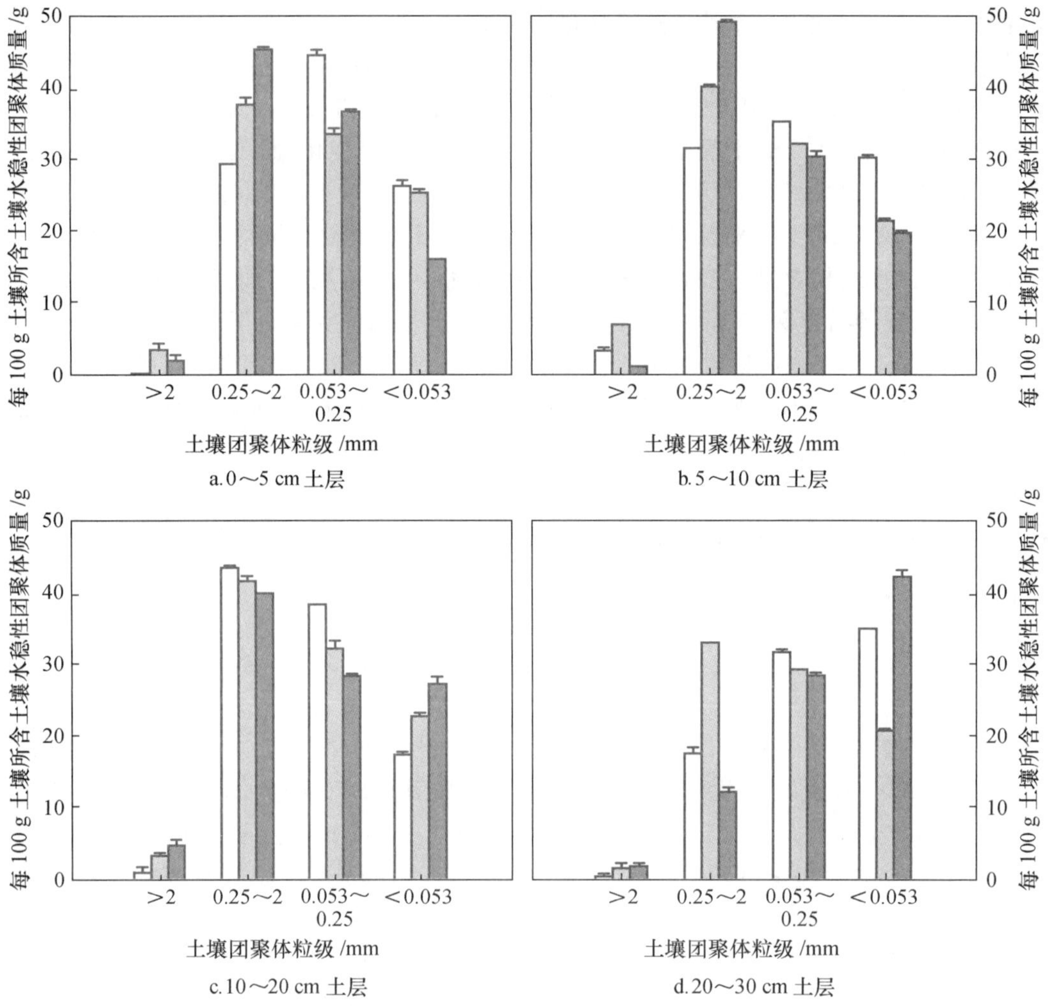

图 1.11　不同耕作方式对土壤水稳性团聚体的影响(耕作后)

影响大于翻耕，而免耕则主要影响了＞2 mm 粒径的土壤团粒。

就整个 0～30 cm 土层来看，翻耕大团聚体含量最低，且分别较旋耕和免耕低 25.8%和 10.1%；与旋耕相比，免耕 10 cm 以下土层＜0.053 mm 粒径土壤团粒含量显著较高，具有较多的微团聚体含量和较少的大团聚体含量，其中大团聚体含量较旋耕低 9.2%；如果仅比较 0～10 cm 土层则发现大团聚体含量以免耕最高、旋耕居中、翻耕最低，而且免耕分别较翻耕和旋耕高 53.2%和 10.9%。

1.3　保护性耕作对土壤微形态结构的影响

土壤微形态研究是揭示土壤结构特征的重要手段，用显微镜方法鉴定的肉眼所不能分辨的土壤形态特征。一般采用单偏光和正交偏光下土壤薄片图像，利用数字图像处理方法对薄片中土壤孔隙特征进行定量化研究。

土壤耕作对土壤结构影响显著。2007 年小麦收获时取样，研究保护性耕作对土壤微形态结构的影响。通过研究华北平原保护性耕作对土壤微形态结构的影响，分析不同耕作措施下土壤的微形态特征：微结构、孔隙结构、基质、有机质和土壤形成物特征等。分析结果发现免耕可促进土壤微形态的发育，而翻耕、旋耕不利于土壤微形态的发育，导致土壤结构破碎程度增大，孔隙减少。

1.3.1 不同土层土壤微形态基本特征

1.3.1.1 0～5 cm 土层

翻耕秸秆还田处理表层微结构以中度分离棱角块状(图 1.12a)和强分离粒状微结构(图 1.12b)为主，主要是复合型堆集孔隙和面状孔隙。可观察到少量发育较好的团粒结构(图 1.12c)，直径在 0.2～1 mm 之间。同翻耕秸秆不还田处理相比，团粒结构直径大，发育好。新鲜有机质含量较高(图 1.12d)，在有机质附近生物活动较多，可观察到圆形的生物排泄物(图 1.12d)。

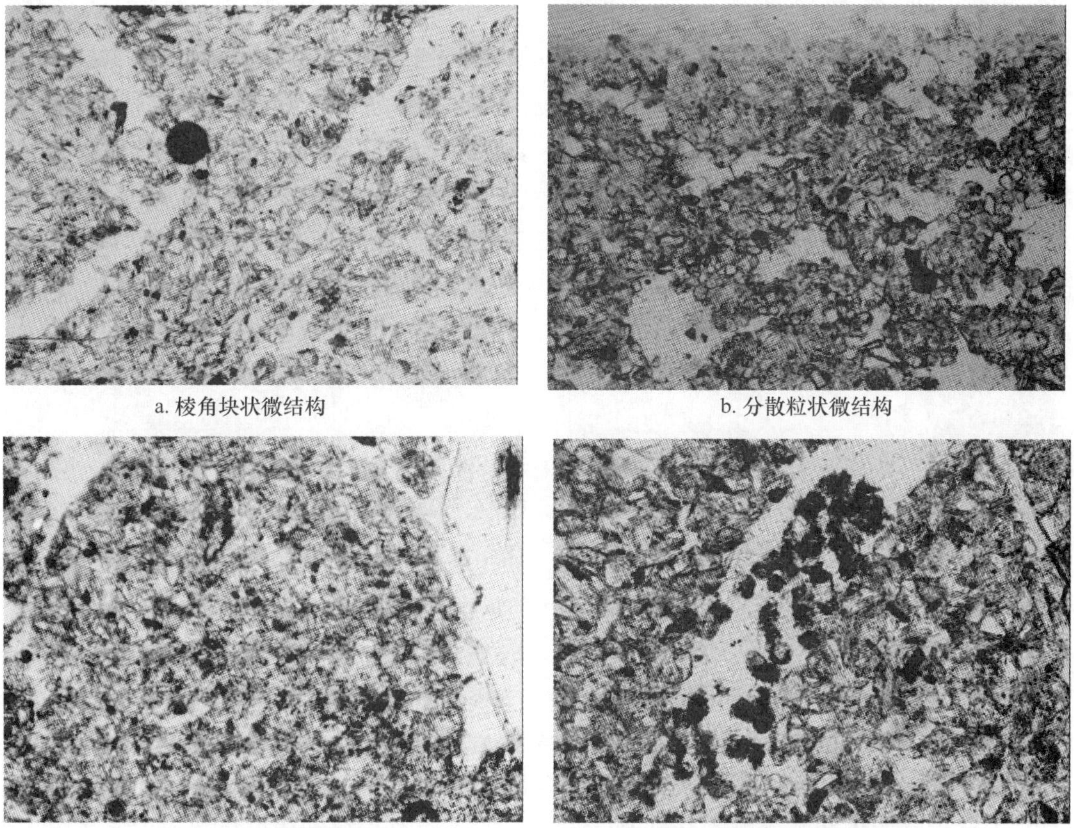

a. 棱角块状微结构　b. 分散粒状微结构

c. 发育较好的团粒结构　d. 新鲜的有机质及生物排泄物

图 1.12　翻耕秸秆还田处理 0～5 cm 土壤微形态特征

图片大小：1.73 mm×1.30 mm

旋耕处理 0～5 cm 土层微结构以粒状(图 1.13a)、亚棱角块状(图 1.13b)为主。同翻耕处理相比,旋耕处理表层土壤团聚体粒径更小,机械耕作造成团聚体破碎现象更加明显,大量0.1～0.2 mm 直径的团聚体松散排列。孔隙以复杂型堆积孔隙为主,还有面状孔隙、囊孔和孔道等。观察到大量新鲜有机物和蚯蚓活动形成的团粒结构,直径在 0.1～0.6 mm 之间。同一般的团粒结构不同,蚯蚓活动形成的团粒结构主要由矿物颗粒和未完全分解的有机质构成(图 1.13c)。新鲜有机质在团聚体形成过程中具有重要作用,图 1.13d 是以根系为中心形成的团聚体,根系在分解过程中分泌的物质将土壤矿物颗粒和黏粒粘结在一起,形成直径约为 0.3 mm 的团聚体。

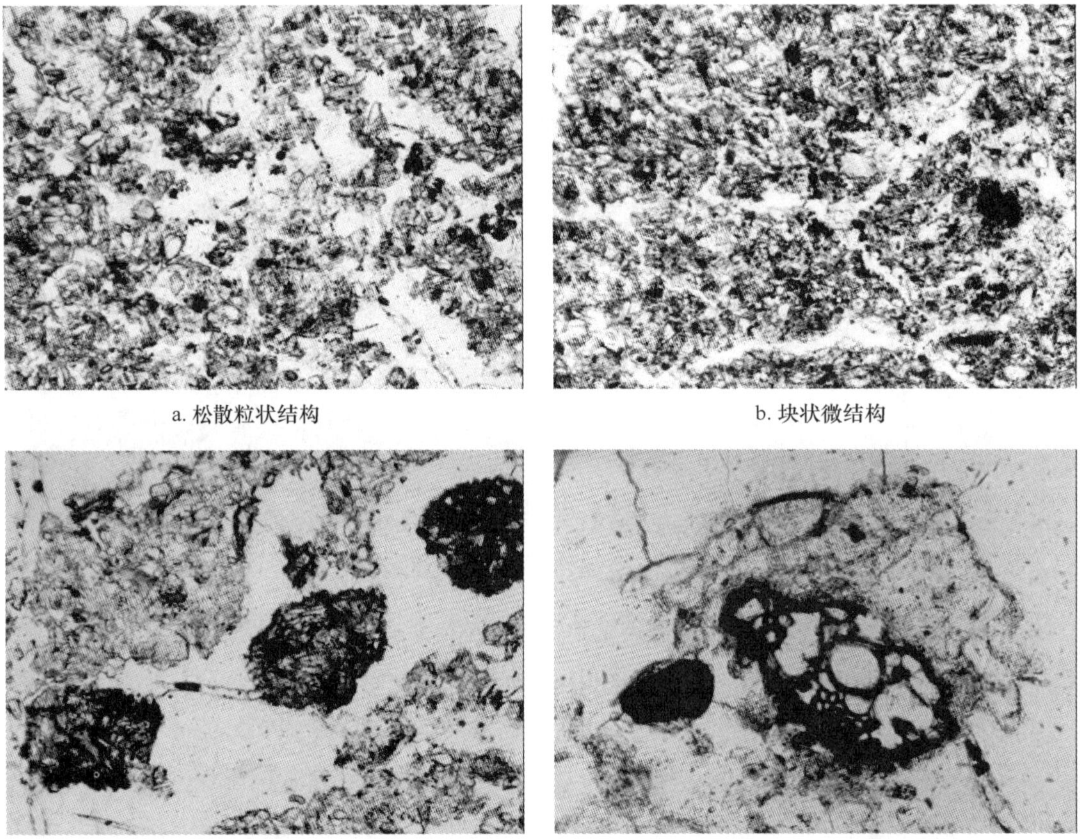

a. 松散粒状结构

b. 块状微结构

c. 蚯蚓活动形成的团粒结构

d. 以根系为中心形成的小团聚体

图 1.13　旋耕处理 0～5 cm 土壤微形态特征

图片大小:a、b、c,1.73 mm×1.30 mm;d,0.43 mm×0.33 mm

同翻耕秸秆不还田、翻耕秸秆还田和旋耕处理相比,免耕处理 0～5 cm 土层微结构相对致密,主要有孔洞微结构(图 1.14a)。团粒结构发育较好,呈较规则的圆形,直径一般在 0.3 mm以上;在表层可以观察到大量新鲜的有机物(图 1.14b),在发育较好的团粒中也可以观察到大量植物残体和半分解的有机质(图 1.14c),不过有机质和团聚体形成的先后顺序尚不能判断。土壤中有机质分解,形成孔道和囊孔(图 1.14d),成为微结构主要的孔隙类型。另外,还观察到土壤生物活动形成的大孔隙,可见免耕土壤生物活动较强。

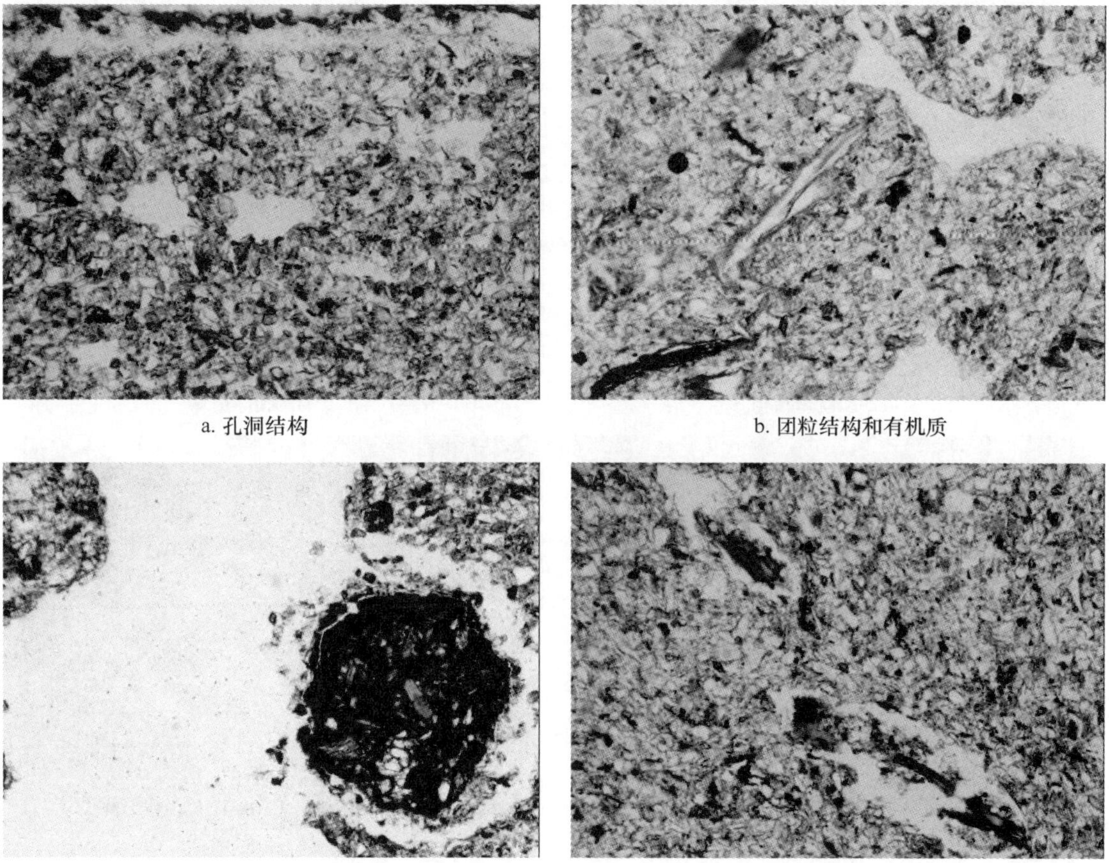

a. 孔洞结构　　b. 团粒结构和有机质

c. 大孔隙和生物排泄物　　d. 有机质分解形成孔道

图 1.14　免耕处理 0～5 cm 土壤微形态特征

图片大小：1.73 mm×1.30 mm

1.3.1.2　5～10 cm 土层

翻耕秸秆还田处理在 5～10 cm 土层微结构比较复杂。该层次仍存在大量松散堆积的破碎团聚体及其所构成的复杂堆集型孔隙(图 1.15a)。同时，可观察到发育较好的团粒结构(图 1.15b)。此外，在此层次还观察到大量面状孔隙及板状微结构(图 1.15c)。值得注意的是，这些面状孔隙几乎全为垂直方向，与耕作操作的方向一致，说明它们是由于耕作措施造成的。该层次有机质较多，可观察到新鲜的大块植物残体和小块的碎屑(图 1.15c)。在这一层次还发现了外来侵入物煤块，其具有多孔结构，但是并未与土壤孔隙连通，仅在其边缘部位观察到侵入煤块内部的土壤颗粒(图 1.15d)。

旋耕处理 5～10 cm 土层微结构主要有高度分离粒状、中度分离块状和弱分离板状微结构。同 0～5 cm 土层一样，粒状微结构主要是机械耕作的破碎作用造成的，可以观察到明显的块状微结构和粒状微结构的分界面(图 1.16a)。观察到和翻耕处理类似的板状微结构(图 1.16b)，面状孔隙方向接近于垂直方向，说明是由耕作措施引起的。可以观察到新鲜的有机物(图 1.16c)和大量根系半分解和分解的痕迹。有机质在促进团聚体形成过程中具有

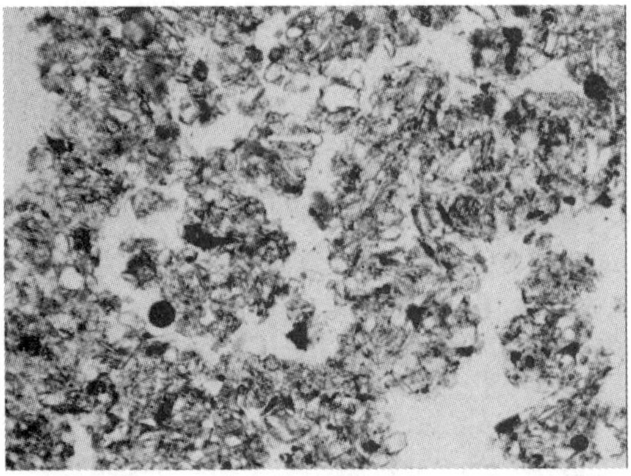

a. 松散的粒状微结构

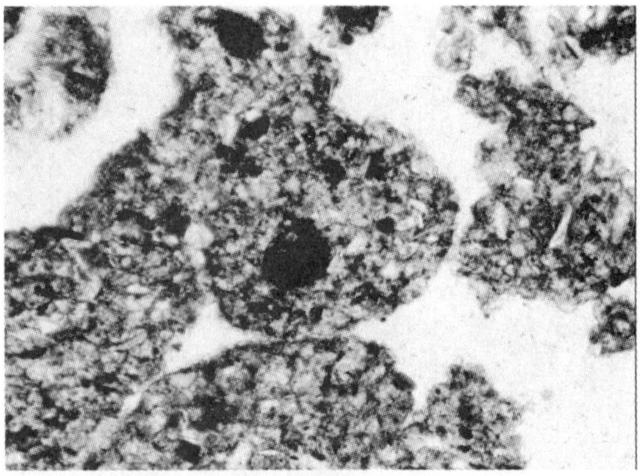

b. 团粒结构

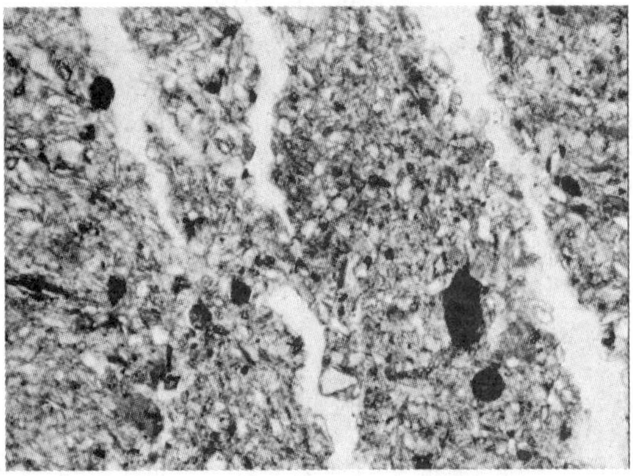

c. 垂直方向板状微结构和面状孔隙

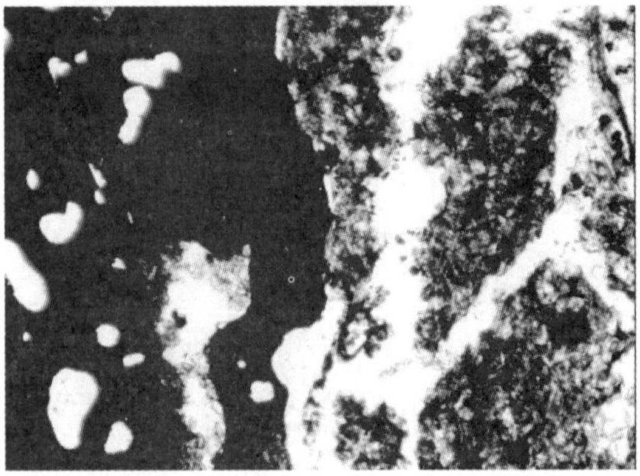

d. 煤块

图 1.15　翻耕秸秆还田处理 5～10 cm 层次土壤微形态特征

图片大小：1.73 mm×1.30 mm

多种作用，既可以观察到有机质将粒状微结构聚集在一起，促进大团聚体的形成；观察到块状大团聚体内部新鲜有机质分解（图 1.16d），首先形成孔道，随着有机质的完全分解，大团聚体有破裂的趋势，进而可以形成相对更加稳定的小团聚体。

免耕处理微结构比较致密，孔隙类型主要有孔道、囊孔和孔洞等，均是有机物分解形成的（图 1.17a）。在 5～6 cm 层次可观察到大量有机物碎屑（图 1.7b）以及少量蚯蚓形成的团粒结构（图 1.17c）；但是在 7～10 cm 有机物含量减少，尤其是新鲜有机质。团聚体结构主要为弱分离块状，块状微结构中可以观察到正在形成的团粒结构（图 1.17d）。

1.3.1.3　10～15 cm 土层

同翻耕秸秆不还田处理相比，翻耕秸秆还田处理有机质含量明显较多（图 1.18a），在新鲜有机物附近往往出现生物活动的痕迹，可以观察到粒径 20 μm 左右的椭圆形生物排泄物（图 1.18b）。在块状团聚体内部，存在着互相连通的面状孔隙（图 1.18c）。在此层次中还发现大量发育较好的圆形团粒结构（图 1.18d）。微结构类型较多，包括中度分离块状、板状、高度分离粒状和团粒状微结构等。孔隙类型包括复合堆集型孔隙、面状孔隙、孔道、孔洞和囊孔等。

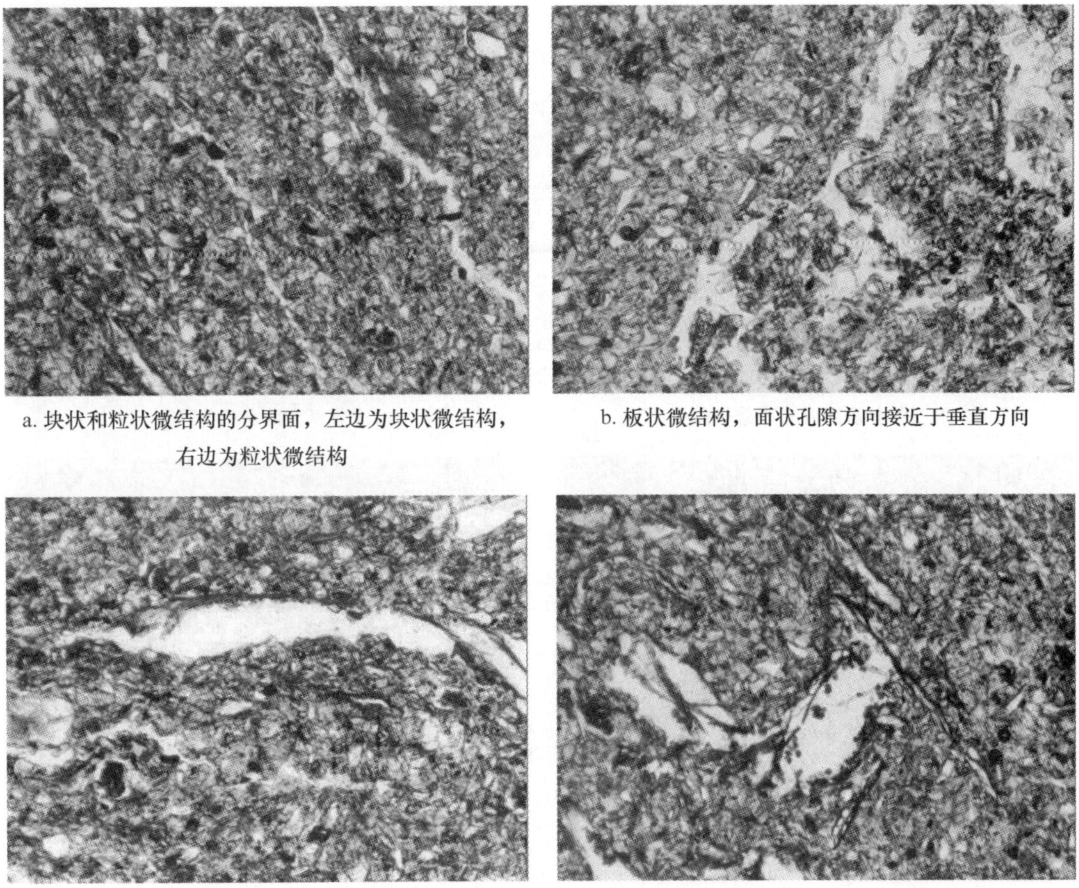

a. 块状和粒状微结构的分界面，左边为块状微结构，右边为粒状微结构

b. 板状微结构，面状孔隙方向接近于垂直方向

c. 有机质和生物排泄物

d. 新鲜有机质分解，促进团聚体的形成

图 1.16 旋耕处理 5～10 cm 层次土壤微形态特征

图片大小:1.73 mm×1.30 mm

旋耕处理在 10～15 cm 层次结构明显较 0～5 cm 和 5～10 cm 层次致密。微结构以弱分离块状(图 1.19a)和板状微结构为主(图 1.19b)。孔隙主要是面状(图 1.19b)、孔道、孔囊和孔洞(图 1.19a)为主,孔隙度低。有机质含量低,未观察到新鲜的有机物。

免耕处理 10～15 cm 层次结构主要是中度分离和弱分离的亚棱角块状微结构(70%左右)和团粒结构(20%左右),还有少量的板状微结构。观察到发育较好、直径在 0.5 mm 左右的圆形团粒结构,部分团粒结构正在发育过程中(图 1.20a)。孔隙类型有面状、复合聚集型、孔洞、囊孔(图 1.20b)和孔道等,孔隙度比同层次翻耕还田和翻耕不还田处理低,但是高于旋耕处理。还可观察到少量新鲜有机质和直径 20 μm 左右的生物排泄物颗粒,其中有机质主要来源于作物根系。

1.3.1.4 20～25 cm 土层

翻耕秸秆还田处理在 20～25 cm 层次以弱分离棱角块状为主,约占 80%,此外还有板状微结构和团粒结构,分别占 10%左右。团粒结构直径在 0.2～0.5 mm 之间(图 1.21a)。孔

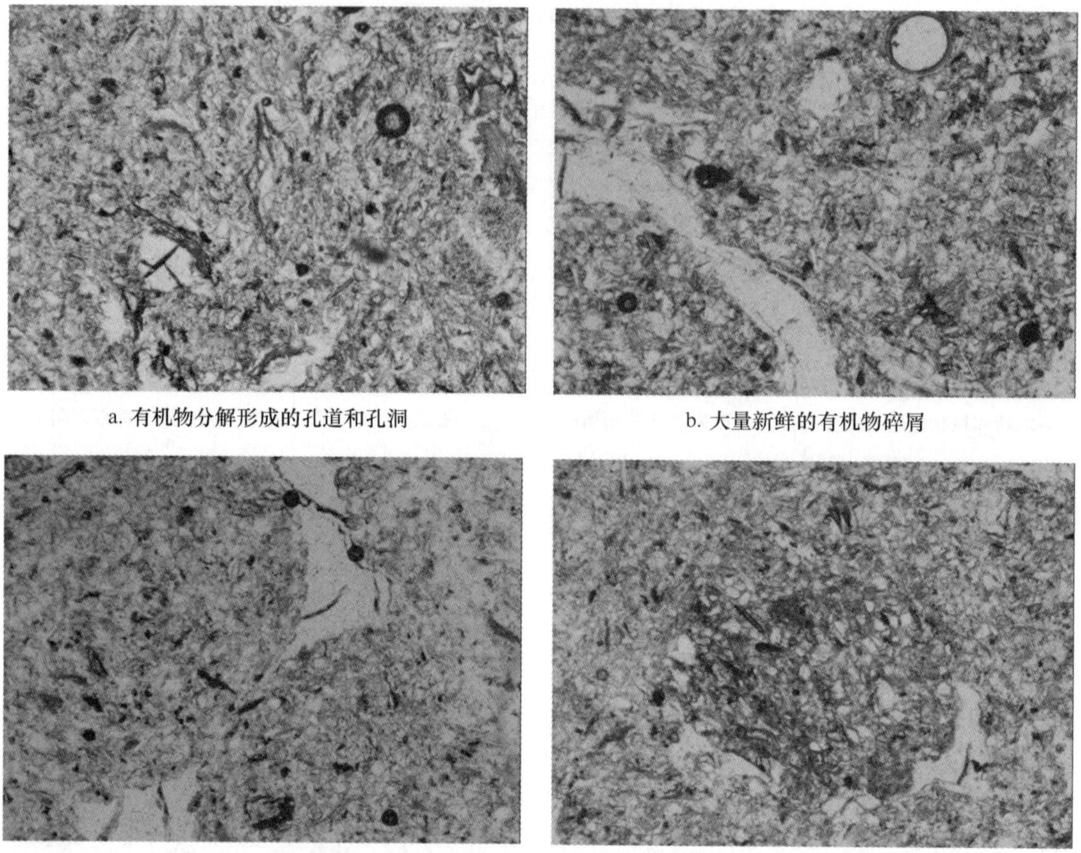

a. 有机物分解形成的孔道和孔洞

b. 大量新鲜的有机物碎屑

c. 蚯蚓活动形成的团聚体

d. 块状微结构中形成的团粒结构

图 1.17 **免耕处理 5～10 cm 层次土壤微形态特征**

图片大小：1.73 mm×1.30 mm

隙主要以孔道和面状孔隙为主，孔隙度 10%左右。孔道主要是有机物分解形成的，直径最大约为 2 mm，在孔道中填充着小团聚体（图 1.21b）。新鲜有机质较少，占薄片总面积的 2%左右。

旋耕处理在 20～25 cm 层次结构致密，主要是孔洞微结构、面状微结构和孔道微结构，观察到有少量团粒结构，占 4%左右。孔隙主要是根系分解形成的孔洞（图 1.22a），此外还有面状孔隙和孔道。在孔道中可以看到生物活动形成的团聚体（图 1.22b）。

在 20～25 cm 层次，免耕处理孔隙度显著高于其他处理，约为 15%。孔隙类型包括面状孔隙、孔洞、孔道、囊孔和复合堆集型孔隙。微结构主要是弱分离亚棱角块状微结构，约占 80%；在薄片中观察到大量团粒结构，约占 15%；其他还有板状微结构（5%）。免耕处理20～25 cm 层次团粒结构发育明显多于其他处理，可以观察到很多中等发育（图 1.23a）和完全发育的团粒结构。有机质在团聚体形成过程中发挥重要作用。如图 1.23b 所示，左半部分结构致密，右半部分为松散的团聚体，其分界线是未分解的有机质残体，说明右半部分团聚体是在有机质分解过程中形成的。

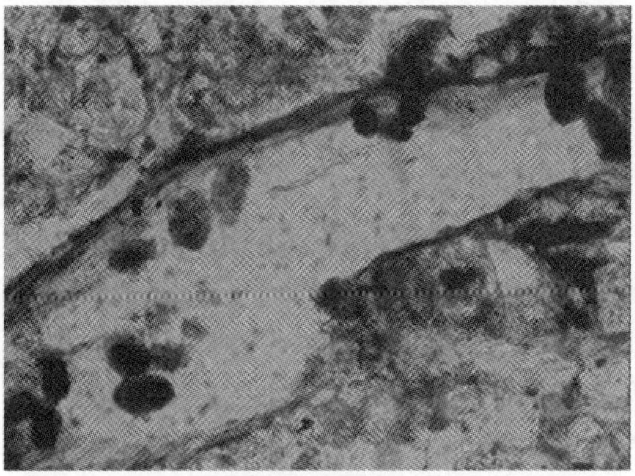

a. 新鲜有机物

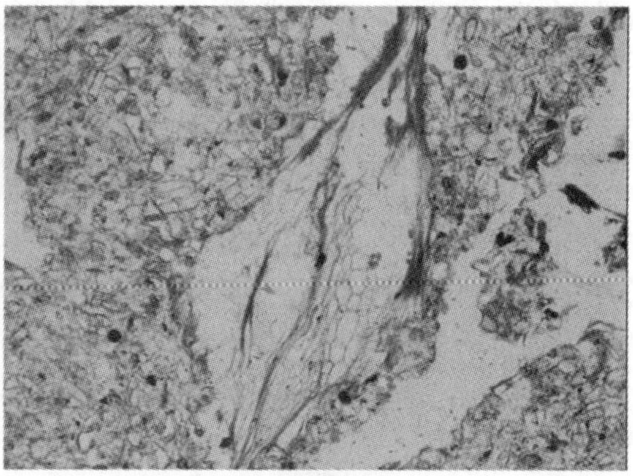

b. 动物排泄物

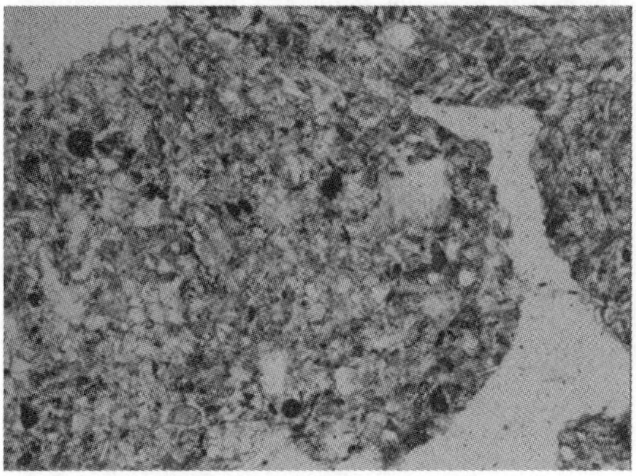

c. 块状微结构内部的面状孔隙

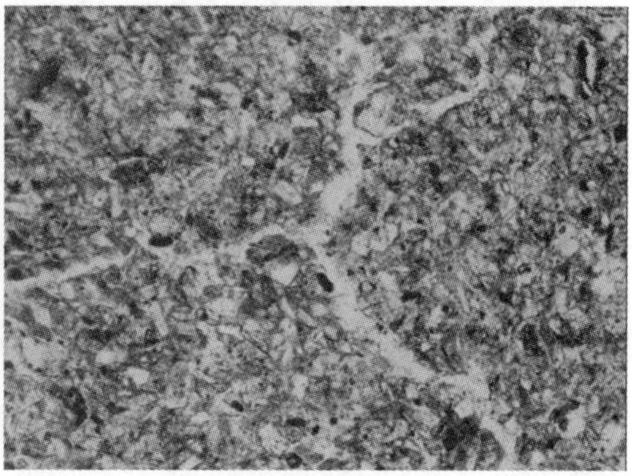

d. 发育较好的团粒结构

图 1.18 翻耕秸秆还田处理 10～15 cm 层次土壤微形态特征

图片大小：a、c、d，1.73 mm×1.30 mm；b，0.43 mm×0.33 mm

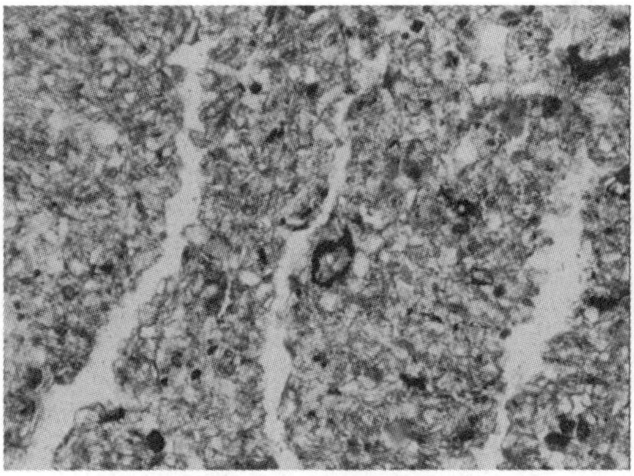

a. 板状微结构，面状孔隙接近垂直方向

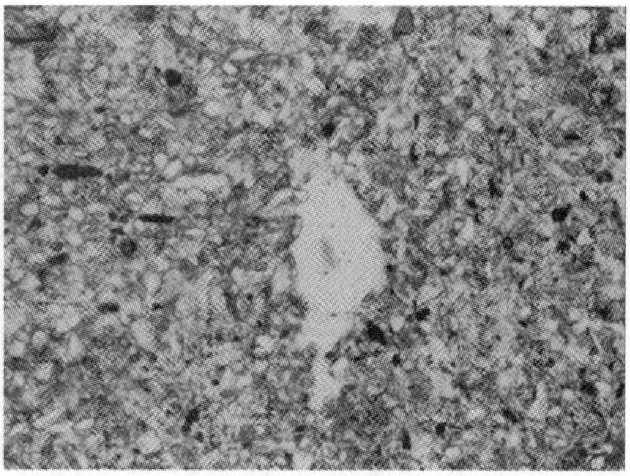

b. 致密的块状微结构及其中的孔洞

图 1.19 旋耕处理 10～15 cm 层次土壤微形态特征

图片大小：1.73 mm×1.30 mm

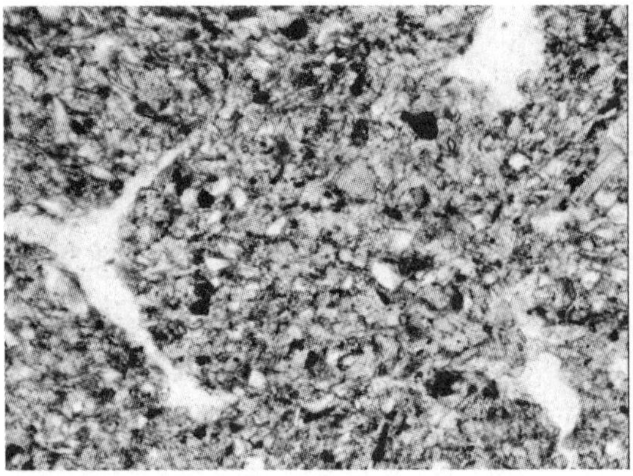

a. 囊孔

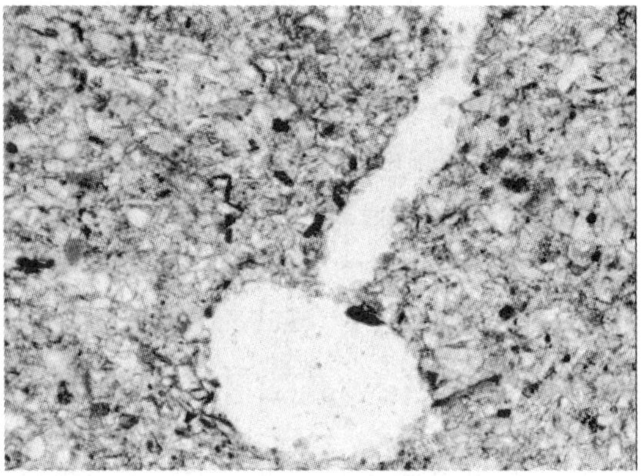

b. 正在形成的土壤团聚体

图 1.20　免耕处理 10～15 cm 层次土壤微形态特征

图片大小：1.73 mm×1.30 mm

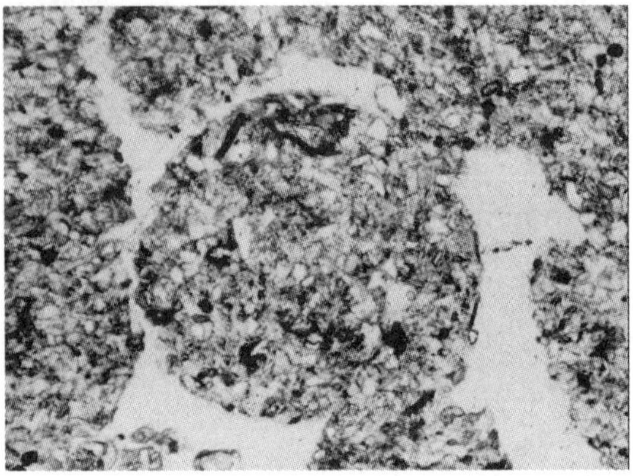

a. 孔道及其中填充的小团聚体

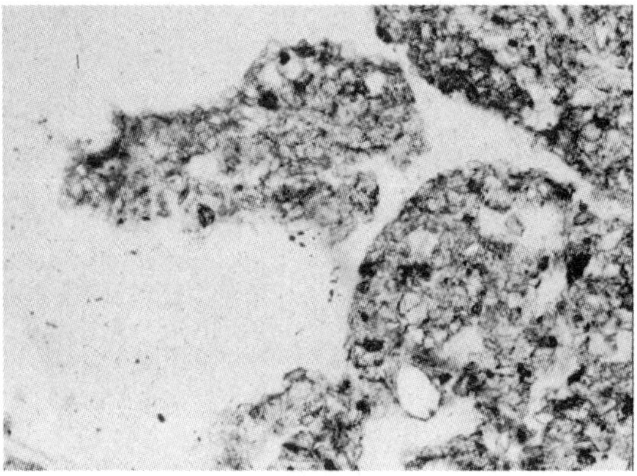

b. 团粒结构

图 1.21　翻耕秸秆还田处理 20～25 cm 层次土壤微形态特征

图片大小：1.73 mm×1.30 mm

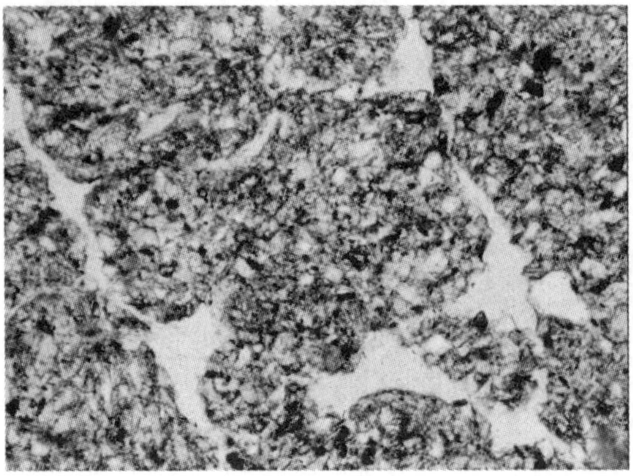

a. 孔洞微结构

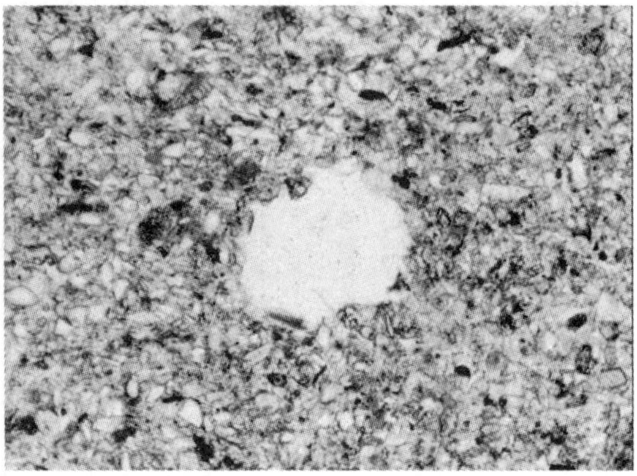

b. 孔道及其中填充的生物活动形成的团聚体

图 1.22　旋耕处理 20～25 cm 层次土壤微形态特征

图片大小：1.73 mm×1.30 mm

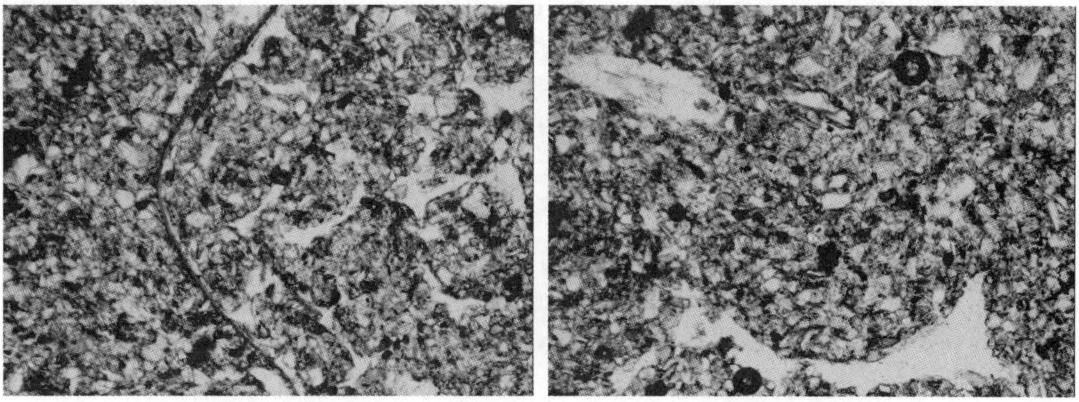

a. 中等发育的团粒结构　　　　b. 有机质促进团聚体的形成

图 1.23　免耕处理 20～25 cm 层次土壤微形态特征

图片大小：1.73 mm×1.30 mm

1.3.2　保护性耕作对土壤微结构影响的分析

机械耕作对土壤结构的影响十分明显，在 0～5 cm 土层，翻耕处理表层以松散堆积的粒状微结构和棱角块状微结构为主，团聚体直径在 0.15～0.6 mm 之间，松散排列，大孔隙较多，为复合堆集型孔隙，一些区域可以观察到近似圆形的团粒结构，直径在 0.2 mm 左右。同翻耕处理相比，旋耕处理表层土壤团聚体粒径更小，机械耕作造成团聚体破碎现象更加明显，大量直径为 0.1～0.2 mm 的团聚体松散排列，形成堆集型孔隙。同翻耕和旋耕处理相比，免耕处理团聚体间孔隙度低，土壤微结构相对致密，主要有孔洞微结构和团粒结构。团粒结构发育较好，呈较规则的圆形，直径一般在 0.3 mm 以上。结合土壤孔隙度的分析结果，免耕处理总孔隙度和大孔隙度与其他处理并没有显著差异，说明免耕处理虽然团聚体间孔隙度低于翻耕和旋耕处理，但是团聚体结构发育较好，团聚体内部孔隙度高于其他处理。

在 5～10 cm 土层，翻耕和旋耕处理结构比 0～5 cm 土层致密。翻耕处理存在大量松散堆积的破碎团聚体及其所构成的复杂堆集型孔隙。同时，观察到发育较好的团粒结构。旋耕处理 5～10 cm 土层微结构主要有高分离粒状、中度分离块状和弱分离板状微结构。此外，在此层次还观察到大量面状孔隙及板状微结构。同 0～5 cm 土层一样，粒状微结构主要是机械耕作的破碎作用造成的。值得注意的是，在翻耕和旋耕处理中可以观察到大量板状微结构，面状孔隙方向向上倾斜，与耕作操作的方向一致，说明它们也是由于耕作措施造成的。免耕处理微结构比较致密，孔隙类型主要有孔道、囊孔和孔洞等，均是有机物分解形成的。

在 10～15 cm 土层，翻耕处理微结构类型包括中度分离块状、板状、高度分离粒状和团粒状微结构等，在此土层中发现大量发育较好的圆形团粒结构。由于翻耕处理耕翻的深度为 20 cm 左右，在此土层土壤翻耕形成的特征十分明显，翻耕形成的大孔隙虽然提高了土壤孔隙度，但是这种孔隙不稳定，对土壤水的传输和保持并没有作用。在翻耕处理下可观察到发育较好的团粒结构，说明秸秆还田措施增加了新鲜有机质的输入，促进了团粒结构的形成。旋耕处理由于其旋耕操作深度为10 cm左右，10～15 cm土层结构明显较0～5 cm土层和5～10 cm土层紧实，大孔隙度显著降低，土壤微结构以弱分离块状和板状微结构为主，孔隙主要是面状、孔道、孔囊和孔洞。旋耕虽然是一种少耕措施，但是在10～15 cm土层可能会造成土壤结构的障碍层，不利于水分的传输和作物根系的生长。免耕处理微结构主要是中度分离和弱分离的亚棱角块状微结构(70%左右)和团粒结构(20%左右)，还有少量的板状微结构。孔隙类型有面状、复合聚集型、孔洞、囊孔和孔道等，免耕孔隙度比相同层次翻耕处理低，但是高于旋耕处理。特别值得注意的是，在免耕处理中观察到很多发育较好、直径在0.5 mm左右的圆形团粒结构。另外，可以观察到部分团粒结构正在发育过程中。

在20～25 cm土层，翻耕处理土壤结构较为致密，微结构主要是弱分离棱角块状和板状微结构，孔隙主要为面状孔隙、孔道和孔洞，还可观察到少量团粒结构和有机物分解形成的孔道。旋耕处理结构致密，主要是孔洞微结构、面状微结构和孔道微结构，孔隙主要是根系分解形成的孔洞，此外还有面状孔隙和孔道。在孔道中可以看到生物活动形成的生物团聚体。免耕处理在此层次的孔隙度显著高于其他处理，约为15%。孔隙类型包括面状孔隙、孔洞、孔道、囊孔和复合堆集型孔隙。微结构主要是弱分离亚棱角块状微结构，约占80%；在薄片中观察到大量团粒结构，约占15%；其他还有板状微结构。免耕处理20～25 cm土层团粒结构发育明显多于其他处理，可以观察到很多中等发育和完全发育的团粒结构。

Vanden Bygaart等(1999)研究了不同免耕年限下的土壤微结构特征，免耕4年后，翻耕形成的孔隙消失，微结构呈大块状；免耕11年后，土壤结构变得疏松，圆形粒状团聚体发育，孔隙结构为连通性较好的复杂堆集型孔隙，有利于通气、持水和排水；并出现大量的生物活动痕迹，包括蚯蚓粪便和蚯蚓洞等。本研究长期定位试验开始于2001年，经过6年的免耕，土壤结构少部分为大块状，大部分已经发育为次棱角块状，并观察到大量已经形成和正在形成的团粒结构。虽然薄片中明显观察到团聚体间孔隙低于其他处理，但是由于团聚体内孔隙的发育，以及根系分解形成大量孔道和孔洞，总孔隙度和大孔隙度同翻耕和旋耕处理并没有显著差异。旋耕和翻耕操作对耕层土壤结构破坏较大，表层主要是团聚体破坏形成的粒状、棱角块状和板状等，结构性较差。尤其是在翻耕处理的20～25 cm土层和旋耕处理的10 cm以下部分，土壤结构明显压实，孔隙度低，土壤结构呈大块状和棱角块状等，不利于水分的下渗和根系的生长。

在华北平原区，旋耕和翻耕等机械操作对耕层土壤结构破坏较大，表层主要是团聚体破坏形成的粒状、棱角块状和板状等，排列松散，形成复杂堆集型孔隙。其中，旋耕处理对团聚体破碎作用大于翻耕处理，团聚体直径更小。免耕处理在表层土壤微结构相对致密，以次棱角块状和团粒结构为主，团粒结构发育较好，呈较规则的圆形，直径一般在0.3 mm以上。免耕处理虽然团聚体间孔隙度低于翻耕和旋耕处理，但是团聚体结构发育较好，团聚体内部孔隙度高于其他处理。在旋耕处理的10 cm以下部分和翻耕处理的20～25 cm土层，土壤结构明显压实，孔隙度低，土壤结构呈大块状和棱角块状等，并发现大量板状结构，说明耕作措施对耕作层以下部分压实明显。免耕处理微结构主要是中度分离和弱分离的亚棱角块状微结构、团粒结构、孔道和孔洞微结构，还有少量的板状微结构，孔隙类型有面状、复合聚集型、孔洞、囊孔和孔道等，孔隙度比相同层次翻耕处理低，但是高于旋耕处理。而且在免耕处理中观察到很多发育较好和正在发育的团粒结构，表明土壤结构正在向健康的方向发展。

参考文献

[1] Tisdall J M, Oades J M. Organic matter and water-stable aggregates in soils. J. Soil Sci. 1982,62:141-163.

[2] 周虎,吕贻忠,杨志臣,等.保护性耕作对华北平原土壤团聚体特征的影响. 中国农业科学, 2007,40(9):1973-1979.

[3] 陈恩凤,周理凯,武冠云.微团聚体的保肥供肥性能及其组成在评判土壤肥力中的作用.土壤学报,1994,31(1):18-28.

[4] 李保国.分形理论在土壤科学中的应用及其展望. 土壤学进展, 1994,22(1): 1-10.

[5] 李德成, 张桃林. 中国土壤颗粒组成的分形特征研究. 土壤与环境, 2000,9(4): 263-265.

[6] 周虎. 北方高产农田保护性耕作对土壤结构的影响.[博士学位论文].北京:中国农业大学,2010.

[7] Oades J M. Soil organic matter and structural stability: mechanisms and implications for management. Plant Soil,1984,76:319-337.

[8] Hu Zhou, Baoguo Li, Yizhong Lu. Micromorphological analysis of soil structure under no tillage management in the black soil zone of Northeast China. Journal of Mountain Science,2009,6(2): 173-180.

[9] Hu Zhou, Ed Perfect, Baoguo Li, Yizhong Lu. Effect of bit depth on the multifractal analysis of grayscale images. Fractals, 2010,18(1): 127-138.

[10] Hu Zhou, Ed Perfect, Baoguo Li, Yizhong Lu. Comments on the "On the Physical Properties of Apparent Two-Phase Fractal Porous Medium". Vadose Zone Journal, 2010,9:192-193.

第2章

保护性耕作的农田水分效应

在华北麦玉两熟区，保护性耕作与传统耕作相比，由于减少了土壤耕作次数和耕作强度，实施了秸秆覆盖或秸秆粉碎还田技术，土壤具有良好的孔隙状况，入渗量增加；同时，地表的秸秆覆盖减少了太阳对土壤的直接照射，可以有效地控制蒸发。因此，保护性耕作可提高土壤含水量，蓄储更多的水分，特别是增加作物根系集中分布区的土壤水分及提高土壤水分的有效性，有利于作物生长。本章系统分析了2003—2005年华北地区保护性耕作农田水分效应。

2.1 保护性耕作对土壤水分的影响

耕作保墒是一种最传统的抑制土壤蒸发的技术，但是频繁不适宜的耕作，不但不会起到节水增产的效果，反而会使土壤结构的稳定性降低，土壤失墒严重使作物产量降低。一般认为免耕等保护性耕作措施不破坏土壤结构，可以增加入渗量，提高土壤含水量，增加水分储存，同时秸秆覆盖还田可以减少土壤蒸发。

2.1.1 冬小麦播种—越冬前土壤水分的变化

2.1.1.1 0～20 cm土壤水分含量

冬小麦幼苗期群体小，地面覆盖度低，土壤水分的消耗主要是土壤的蒸发。耕作方式造成土壤表层状况不同，对土壤蒸发有一定的影响，最终影响土壤水分含量变化。

图2.1和图2.2是2003年和2004年翻耕、旋耕、免耕冬小麦田耕层(0～20 cm)土壤含水量。由于2003年播种—越冬前降水较多，2003年耕层土壤含水量较2004年高。2003年

冬小麦和2004年冬小麦播种—越冬前不同耕作方式农田耕层(0～20 cm)土壤含水量变化幅度较大,2003年翻耕、旋耕冬小麦田达到0.065 m^3/m^3,免耕也达到0.05 m^3/m^3,2004年翻耕、旋耕、免耕冬小麦田均达到0.05 m^3/m^3。2003年和2004年不同耕作方式农田土壤含水量,都是免耕最高,旋耕其次,翻耕最低,2003年免耕土壤含水量较翻耕高0.005～0.018 m^3/m^3,平均高0.011 m^3/m^3,较旋耕高0.002～0.01 m^3/m^3,平均高0.004 7 m^3/m^3,2004年免耕土壤含水量较翻耕高0.007～0.02 m^3/m^3,平均高0.012 m^3/m^3,较旋耕高0.002～0.009 m^3/m^3,平均高0.005 8 m^3/m^3。从时间上看,土壤含水量提高时(降水或灌水)不同耕作方式间差异小,而在土壤水分降低时差异大,说明免耕土壤含水量高的主要原因是保水作用强。

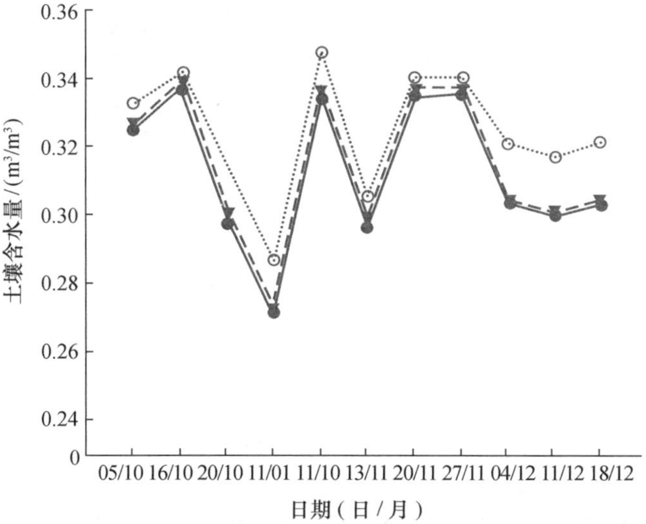

图2.1 2003年不同耕作方式播种—越冬前土壤耕层(0～20 cm)土壤含水量

—●— 翻耕 ···○··· 旋耕 –▼– 免耕

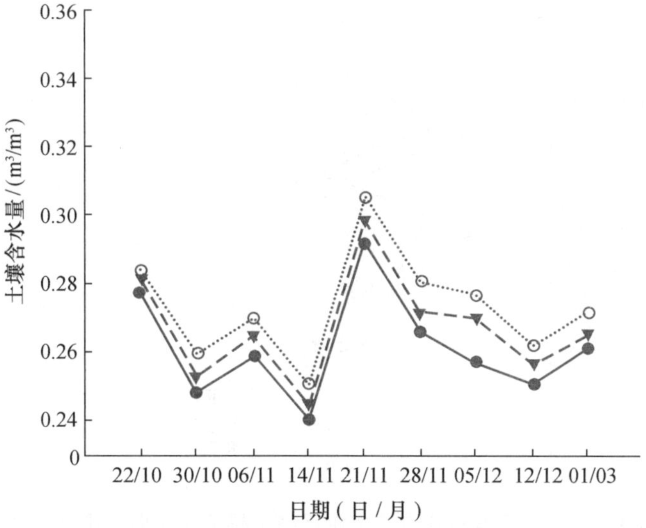

图2.2 2004年不同耕作方式播种—越冬前土壤耕层(0～20 cm)土壤含水量

—●— 翻耕 ···○··· 旋耕 –▼– 免耕

2.1.1.2 0～180 cm 土壤剖面含水量

图 2.3 和图 2.4 是 2003 年和 2004 年冬小麦播种—越冬前不同耕作方式农田 0～180 cm土壤各层平均含水量。由图可以看出，2003 年冬小麦翻耕、旋耕、免耕田表层高于深层，即随着深度的增加，含水量降低，2004 年冬小麦翻耕、旋耕、免耕田表层低于深层，即随着深度的增加，含水量增加，这是由于 2003 年冬小麦播种—越冬停止生长期降水多而且频繁，上层土壤含水量高于深层，而 2004 年冬小麦播种—越冬停止生长期降水少，蒸发量大，上层土壤含水量低于深层。

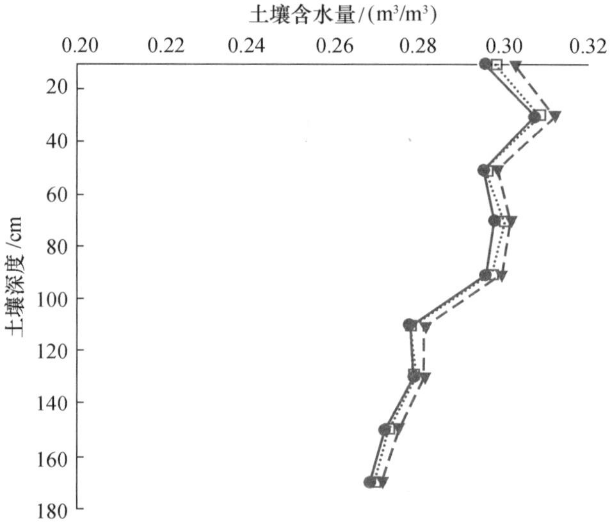

图 2.3　2003 年不同耕作方式土壤播种—越冬前各层土壤平均含水量

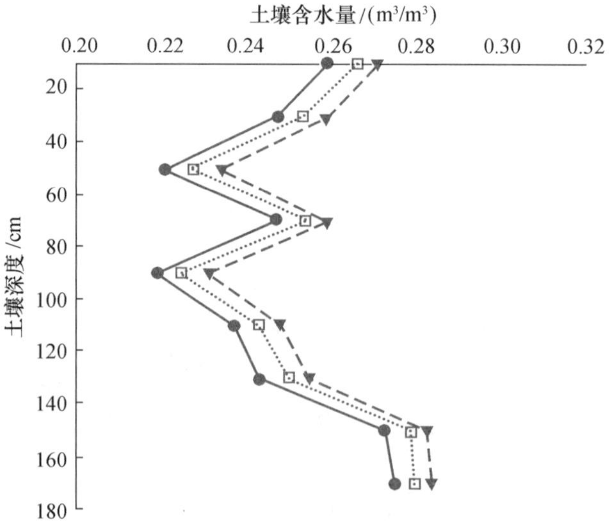

图 2.4　2004 年不同耕作方式土壤播种—越冬前各层土壤平均含水量

对不同耕作方式，2003 年和 2004 年冬小麦田土壤各层平均含水量都是免耕最高，旋耕其次，翻耕最低；2003 年冬小麦田差值最大的在表层 0～20 cm，免耕较翻耕、旋耕高 0.006 8 m^3/m^3 和 0.004 6 m^3/m^3，120～140 cm 层差值最小，免耕较翻耕、旋耕高 0.002 4 m^3/m^3 和 0.001 6 m^3/m^3；2004 年冬小麦田差值最大的在表层 40～60 cm，免耕较翻耕、旋耕高 0.013 m^3/m^3 和 0.007 m^3/m^3，160～180 cm 层差值最小，免耕较翻耕、旋耕高 0.009 m^3/m^3 和 0.004 m^3/m^3。

播种—越冬前土壤各层平均含水量免耕高于旋耕和翻耕，一方面是由于免耕田地表秸秆的覆盖减少太阳对土壤的照射，降低土壤表层温度，有效地抑制了蒸发；同时，覆盖的秸秆阻挡水汽的上升，土壤水分蒸发减少。另一方面，免耕对土壤结构破坏程度小，使得土壤有效持水孔隙比例增加，对增加降雨灌水的入渗有一定的作用，因此免耕可增加土壤含水量，特别是在表层区域。

2003 年冬小麦 0～180 cm 土层土壤含水量翻耕、旋耕变化幅度为 0.022 m^3/m^3，免耕 0.02 m^3/m^3，2004 年冬小麦田 0～180 cm 土层土壤含水量变化幅度翻耕为 0.013 m^3/m^3，旋耕为 0.012 m^3/m^3，免耕 0.012 m^3/m^3，两年平均翻耕为 0.017 5 m^3/m^3，旋耕为 0.017 m^3/m^3，免耕为 0.016 m^3/m^3，播种—越冬前 0～180 cm 土层土壤含水量变化幅度免耕最小，旋耕次之，翻耕最大。

2003 年和 2004 年冬小麦播种—越冬前 0～180 cm 土层土壤含水量变化幅度都是免耕最小，旋耕次之，翻耕最大，说明免耕土壤保水性强，含水量变化小。0～20 cm 土层土壤含水量变化幅度大于 0～180 cm 土层，即随土壤深度的增加，土壤含水量变化幅度减小，土壤含水量变化小。

从图 2.5 和图 2.6 看，2003 年和 2004 年冬小麦田 0～180 cm 土层土壤含水量都是免耕最高，旋耕其次，翻耕最低，2003 年免耕土壤含水量较翻耕高 0.35～0.007 4 m^3/m^3，平均高 0.005 6 m^3/m^3，较旋耕高0.002 8～0.006 m^3/m^3，平均高0.004 4 m^3/m^3；2004 年免耕土壤含水量较翻耕高 0.007～0.013 m^3/m^3，平均高 0.01 m^3/m^3，较旋耕高 0.002～0.005 m^3/m^3，平均高

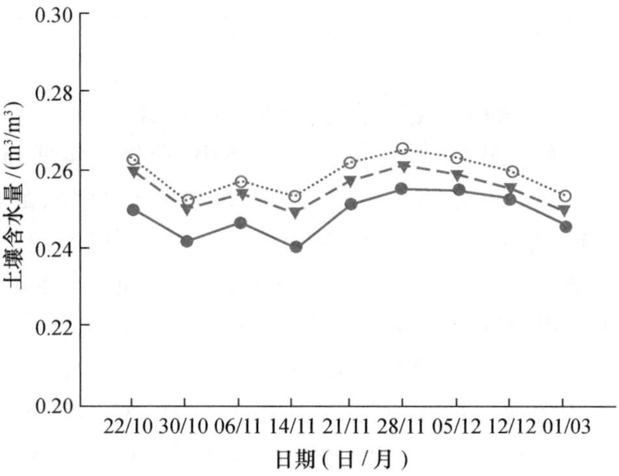

图 2.5 **2003 年不同耕作方式冬小麦播种—越冬前 0～180 cm 土壤含水量**

—●— 翻耕 ···⊙··· 免耕 –▼– 旋耕

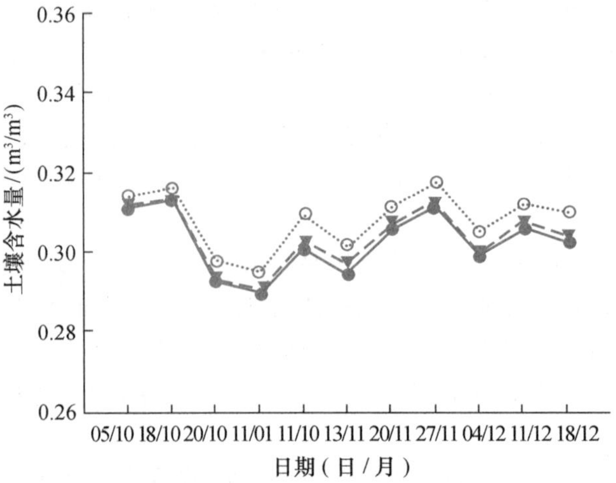

图 2.6　2004 年不同耕作方式冬小麦播种—越冬前 0～180 cm 土壤含水量

—●— 翻耕　…○… 免耕　—▼— 旋耕

0.003 7 m^3/m^3。在时间上也体现出在土壤含水量提高时(降水或灌水)不同耕作方式土壤含水量差异小，而在降低时差异大，说明免耕土壤含水量高的主要原因是保水作用强。

不同耕作方式土壤含水量存在差异的主要原因是土壤经过翻耕后，耕层土壤比较疏松，大孔隙增多，土壤散墒快，加之地表裸露，直接受到太阳的辐射作用，表层温度高，失墒迅速而造成含水量低；而免耕处理，没有进行耕作，土壤较为紧实，保水性能好，同时，地表有一层秸秆的保护，既能直接阻隔水汽蒸发，又能减少太阳辐射，土壤表层温度较低，为此免耕土壤蒸发弱，维持了较高的含水量；而旋耕仅进行表层 10 cm 土壤耕作，加上粉碎残茬的作用，也起到了一定的保墒作用，土壤蒸发没有翻耕强烈，土壤含水量较高。

2.1.1.3　0～180 cm 土壤贮水

保水是耕作的重要目标，免耕冬小麦田较翻耕、旋耕田含水量高，是由于免耕较翻耕、旋耕能蓄储更多的水分，由图 2.7 至图 2.12 可以看出，冬小麦播种—越冬前 0～30 cm、0～100 cm、0～180 cm 土体贮水量都是免耕最高，旋耕其次，翻耕最低。

在 2003 年，冬小麦播种—越冬前，0～30 cm 土体中，免耕土壤增加了 1.2 mm 的水量，而翻耕、旋耕则消耗了 4.8 mm 和 3.6 mm 水量，即免耕较翻耕、旋耕少消耗 6 mm 和 4.8 mm水量。在 2004 年，冬小麦播种—越冬前，0～30 cm 土体中，免耕土壤消耗了1.8 mm 的水量，而翻耕、旋耕则消耗了 3.8 mm 和 3.6 mm 水量，即免耕较翻耕、旋耕少消耗 2 mm 和 1.8 mm 水量。两年平均，免耕较翻耕、旋耕少消耗 4 mm 和 3.3 mm 水量。

在 1 m 土体中，2003 年冬小麦免耕土壤消耗 5.7 mm 的水量，而翻耕、旋耕则消耗了 13.9 和 10.4 mm 水量，即免耕较翻耕、旋耕少消耗 8.2 mm 和 4.7 mm 水量。2004 年冬小麦免耕土壤消耗 5 mm 的水量，而翻耕、旋耕则消耗了 9.2 mm 和 8.4 mm 水量，即免耕较翻耕、旋耕少消耗 4.2 mm 和 3.4 mm 水量，两年平均免耕较翻耕、旋耕少消耗 6.2 mm和 4.1 mm水量。

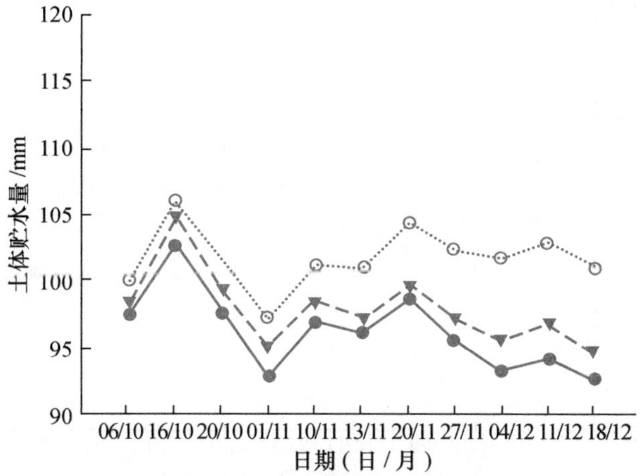

图 2.7　**2003 年不同耕作方式冬小麦播种—越冬前 0～30 cm 土体贮水量**

—●— 翻耕　…○… 免耕　—▼— 旋耕

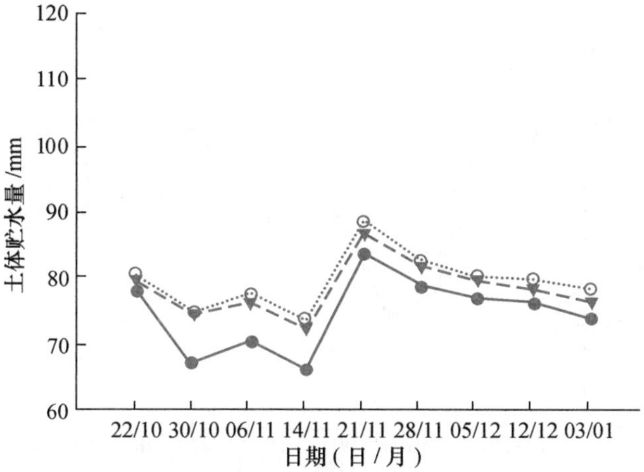

图 2.8　**2004 年不同耕作方式冬小麦播种—越冬前 0～30 cm 土体贮水量**

—●— 翻耕　…○… 免耕　—▼— 旋耕

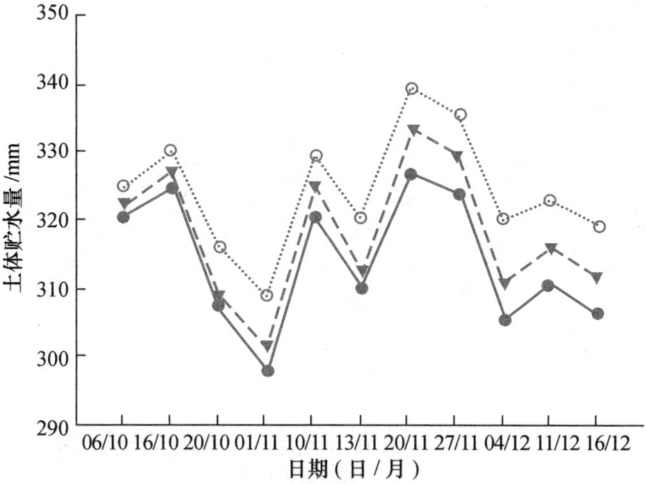

图 2.9　**2003 年不同耕作方式冬小麦播种—越冬前 0～100 cm 土体贮水量**

—●— 翻耕　…○… 免耕　—▼— 旋耕

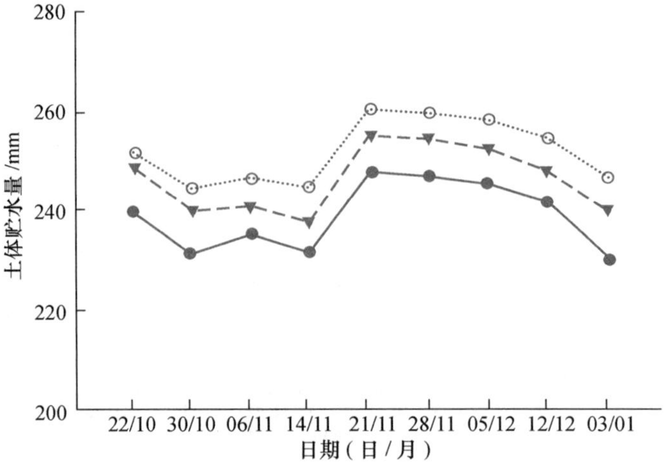

图 2.10　**2004 年不同耕作方式冬小麦播种—越冬前 0～100 cm 土体贮水量**

—●— 翻耕　···⊙··· 免耕　–▼– 旋耕

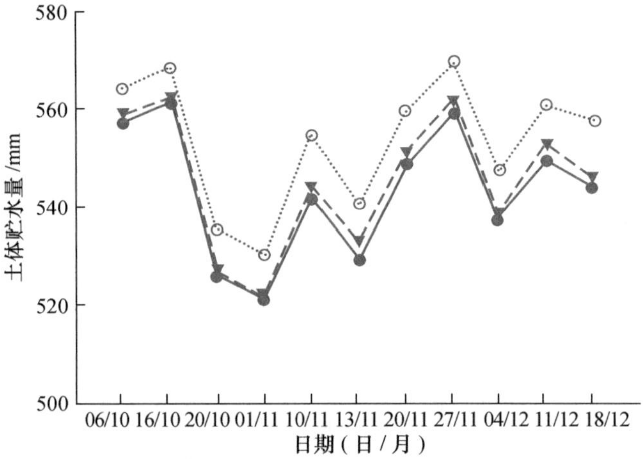

图 2.11　**2003 年不同耕作方式冬小麦播种—越冬前 0～180 cm 土体贮水量**

—●— 翻耕　···⊙··· 免耕　–▼– 旋耕

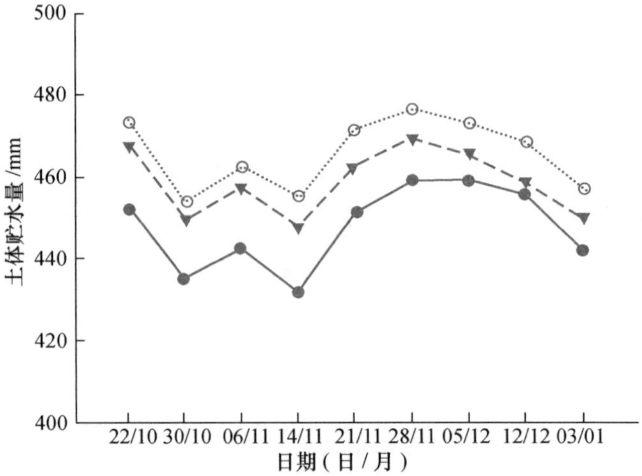

图 2.12　**2004 年不同耕作方式冬小麦播种—越冬前 0～180 cm 土体贮水量**

—●— 翻耕　···⊙··· 免耕　–▼– 旋耕

2003年冬小麦在0～180 cm土体中，免耕土壤消耗6.7 mm的水量，而翻耕、旋耕则消耗了13.7 mm和12.4 mm水量，即免耕较翻耕、旋耕少消耗7 mm和6.7 mm水量。2004年冬小麦在0～180 cm土体中，免耕土壤消耗6.2 mm的水量，而翻耕、旋耕则消耗了19.2和18 mm水量，即免耕较翻耕、旋耕少消耗13 mm和11.8 mm水量，两年平均免耕较翻耕、旋耕少消耗10 mm和9.3 mm水量。

播种—越冬前不同耕作方式农田不同层次土壤贮水量，免耕在0～30 cm土层较翻耕、旋耕节约的水量最多，其次是1 m土层，0～180 cm土层最少。因此免耕节水主要在表层区域。造成不同耕作方式间差异的原因主要是免耕土壤表层有秸秆覆盖，减少了太阳辐射，土壤表层温度较低，降低了扩散进入大气的水汽传导速率，同时，覆盖的秸秆阻挡水汽的上升，土壤水分蒸发减少；翻耕由于耕翻土壤，表层土壤疏松，但随着时间的推移，由于降雨等机械力的拍击作用，使土壤变得十分紧实，而土壤表层又直接受到太阳的辐射作用，表层温度高，失墒迅速。

免耕的保水作用在当前我国水资源不足的情况下具有重要的意义。就1 m土体而言，2003年播种—越冬期每公顷免耕农田比翻耕、旋耕农田多蓄储82 m^3、47 m^3水，2004年播种—越冬期每公顷免耕农田比翻耕、旋耕农田多蓄储42 m^3、34 m^3水，两年平均免耕较翻耕、旋耕多蓄储62 m^3、41 m^3水量，以每公顷农田每次灌水600 m^3计算，免耕可节约灌水8%～15%。

2.1.2 冬小麦越冬期土壤水分的变化

2.1.2.1 0～20 cm土壤水分

进入越冬期后，冬小麦停止生长，地上部茎叶逐渐干枯，农田土壤基本无作物覆盖，土壤水分消耗以土壤蒸发为主，不同耕作方式农田土壤下垫面不同，影响表层水分的蒸发，最终影响土壤水分含量。

图2.13和图2.14是2003年和2004年冬小麦不同耕作方式农田在越冬期土壤耕层(0～20 cm)含水量变化。可以看出，由于2003年播种—越冬停止生长期降水较多，2003年冬小麦田耕层土壤含水量在越冬期较2004年高。2003年冬小麦田耕层土壤含水量在0.3 m^3/m^3，而2004年冬小麦田土壤含水量在0.26 m^3/m^3左右。2003年和2004年不同耕作方式冬小麦田越冬期耕层(0～20 cm)土壤含水量总体呈下降趋势，降水后增加，变化幅度均较大，2003年冬小麦翻耕、旋耕田变化幅度达到0.037 m^3/m^3和0.04 m^3/m^3，免耕也达到0.035 m^3/m^3。2004年由于大的降雪，雪化后对土壤水分补充较多，翻耕、旋耕冬小麦田土壤含水量变化幅度达到0.1 m^3/m^3以上，免耕也达到0.09 m^3/m^3，两年平均翻耕0.069 m^3/m^3，旋耕0.07 m^3/m^3，免耕0.063 m^3/m^3。

对2003年和2004年冬小麦越冬期不同耕作方式农田，耕层土壤含水量都是免耕最高，旋耕其次，翻耕最低，2003年免耕土壤含水量较翻耕高0.006～0.018 m^3/m^3，平均高0.014 m^3/m^3，较旋耕高0.004～0.016，平均高0.012 m^3/m^3，2004年免耕土壤体积含水量较翻耕高0.003～0.026 m^3/m^3，平均高0.014 m^3/m^3，较旋耕高0.002～0.022 m^3/m^3，平均高0.01 m^3/m^3，两年平均高0.014 m^3/m^3和0.011 m^3/m^3。

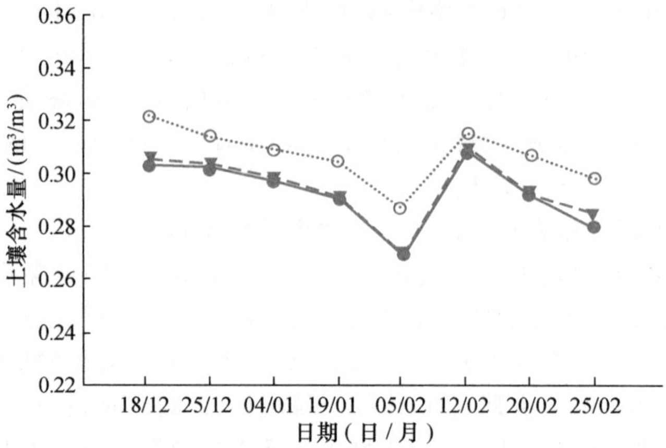

图 2.13　2003 年冬小麦越冬期不同耕作方式 0～20 cm 土壤水分含量

—●— 翻耕　···○··· 免耕　–▼– 旋耕

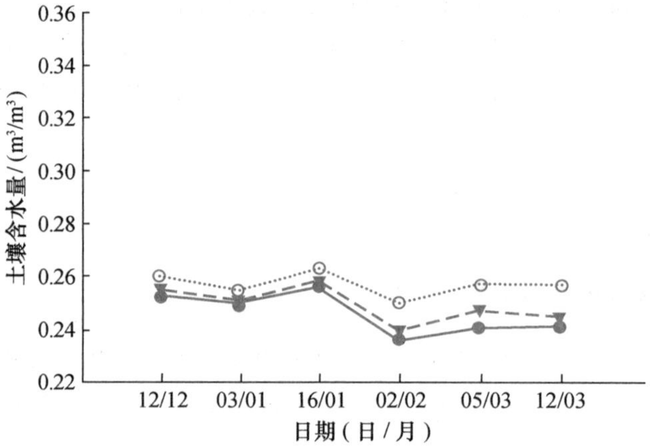

图 2.14　2004 年冬小麦越冬期不同耕作方式 0～20 cm 土壤水分含量

—●— 翻耕　···○··· 免耕　–▼– 旋耕

2.1.2.2　0～180 cm 土壤剖面含水量

从不同耕作方式农田土壤 0～180 cm 各层土壤平均体积含水量(图 2.15 和图 2.16)可以看出,2003 年冬小麦由于播种—越冬前降水多而且频繁,使上层土壤含水量高于深层,总体是随着深度的增加,含水量逐步降低,但并非直线下降。与越冬前一致,在 20～40 cm、60～80 cm 和 120～140 cm 土层含水量较相邻层次高。2004 年冬小麦播种—越冬停止生长期降水少,上层土壤含水量低于深层,随着深度的增加,含水量增加,也并非直线增加,在 40～60 cm、80～100 cm 和 120～140 cm 土层含水量较相邻层低。土壤含水量非直线变化,可能与水分从上层到下层运动过程有关,也有可能与土壤持水性能有关。

对不同耕作方式,2003 年冬小麦和 2004 年冬小麦田土壤各层平均含水量都是免耕最高,旋耕其次,翻耕最低。2003 年冬小麦差值最大的在表层 0～20 cm,免耕较翻耕、旋耕高 0.007 9 m^3/m^3和0.006 1 m^3/m^3。2004 年冬小麦差值最大的在表层 20～40 cm,免耕较翻

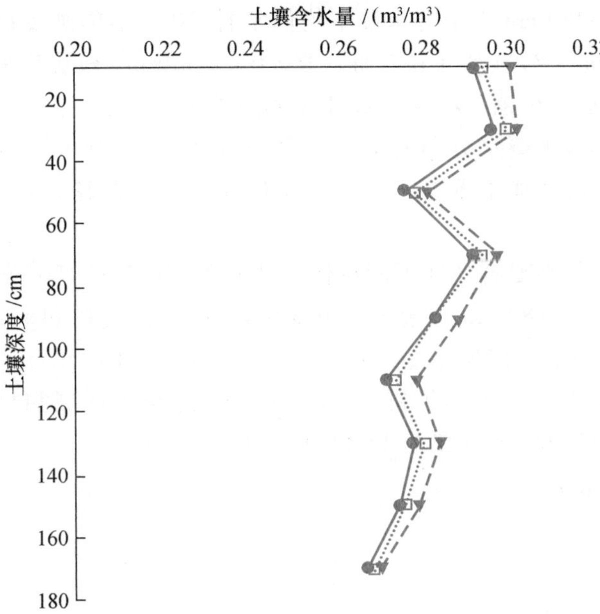

图 2.15 **2003 年不同耕作方式冬小麦越冬期各层土壤平均含水量**

—●— 翻耕 –▼– 免耕 ···⊡··· 旋耕

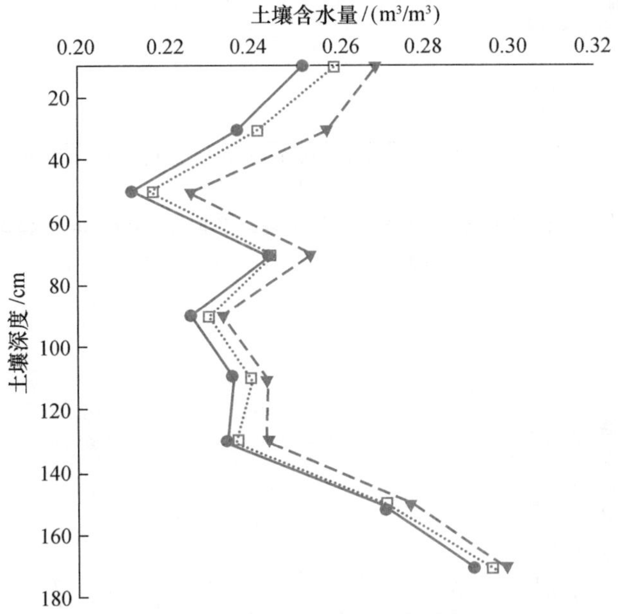

图 2.16 **2004 年不同耕作方式冬小麦越冬期各层土壤平均含水量**

—●— 翻耕 –▼– 免耕 ···⊡··· 旋耕

耕、旋耕高 0.021 m^3/m^3 和 0.016 m^3/m^3。2003 年冬小麦差值最小的在 160～180 cm土层，免耕较翻耕、旋耕高0.003 3 m^3/m^3 和0.001 1 m^3/m^3。2004 年冬小麦差值最小的在 140～160 cm 土层，免耕较翻耕、旋耕高0.006 6 m^3/m^3 和0.005 4 m^3/m^3，两年结果说明随着深度增加不同耕作方式土壤含水量差异减小。

从整个越冬期 0～180 cm 土壤含水量平均值来看，2003 年免耕较翻耕高0.005 6 m^3/m^3，较旋耕高0.003 6 m^3/m^3。2004 年免耕较翻耕高0.001 1 m^3/m^3，较旋耕平均高0.007 3 m^3/m^3。

各层土壤平均含水量在越冬期免耕高于旋耕和翻耕，一方面是由于免耕田地表秸秆的覆盖降低了水汽的散失，土壤水分蒸发减少。另一方面，免耕对土壤结构破坏较小，土壤有效持水孔隙比例增加，对增加土壤持水性有一定的作用。因此越冬期免耕可增加土壤含水量，特别是在表层区域。

随着季节的变化，冬小麦越冬期不同耕作方式农田剖面(0～180 cm)土壤含水量呈下降趋势。2003 年冬小麦 0～180 cm 土壤含水量变化幅度翻耕、旋耕和免耕均为0.033 m^3/m^3，2004 年冬小麦翻耕、免耕和旋耕为 0.021、0.02 和 0.018 m^3/m^3，两年平均翻耕仅 0.027 m^3/m^3，旋耕 0.027 m^3/m^3，免耕 0.026 m^3/m^3，远小于耕层翻耕 0.069 m^3/m^3，旋耕 0.07 m^3/m^3，免耕 0.063 m^3/m^3(图 2.17 和图 2.18)。

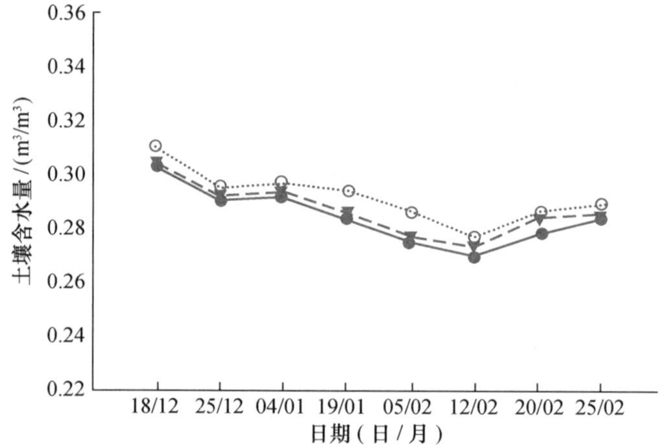

图 2.17　**2003 年不同耕作方式冬小麦越冬期 0～180 cm 土壤含水量**

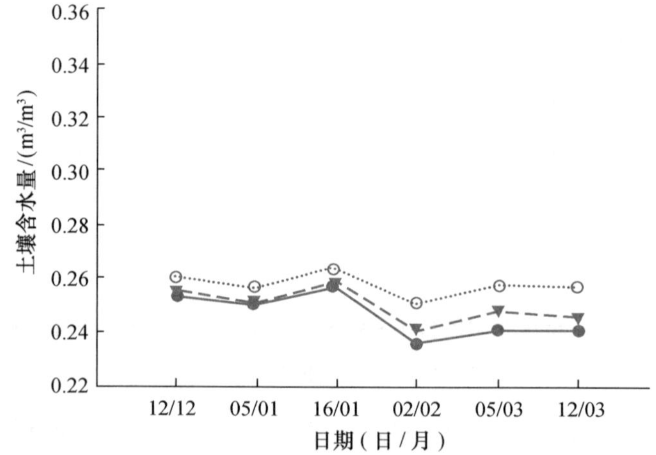

图 2.18　**2004 年不同耕作方式冬小麦越冬期 0～180 cm 土壤含水量**

从不同耕作方式看，2003 年冬小麦和 2004 年冬小麦在 0～180 cm 剖面土壤含水量免耕最高，旋耕其次，翻耕最低，2003 年冬小麦免耕土壤含水量较翻耕高0.004 6～0.010 9 m^3/m^3，平均高0.007 5 m^3/m^3，较旋耕高0.002 8～0.008 3 m^3/m^3，平均高0.004 8 m^3/m^3，2004 年冬小麦，免耕土壤体积含水量较翻耕高0.005 3～0.016 1 m^3/m^3，平均高 0.011 m^3/m^3，较旋耕高 0.004 2～0.010 7 m^3/m^3，平均高 0.007 3 m^3/m^3，两年平均高 0.009 3 m^3/m^3 和 0.006 1 m^3/m^3。不同耕作方式冬小麦田土壤含水量差异随土壤深度的增加而递减，从时间上看，不同处理土壤含水量较高时（降水或灌水）差异小，而在较低时差异大，说明免耕土壤含水量高的主要原因是保水作用强。

越冬期不同耕法土壤含水量差异的原因主要是：越冬期冬小麦地上部干枯，土壤水分散失基本上是土壤蒸发。翻耕土壤耕层土壤比较疏松，大孔隙多，土壤散墒快，加之地表裸露，失墒迅速而造成含水量低。免耕土壤较紧实，持水性强，地表有一层秸秆的保护，降低了土壤水汽向大气散失，蒸发弱，维持了较高的含水量。

2.1.2.3 0～180 cm 土壤贮水

越冬期不同耕作方式农田土壤贮水量，总体是逐渐减少（图 2.19 至图 2.24）。冰雪融化后，含水量明显增加，2003 年冬小麦有一次增加，2004 年冬小麦有两次增加，且增加幅度较大。2003 年冬小麦和 2004 年冬小麦越冬期 0～30 cm、0～100 cm、0～180 cm 土体贮水量都是免耕最高，旋耕其次，翻耕最低。

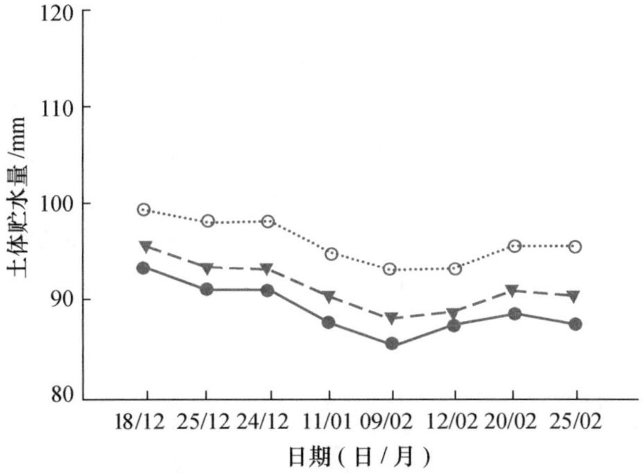

图 2.19　2003 年不同耕作方式冬小麦越冬期 0～30 cm 土体贮水量

—●— 翻耕　…○… 免耕　–▼– 旋耕

在 0～30 cm 土体中，2003 年冬小麦整个越冬期免耕土壤消耗了 4.1 mm 的水量，而翻耕、旋耕则消耗了 5.7 mm 和 5.2 mm 水量，免耕较翻耕、旋耕少消耗 1.6 mm 和 1.1 mm 水量，2004 年冬小麦整个越冬期免耕土壤消耗了 9.4 mm 的水量，而翻耕、旋耕则消耗了 13.1 mm和 11.6 mm 水量，免耕较翻耕、旋耕少消耗 3.7 mm 和 2.2 mm 水量，两年平均免耕较翻耕、旋耕少消耗 2.7 mm 和 1.7 mm 水量。

在 1 m 土体中，2003 年冬小麦免耕土壤消耗 16.5 mm 的水量，而翻耕、旋耕则消耗了 18.9 mm 和 18.6 mm 水量，免耕较翻耕、旋耕少消耗 2.4 mm 和 2.1 mm 水量，2004 年冬小

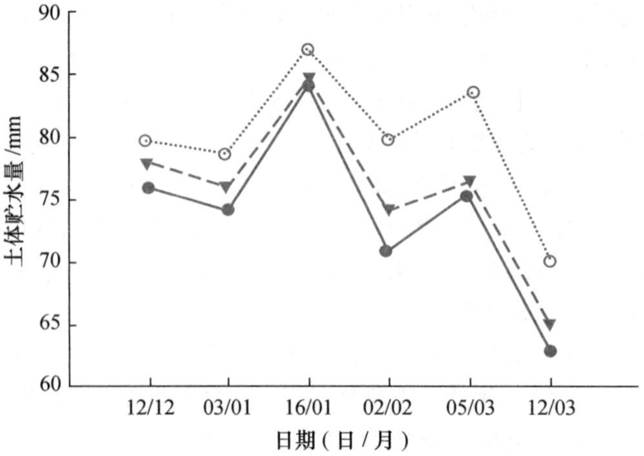

图 2.20　2004 年不同耕作方式冬小麦越冬期 0～30 cm 土体贮水量

—●— 翻耕　···⊙··· 免耕　–▼– 旋耕

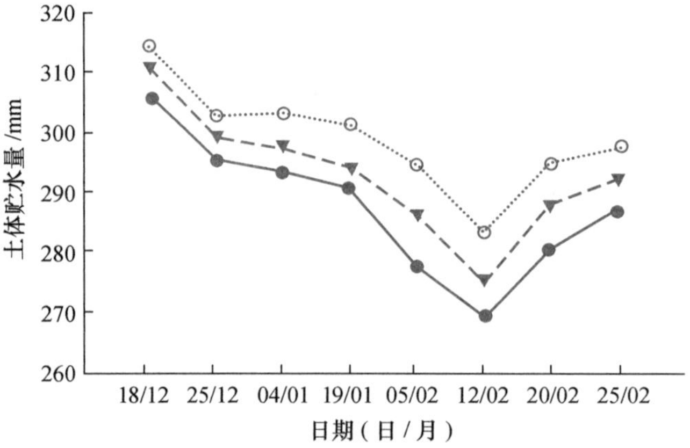

图 2.21　2003 年不同耕作方式冬小麦越冬期 0～100 cm 土体贮水量

—●— 翻耕　···⊙··· 免耕　–▼– 旋耕

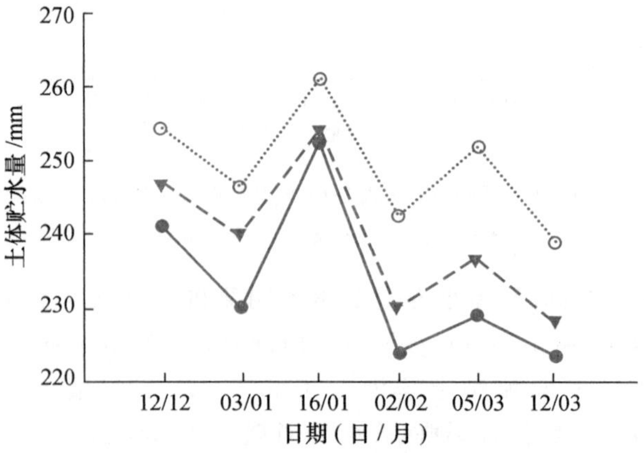

图 2.22　2004 年不同耕作方式冬小麦越冬期 0～100 cm 土体贮水量

—●— 翻耕　···⊙··· 免耕　–▼– 旋耕

麦免耕土壤消耗 14.8 mm 的水量，而翻耕、旋耕则消耗了 19.6 mm 和 17.7 mm 水量，免耕较翻耕、旋耕少消耗 4.8 mm 和 2.9 mm 水量，两年平均免耕较翻耕、旋耕少消耗 3.6 mm 和 2.5 mm 水量。

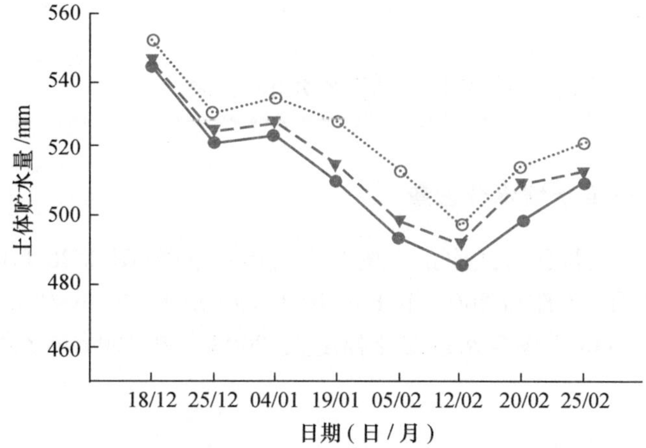

图 2.23 2003 年不同耕作方式冬小麦越冬期 0～180 cm 土体贮水量

—●— 翻耕 ···⊙··· 免耕 –▼– 旋耕

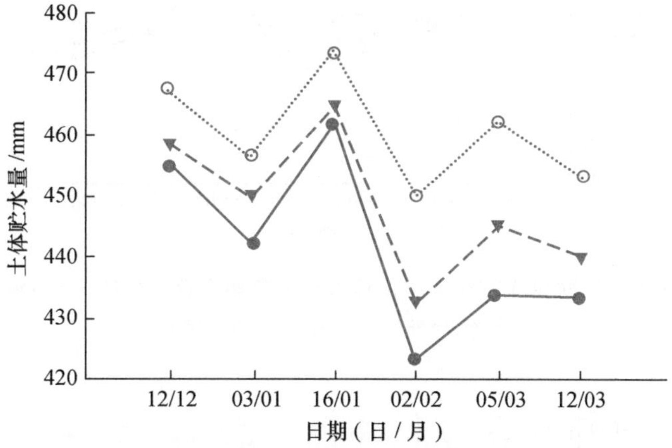

图 2.24 2004 年不同耕作方式冬小麦越冬期 0～180 cm 土体贮水量

—●— 翻耕 ···⊙··· 免耕 –▼– 旋耕

在 0～180 cm 土体中，2003 年冬小麦免耕土壤消耗 30.3 mm 的水量，而翻耕、旋耕均消耗了 33.6 mm 水量，即免耕较翻耕、旋耕均少消耗 3.3 mm 水量，2004 年冬小麦免耕土壤消耗 16.1 mm 的水量，而翻耕消耗了 21.3 mm 水量，旋耕消耗了 19.3 mm 水量，免耕较翻耕、旋耕少消耗 5.2 mm 和 3.1 mm 水量，两年平均免耕较翻耕、旋耕少消耗4.3 mm和 3.2 mm 水量。

不同耕作方式越冬期农田不同层次土壤贮水量的影响表现为，免耕在 0～30 cm 土层较翻耕、旋耕节约的水量最多，其次是 1 m 土层，0～180 cm 土层最少。免耕节水主要在表层区域。

就 1 m 土体而言，2003 年越冬期每公顷免耕农田比翻耕、旋耕农田多蓄储24 m^3、21 m^3 水，2004 年越冬期每公顷免耕农田比翻耕、旋耕农田多蓄储 48 m^3、29 m^3 水，两年平均免耕较翻耕、旋耕多蓄储 36 m^3、25 m^3 水量，以每公顷农田每次灌水600 m^3 计算，免耕可节约灌水 4%～6%。

2.1.3 冬小麦返青—拔节期土壤水分的变化

2.1.3.1 0～20 cm 土壤水分含量

冬小麦返青后，不同耕作方式农田土壤含水量逐步下降(图 2.25 和图 2.26)。但冰雪融化及灌水(2004 年 3 月 22 日和 2005 年 4 月 10 日，灌水量 600 m^3/hm^2)后，土壤含水量增加。其中，耕层 0～20 cm 土壤含水量变化幅度大，2003 年和 2004 年冬小麦田土壤含水量变化均达到 6 m^3/m^3 以上。

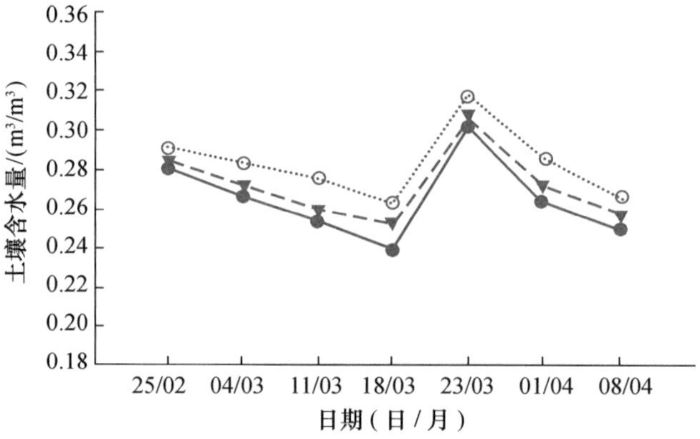

图 2.25 2003 年不同耕作方式冬小麦返青—拔节期土壤耕层(0～20 cm)土壤含水量

—●— 翻耕 …○… 免耕 –▼– 旋耕

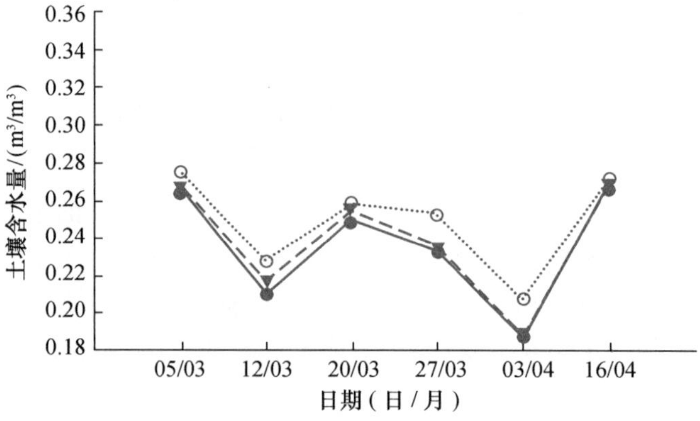

图 2.26 2004 年不同耕作方式冬小麦返青—拔节期土壤耕层(0～20 cm)土壤含水量

—●— 翻耕 …○… 免耕 –▼– 旋耕

冬小麦田返青—拔节期耕层土壤含水量免耕最高，旋耕其次，翻耕最低。2003 年免耕冬小麦土壤含水量较翻耕高 0.016～0.023 m^3/m^3，平均高 0.019 m^3/m^3，较旋耕高 0.009～0.016 m^3/m^3，平均高0.010 5 m^3/m^3；2004 年冬小麦免耕土壤含水量较翻耕高0.002 8～0.018 8 m^3/m^3，平均高 0.01 m^3/m^3，较旋耕高 0.003 6 ～ 0.018 6 m^3/m^3，平均高 0.009 4 m^3/m^3，两年平均免耕较翻耕、旋耕高 0.016 m^3/m^3 和 0.01 m^3/m^3。

2.1.3.2 0～180 cm 剖面土壤含水量

冬小麦返青—拔节期 0～180 cm 各层土壤平均体积含水量见图 2.27 和图 2.28。由于 2003 年 10 月份和 11 月份降水较多，2003 年冬小麦田不同耕作方式土壤表层高于深层，即随着深度的增加，含水量逐渐降低；而 2004 年冬小麦在生长季节降水较少，水分蒸发多，补充少，2004 年冬小麦田不同耕作方式土壤表层低于深层，即随着深度的增加，含水量逐步增加，但在 20～40 cm、60～80 cm 和 120～140 cm 土层含水量较相邻层高，这三层土壤性质不同，具有更强的持水性，含水量高。对不同耕作方式，2003 年和 2004 年冬小麦田土壤各层平均含水量都是免耕最高，旋耕其次，翻耕最低，在 0～180 cm 土层，2003 年冬小麦田土壤平均含水量免耕较翻耕高 0.011～0.021 m^3/m^3，平均高 0.013 m^3/m^3，较旋耕高 0.009～0.012 m^3/m^3，平均高 0.01 m^3/m^3；2004 年冬小麦田土壤平均含水量免耕较翻耕高 0.007～0.018 m^3/m^3，平均高 0.014 m^3/m^3，较旋耕高 0.004～0.012 m^3/m^3，平均高0.008 m^3/m^3。在返青—拔节期冬小麦植株小，覆盖度低，地表裸露，而气温迅速回升及大风天气较多，土壤水分蒸发快，免耕农田土壤有秸秆的覆盖，抑制水分蒸发，同时地温低，蒸发少，含水量明显高于翻耕和旋耕，且幅度高于播种—越冬前和越冬期。免耕土壤平均含水量高，有利于冬小麦返青生长，增加分蘖，促进干物质积累。

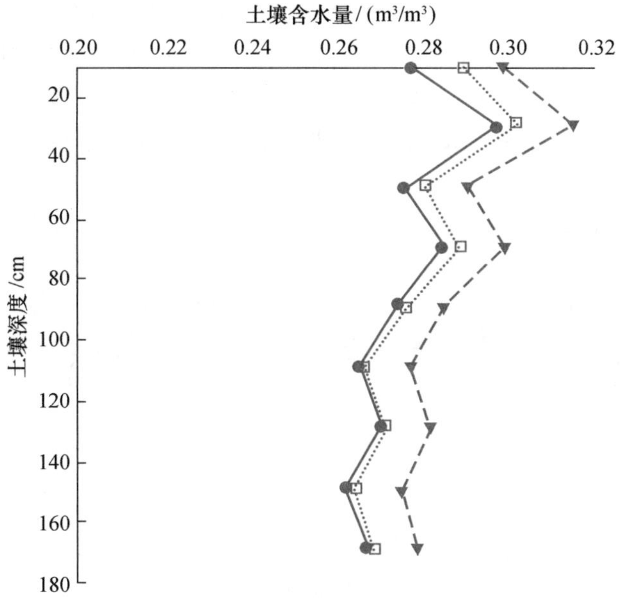

图 2.27 2003 年不同耕作方式冬小麦返青—拔节期各层土壤平均含水量

—●— 翻耕 —▼— 免耕 ···⊡··· 旋耕

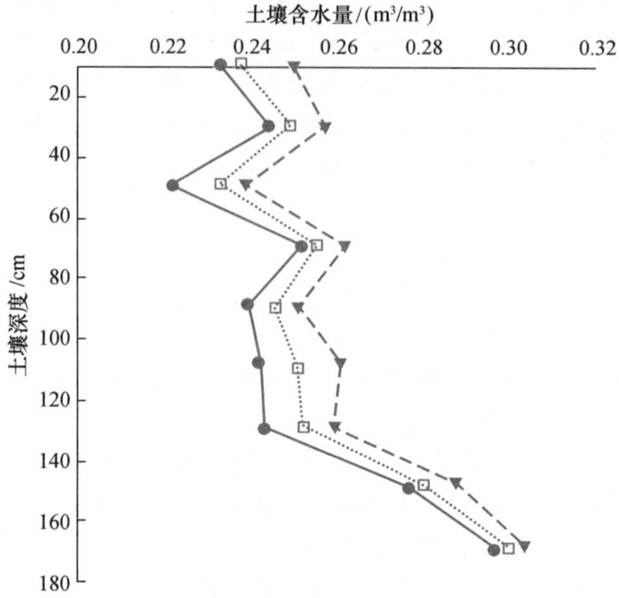

图 2.28　**2004 年不同耕作方式冬小麦返青—拔节期各层土壤平均含水量**

—●— 翻耕　- -▼- - 免耕　···□··· 旋耕

2003 年冬小麦和 2004 年冬小麦在返青—拔节期 0～180 cm 层土壤含水量变化幅度小，均不到 0.03 m^3/m^3(图 2.29 和图 2.30)。对不同耕作方式冬小麦田，0～180 cm 土层土壤含水量免耕最高，旋耕其次，翻耕最低。2003 年冬小麦免耕土壤体积含水量较翻耕高 0.008～0.018 m^3/m^3，平均高 0.013 m^3/m^3，较旋耕高 0.006～0.013 m^3/m^3，平均高 0.009 5 m^3/m^3。2004 年冬小麦免耕土壤含水量较翻耕高 0.009～0.021 m^3/m^3，平均高 0.014 m^3/m^3，较旋耕高 0.006～0.011 m^3/m^3，两年平均，免耕较翻耕、旋耕高 0.008 m^3/m^3。从时间上看，返青—拔节期前期不同耕作方式土壤含水量差异小，后期差异大，灌水前差异小，灌水后差异大，说明免耕土壤含水量高的主要原因是保水作用强。

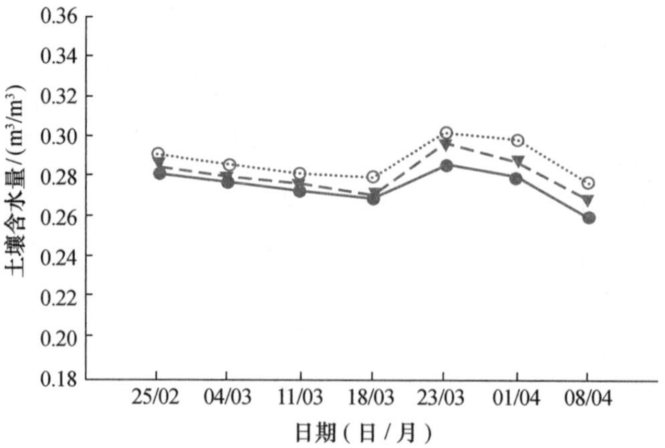

图 2.29　**2003 年不同耕作方式冬小麦返青—拔节期 0～180 cm 土壤含水量**

—●— 翻耕　···⊙··· 免耕　- -▼- - 旋耕

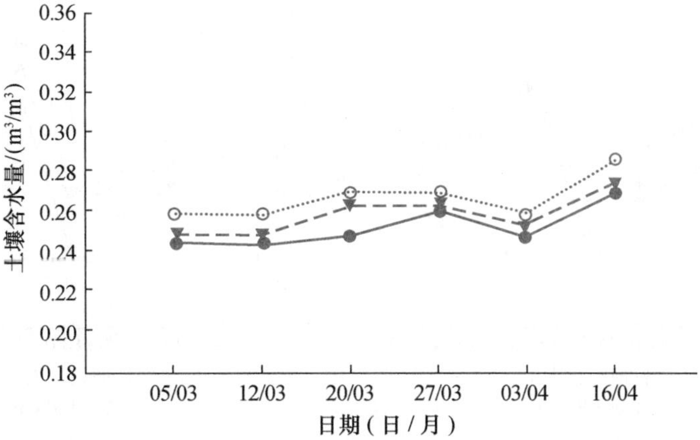

图 2.30 2004 年不同耕作方式冬小麦返青—拔节期 0～180 cm 土壤含水量

—●— 翻耕 ···⊙··· 免耕 –▼– 旋耕

返青—拔节期翻耕土壤比较疏松，大孔隙增多，持水性弱，土壤散墒快，加之地表裸露，直接受到太阳的辐射作用，表层温度高，失墒迅速而造成含水量低；而免耕土壤较紧实，持水性强，同时地表有一层秸秆的保护，减少了太阳辐射，土壤表层温度较低，土壤蒸发弱，维持了较高的含水量。

2.1.3.3 0～180 cm 土壤贮水

返青—拔节期冬小麦植株小，对土壤覆盖度低，地表裸露，而气温迅速回升及大风天气较多，土壤水分蒸发快，同时，冬小麦快速生长对土壤水分消耗大，土体贮水量减少(图 2.31、图 2.32)，可以看出，2003 年冬小麦和 2004 年冬小麦不同耕作方式农田土体贮水量的变化态势基本一致，灌水前土体贮水量持续下降，灌水后明显增加，之后又持续下降。

2003 年和 2004 年冬小麦田返青—拔节期不同深度土体贮水量，都是免耕最高，旋耕其次，翻耕最低。免耕较翻耕、旋耕多蓄水，免耕土壤较翻耕、旋耕田含水量高。

2003 年冬小麦田 0～30 cm 土体中，免耕土壤消耗 3.45 mm 的水量，而翻耕、旋耕均消耗了 4.8 mm 水量，即免耕较翻耕、旋耕少消耗 1.35 mm 水量；在 1 m 土体中，免耕土壤消耗 12.4 mm的水量，而翻耕、旋耕则消耗了 21.2 mm 和 15.6 mm 水量，即免耕较翻耕、旋耕少消耗 8.8 mm 和 3.2 mm 水量；在 0～180 cm 土体中，免耕土壤消耗 23.8 mm 的水量，而翻耕、旋耕则消耗了 38 mm 和 28 mm 水量，即免耕较翻耕、旋耕少消耗14.2 mm和 4.2 mm 水量。

2004 年冬小麦田由于 2005 年 4 月 10 日灌水，在 0～30 cm 土体中，返青—拔节期免耕土壤增加 8.65 mm 的水量，而翻耕增加了 8.1 mm 水量，旋耕增加了 8 mm 水量，即免耕较翻耕、旋耕多蓄 0.55 mm 和 0.65 mm 水量；在 1 m 土体中，免耕土壤增加 29.3 mm 的水量，而翻耕、旋耕则增加了 27.8 mm 和 28.3 mm 水量，即免耕较翻耕、旋耕多蓄储 1.5 mm 和1 mm水量；在 0～180 cm 土体中，免耕土壤增加 47 mm 的水量，而翻耕、旋耕则增加了44.7 mm和 45.1 mm 水量，即免耕较翻耕、旋耕多蓄贮 2.3 mm 和 1.9 mm 水量。

返青—拔节期，就 1 m 土体而言，2003 年每公顷免耕农田比翻耕、旋耕农田多蓄储 88 m^3、32 m^3 水量。

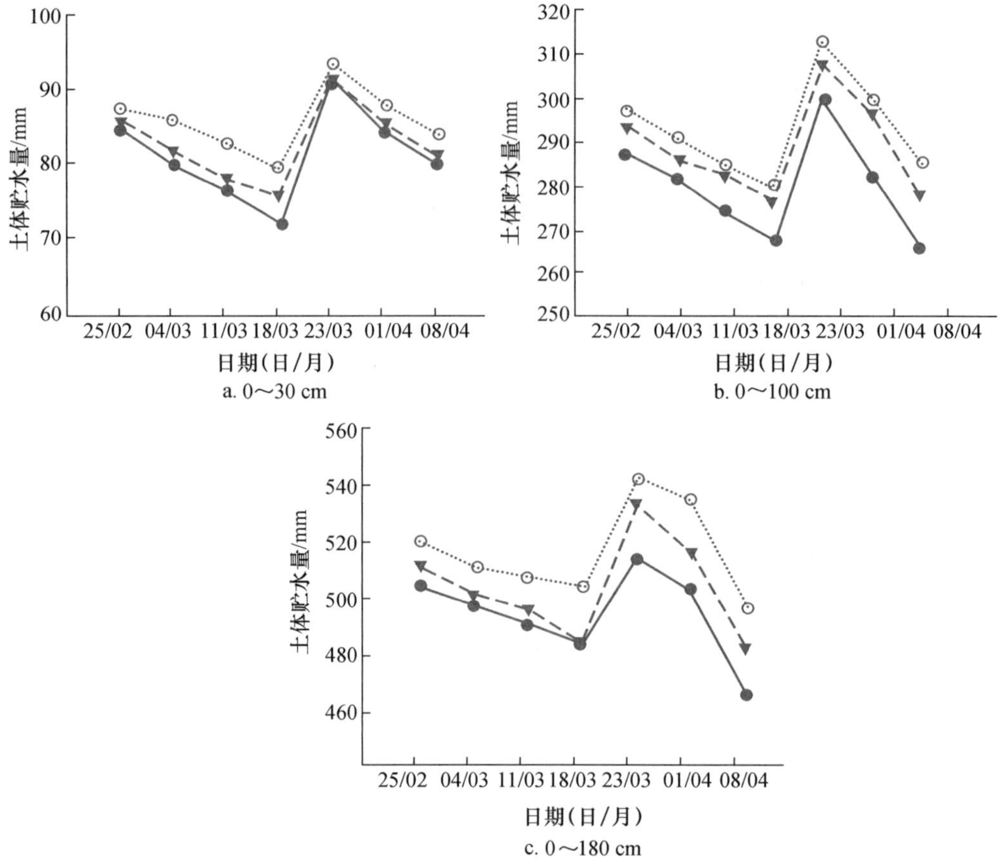

图 2.31　2003 年不同耕作方式冬小麦返青—拔节期土体贮水量

—●— 翻耕　⋯⊙⋯ 免耕　－▼－ 旋耕

2.1.4　保护性耕作对冬小麦不同生育时期土壤含水量的影响

土壤含水量的变化是评价不同耕作对土壤环境影响的一个指标，图 2.33 是不同耕作处理下冬小麦苗期、返青期、拔节期、扬花期四个关键生育时期的 0～180 cm 土壤含水量垂直动态变化。0～30 cm 土壤水分受降水、气温、蒸散、土壤耕作、覆盖等因素及作物根系的影响明显，变化剧烈；30～80 cm 土壤水分主要受作物的影响；80～180 cm 受作物和气候的影响较小。从 180 cm 剖面土体看：不同耕作处理耕层土壤含水量差异较大，随着土层深度的增加耕作处理间土壤含水量变化趋势一致；秸秆直立免耕和秸秆粉碎免耕土壤含水量高于翻耕和旋耕，高于耕作层土壤含水量；从时间上看，不同耕作处理土壤含水量的差异随着冬小麦的生长发育递减。

苗期不同耕作处理 0～30 cm 土壤含水量呈增加趋势，秸秆直立免耕和旋耕处理表层土壤含水量最高，约为 0.299 cm^3/cm^3，比翻耕高 10.3%；土层 30 cm 土壤含水量排列顺序为：旋耕＞秸秆粉碎免耕＞秸秆直立免耕＞翻耕，其土壤含水量分别为：0.265 cm^3/cm^3、0.263 cm^3/cm^3、0.261 cm^3/cm^3、0.256 cm^3/cm^3；30～80 cm 秸秆直立免耕和旋耕处理土壤

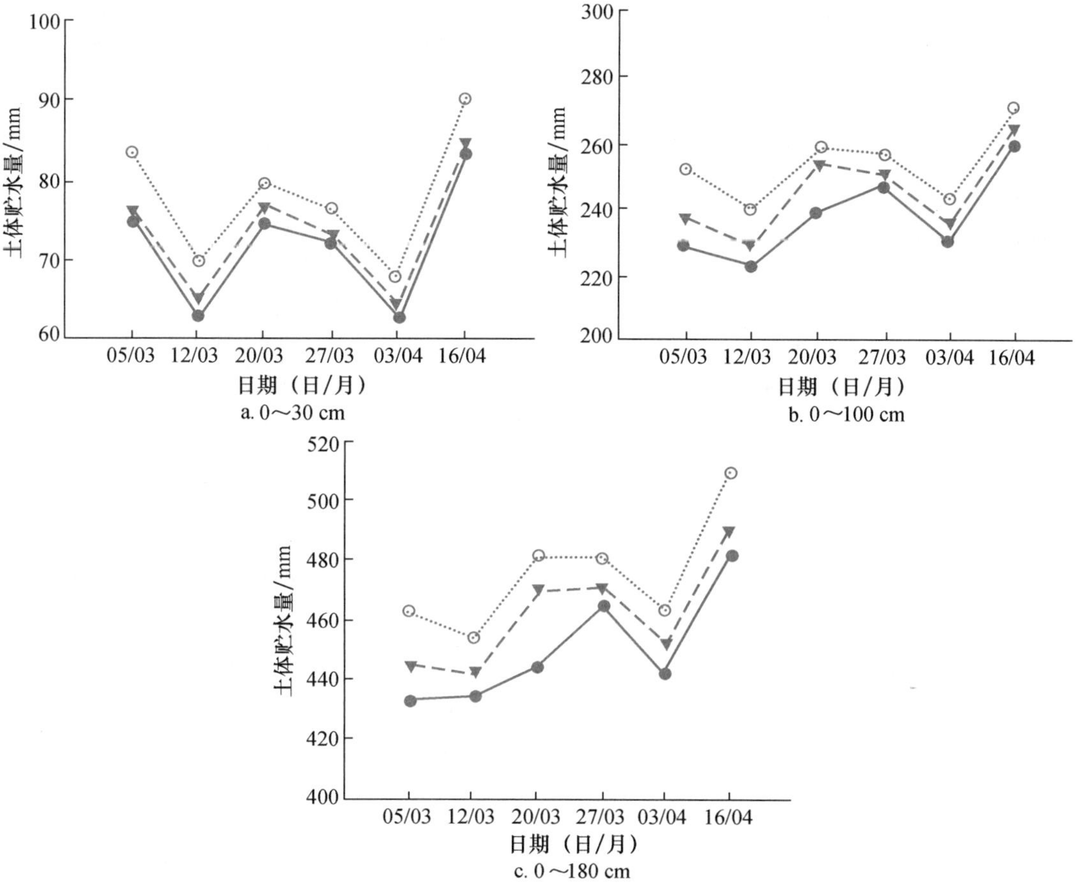

图 2.32 **2004 年不同耕作方式冬小麦返青—拔节期土体贮水量**

—●— 翻耕 ···⊙··· 免耕 –▼– 旋耕

含水量高于秸秆粉碎免耕和翻耕处理；80～180 cm 土壤含水量呈增加趋势，秸秆直立免耕和秸秆粉碎免耕处理土壤含水量高于翻耕和旋耕。

返青期不同耕作处理表层土壤含水量低于苗期，秸秆直立免耕土壤含水量最高，分别比秸秆粉碎免耕、旋耕、翻耕处理高 11.5%、13.6%、27.0%；在 30～80 cm 土壤含水量先增后减，旋耕处理土壤含水量最高，在土层 70 cm 土壤含水量为 0.210 cm^3/cm^3。

拔节期是重要供水时期，是保证穗大粒多的关键时期，由于起身—拔节期有112.5 mm 的灌溉，各处理表层土壤含水量高于返青期；翻耕和旋耕处理土壤含水量变化先增后减再增，而秸秆直立免耕和秸秆粉碎免耕土壤含水量变化幅度较小，深层土壤含水量高于表层；秸秆直立免耕处理表层土壤含水量为 0.252 cm^3/cm^3，高于秸秆粉碎免耕和翻耕处理。

在作物生长旺盛的扬花期，秸秆直立免耕、秸秆粉碎免耕、旋耕冬小麦田 0～180 cm 土壤含水量变化幅度小于返青期；由于在拔节—扬花期 90 mm 的灌溉和 22.7 mm 的降雨其表层土壤含水量低于拔节期，但是由于此时期作物耗水量加大，作物蒸腾作用和土壤蒸发作用的加剧，旋耕、秸秆直立免耕、秸秆粉碎免耕处理 30 cm 土壤含水量低于表层；但是翻耕冬小麦生长旺盛，其叶片对地面的遮盖使土壤蒸发降低，所以其 30 cm 土壤含水量高于表层；

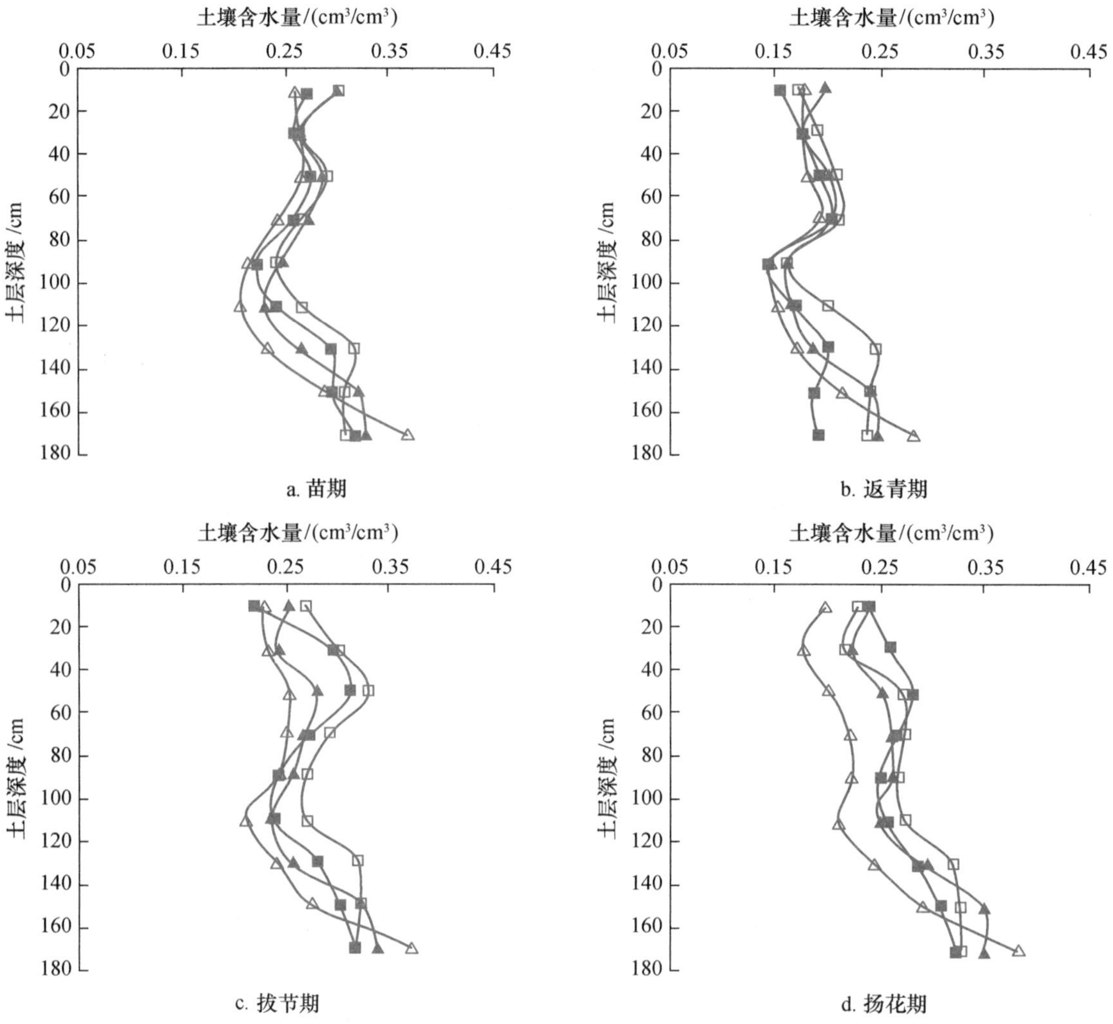

图 2.33 不同耕作处理下冬小麦各生育时期土壤含水量变化

80～180 cm 各处理土壤含水量与拔节期变化趋势一致，秸秆直立免耕、秸秆粉碎免耕土壤含水量高于旋耕和翻耕。

分析不同耕作处理间土壤含水量差异的原因，主要是：翻耕，虽秸秆还田但是其地表裸露，土壤比较疏松，散墒快，造成土壤含水量低；旋耕，由于其翻土较少，地表还有秸秆覆盖，其土壤蒸发弱一些，土壤含水量比翻耕高；秸秆直立免耕和秸秆粉碎免耕由于动土较少，加上秸秆覆盖在地表可以大大减少土壤蒸发，所以有较好的保水性。苗期土壤水分消耗主要为土壤蒸发，秸秆直立免耕、秸秆粉碎免耕秸秆覆盖地表，减少蒸发，所以其土壤含水量高于翻耕，这为冬小麦种子萌发和幼苗生长提供了良好的水分条件，但是其对土壤有明显的“降温效应”，所以冬小麦出苗率低于翻耕；返青—拔节由于进行灌溉，耕作处理下冬小麦田土壤含水量较高，但是由于秸秆直立免耕、秸秆粉碎免耕土壤温度低于翻耕，所以其冬小麦返青晚、分蘖率低，分蘖质量差；拔节—扬花地表蒸发及作物蒸腾作用剧烈，而且作物根系对水分的利用增加，降雨量和灌溉量的增加，秸秆直立免耕、秸秆粉碎免耕土壤含水量低于其他耕作处理。

2.1.5 保护性耕作对冬小麦不同生育时期 0～180 cm 土壤贮水的影响

不同耕作处理 0～180 cm 土体贮水量动态变化如表 2.1，出苗—分蘖期旋耕＞秸秆直立免耕＞翻耕＞秸秆粉碎免耕，土壤水分消耗主要为土壤蒸发，这个时期由于没有降雨和灌溉，旋耕和秸秆直立免耕由于有秸秆覆盖地表，可以减少土壤蒸发，所以其土体贮水量高于翻耕，但是秸秆粉碎免耕虽然有秸秆覆盖但是其土体贮水量低于翻耕。分蘖—越冬耕作土体贮水量增加，其中秸秆直立免耕最高，翻耕最低。在返青—拔节期由于起身水的灌溉为冬小麦的返青和分蘖的生长提供较好的水分条件，旋耕处理土体贮水量最高，秸秆粉碎免耕最低。总之，在出苗—拔节秸秆直立免耕、秸秆粉碎免耕处理土体贮水量分别比翻耕多贮 25.48 mm、8.60 mm 土壤水，在拔节—成熟期，旋耕＞翻耕＞秸秆直立免耕＞秸秆粉碎免耕，其中秸秆粉碎免耕处理比翻耕处理土体贮水量少 59.22 mm 土壤水。

表 2.1 不同耕作处理下冬小麦田 0～180 cm 土体贮水量动态变化 mm

耕作处理	出苗—分蘖	分蘖—越冬	越冬—返青	返青—拔节	拔节—抽穗	抽穗—灌浆	灌浆—成熟
翻耕	450.58	324.84	312.69	409.78	483.09	467.98	485.47
旋耕	480.61	372.65	359.09	451.45	511.84	479.45	487.04
秸秆直立免耕	468.90	376.48	332.05	418.45	469.01	448.89	458.57
秸秆粉碎免耕	448.15	360.14	325.06	397.40	440.67	407.73	414.16

不同耕作处理之间土体贮水量的差异是由于耕作措施引起的，秸秆直立免耕、秸秆粉碎免耕和旋耕处理土壤表层有秸秆覆盖，可以减少土壤蒸发；翻耕处理土壤由于播种前进行了耕翻，表层土壤较疏松，随着时间的推移，由于降雨等机械力的拍击作用，使土壤变得十分紧实，而土壤表层又直接受到太阳的辐射作用，表层温度高，失墒迅速，土壤贮水量低于秸秆直立免耕和旋耕。在出苗～返青基本没有降雨，只有 60 mm 的灌溉，所有耕作处理 0～30 cm、0～180 cm 土体贮水量都下降，秸秆直立免耕、秸秆粉碎免耕和旋耕由于有秸秆覆盖，其 0～30 cm 土体贮水量高于翻耕，而秸秆粉碎免耕 0～180 cm 土体贮水量低于翻耕处理。起身—灌浆中期耕作处理 0～30 cm 土体贮水量由于降雨和灌溉而出现峰值，但是由于这段时期随着冬小麦棵间蒸发和作物蒸腾的加剧，冬小麦生长需要大量水分，并且扬花和灌浆期是冬小麦生殖生长期，对水分需求也很大，所以 0～30 cm土体贮水量为下降趋势；0～180 cm 土体贮水量也下降，但是秸秆粉碎免耕低于其他处理，所以秸秆直立免耕播种有很好的保水性。

2.2 保护性耕作的农田水分利用效率

2.2.1 保护性耕作对冬小麦阶段耗水的影响

表 2.2 为耕作处理下冬小麦各个生育阶段耗水量情况。从各个生育阶段看，播种～越冬由于在分蘖期作物生长旺盛，耕作处理下冬小麦耗水量较大，但是旋耕、秸秆直立免耕、秸秆粉碎免耕处理有秸秆覆盖地表可以减少地面蒸发，所以其作物耗水量少于翻耕处理，其中秸秆直立免耕处理冬小麦耗水量高于秸秆粉碎免耕处理，多耗 17.87 mm。越冬—起身由于作物停止生长，60 mm 灌溉水的补给，作物耗水较少，其中翻耕处理冬小麦耗水最多，秸秆粉碎免耕处理耗水最低。起身—挑旗作物由于作物返青、拔节水的 112.5 mm 的浇灌，作物耗水较少，但是秸秆直立免耕和秸秆粉碎免耕处理冬小麦耗水量较高，分别比翻耕处理多耗 19.08 mm 和30.90 mm；挑旗—扬花翻耕处理耗水量最小，旋耕、秸秆粉碎免耕处理冬小麦耗水量高于秸秆直立免耕处理，其中秸秆直立免耕、秸秆粉碎免耕处理冬小麦耗水量分别比翻耕处理多 15.11 mm 和 28.19 mm；扬花期是缺水敏感期，作物需水量和蒸腾作用都很大，但是有降雨和灌溉补给土壤所消耗的水分，耕作处理之间冬小麦耗水量差异小。总之，耕作处理之间作物耗水量在 5%水平上没有显著性差异，冬小麦整个生育期翻耕处理冬小麦耗水量最少，秸秆直立免耕、秸秆粉碎免耕处理冬小麦耗水量分别比翻耕处理多耗 12.75 mm 和 22.05 mm，秸秆粉碎免耕处理保水性较秸秆直立免耕差。秸秆直立免耕和秸秆粉碎免耕下冬小麦耗水量高于翻耕是由于在降雨和灌溉量大的时候地面由于秸秆覆盖影响了水分的下渗。

表 2.2 耕作处理下冬小麦生育阶段的耗水量 mm

耕作处理	播种—越冬	越冬—起身	起身—挑旗	挑旗—抽穗	抽穗—扬花	扬花—成熟
翻耕	180.05	32.69	14.72	33.77	27.21	125.07
旋耕	144.10	42.07	22.64	54.02	34.88	123.03
秸秆直立免耕	175.41	21.21	33.80	45.00	31.09	119.75
秸秆粉碎免耕	157.54	17.48	48.65	51.86	37.32	125.75

2.2.2 保护性耕作对冬小麦—夏玉米周年耗水和水分利用效率的影响

作物实际耗水量可以通过农田土壤水分平衡方程法来计算得出。农田水分平衡是指某一时段内某一土壤容积中进入的水分与流出的水分之间的差额。对农田水分的收入支出各项进行分析，得出农田水分的盈亏状况、作物的实际水分消耗和土壤水分变化情况等指标。农田水分的平衡方程表达式为：

$$ET = P + I + \Delta S$$

式中：P 为作物生长期间的降雨量(mm)，I 为作物生长期间的灌溉量(mm)，ΔS 为收获期与播种期土壤剖面(约 2 m)水分含量之差(mm)。

农业节水的核心问题是提高水分效率和水分利用效率。水分利用效率是衡量节水的一个重要的指标,是作物光合产量与耗水量的比值。作物水分利用效率表示单位实际耗水量所形成的经济产量,是作物生产上表征水分生产效率的指标。作物水分利用效率计算方法如下:

$$WUE = Y/ET$$

式中:Y 为作物经济产量(kg/hm^2),ET 为作物耗水量(mm),WUE 为作物水分利用效率[$kg/(mm \cdot hm^2)$]。

2.2.2.1 冬小麦耗水量

表 2.3 为不同耕作处理下冬小麦耗水构成及其耗水情况。冬小麦耗水构成中,各耕作处理冬小麦耗水中降雨和灌水相同,主要差异为土壤水分消耗的不同,免耕处理土壤水分消耗最少为 170.29 mm,翻耕秸秆不还田为 207.48 mm,翻耕和旋耕处理土壤水分消耗居中。与翻耕秸秆不还田相比,翻耕土壤水分消耗减少约 10 mm,冬小麦总耗水也降低了10 mm,可见耕作方式结合秸秆还田能够降低作物土壤水分消耗,达到节约水分的作用。从耗水总量可以看出,免耕耗水最少,为 416.49 mm;其次为旋耕、翻耕,翻耕秸秆不还田耗水最多为 453.68 mm。这主要是由于免耕处理秸秆覆盖表面,能够抑制土壤蒸发和保持土壤水分。

表 2.3 耕作方式对冬小麦耗水的影响　　mm

处理	土壤水	降雨	灌水	耗水
免耕	170.29	126.20	120.00	416.49
旋耕	188.30	126.20	120.00	434.50
翻耕	197.32	126.20	120.00	443.52
翻耕秸秆不还田	207.48	126.20	120.00	453.68

2.2.2.2 后茬夏玉米耗水

表 2.4 为不同耕作方式后茬夏玉米耗水构成及耗水情况。可以看出,夏玉米耗水主要来源于降雨和灌水。玉米播种前土壤水分含量较低,生育期充足的降雨一部分被玉米生长消耗,一部分转化为土壤水。不同耕作方式比较发现,玉米整个生育期各处理的耗水量相差不大,平均为 359.25 mm。分析主要是由于夏玉米播种前小麦秸秆均覆盖还田,且耕作方式之间的差异经过小麦季后逐渐缩小,因此各处理夏玉米耗水差异不大。

表 2.4 耕作方式对后茬夏玉米耗水的影响　　mm

处理	土壤水变化	降雨	灌水	耗水
免耕	−129.41	432.00	60.00	362.59
旋耕	−134.12	432.00	60.00	357.88
翻耕	−137.56	432.00	60.00	354.44
翻耕秸秆不还田	−129.93	432.00	60.00	362.07

2.2.2.3 麦玉作物周年耗水

从表 2.5 可以看出，耕作方式对冬小麦耗水影响比较大，而对后茬夏玉米耗水影响不大。冬小麦季耗水表现为翻耕秸秆不还田＞翻耕＞旋耕＞免耕，免耕处理耗水量和耗水强度均最低，分别为 416.49 mm、1.69 mm/d；翻耕秸秆不还田耗水量和耗水强度最大分别为 453.68 mm、1.84 mm/d。夏玉米耗水表现为免耕＞翻耕秸秆不还田＞旋耕＞翻耕，但处理之间差异很小。冬小麦—夏玉米周年耗水平均为 796.29 mm。耕作方式对冬小麦—夏玉米作物周年耗水影响表现为翻耕秸秆不还田＞翻耕＞旋耕＞免耕，且免耕显著低于其他处理。免耕处理周年耗水最少，其节水效应主要表现在冬小麦季，后茬夏玉米耗水量与其他耕作处理差异不大。

表 2.5 耕作方式对麦玉作物周年耗水的影响

处理	小麦		玉米		周年耗水/mm
	耗水/mm	耗水强度/(mm/d)	耗水/mm	耗水强度/(mm/d)	
免耕	416.49	1.69	362.59	3.52	779.08
旋耕	434.50	1.76	357.88	3.47	792.37
翻耕	443.52	1.80	354.44	3.44	797.96
翻耕秸秆不还田	453.68	1.84	362.07	3.52	815.75

2.2.2.4 麦玉作物周年水分利用率

耕作方式对麦玉作物水分利用率的影响不同。冬小麦水分利用率表现为：旋耕＞翻耕＞翻耕秸秆不还田＞免耕，且免耕显著低于其他 3 个处理。免耕处理冬小麦耗水量最少，但由于产量也降低最多，导致免耕处理冬小麦水分利用效率也最低。翻耕与旋耕处理冬小麦耗水和产量差异不大，水分利用效率无显著差异。

表 2.6 耕作方式对麦玉作物水分利用的影响 kg/mm

处理	免耕	旋耕	翻耕	翻耕秸秆不还田
冬小麦水分利用率	16.11	19.02	18.30	17.70
夏玉米水分利用率	28.64	28.62	29.12	27.59
周年水分利用率	21.94	23.35	23.11	22.09

夏玉米水分利用率表现为：翻耕＞免耕＞旋耕＞翻耕秸秆不还田，且翻耕秸秆不还田处理显著低于其他 3 个处理，而翻耕、旋耕、免耕处理差异不明显。各处理夏玉米耗水量差异不大，主要是由于翻耕秸秆不还田夏玉米产量比较低，造成夏玉米水分利用效率最低。

从冬小麦—夏玉米作物周年水分利用来看，周年水分利用效率表现为旋耕＞翻耕＞翻耕秸秆不还田＞免耕。旋耕和翻耕处理周年水分利用效率显著高于免耕和翻耕秸秆不还田。

参考文献

[1] 陈继康.华北平原不同耕作方式冬小麦田土壤生态效应研究.[硕士学位论文].北京:中国农业大学,2009.

[2] Fererras L A. Effect of no-tillage on some soil physical properties of a structural degraded Petrocalcic Paleudoll of the southern "Pampa" of Argentina. Soil & Tillage Research,2000,54: 31-39.

[3] Mielke L W,Wilhelm W W,Richards K A, *et al*. Soil physical characteristics of reduced tillage in a wheat fallow system. Transaction of ASAE. ,1984,27,1724-1728.

[4] Packer I J, Hamiton G J, White I. Tillage practices to conserve soil and improve soil conditions. Journal of Soil Conservation (NSW),1984,40,78-87.

[5] 朱文珊,高云超. 北方一年两熟地区秸秆覆盖免耕技术原理及应用效果研究. 北京:科学出版社,1991,11-21.

[6] 陈军胜.华北平原免耕冬小麦田土壤水热特征及其对冬小麦生长发育影响研究.[博士学位论文].北京:中国农业大学,2005.

[7] 李素娟. 华北平原免耕冬小麦生长发育及其土壤水热状况的研究.[硕士学位论文].北京:中国农业大学,2007.

[8] Zhang Hailin,Li Sujuan,Chen Junsheng,*et al*. Tillage effects on characteristics of soil water for winter wheat in North China. Science and Technology for Desertification Control,International Meeting Paper,2006,10.

[9] 许迪.耕作方式对土壤水动态变化及夏玉米产量的影响.农业工程学报,1999,15(3):101-106.

[10] 陈素英,张喜英,裴冬,等. 玉米秸秆覆盖对麦田土壤温度和土壤蒸发的影响. 农业工程学报,2005,21(10): 171-173.

第3章

保护性耕作的土壤热效应

土壤的热状况对作物生长及微生物活动有极其重要的影响。土壤中许多理化及生物学过程都受土壤热状况的影响。土壤温度直接影响土壤中水、气的保持和运动。

本章研究了保护性耕作对土壤温度、导热特性的影响，系统分析了保护性耕作的土壤热效应。

3.1 保护性耕作对土壤导热特性的影响

土壤中许多理化及生物学过程都受土壤的热状况影响，土壤温度也直接影响土壤中水、气的保持和运动。耕作措施对土壤的结构、物理性状都有一定的影响，从而影响土壤的热特性。国内外大量研究均表明，与传统耕作相比，免耕土壤的热容量和导热率有明显增加。

3.1.1 保护性耕作对土壤导热特性的影响

土壤导热特性包括土壤热容量、导热率、土壤热扩散系数等。从表3.1可以看出，不同耕作措施土壤热容量差异并不明显，但土壤导热率和土壤热扩散系数差异在5%水平显著。由于免耕垄背土壤扰动少，土壤紧实，容重差异同免耕垄沟、旋耕和翻耕差异在5%水平显著。土壤热扩散系数同土壤的导热率成正比，而与热容量成反比。从测定结果看，免耕垄背土壤热扩散系数同免耕垄沟、旋耕和翻耕相比在5%水平差异显著，免耕垄背土壤热扩散系数较高。热扩散系数影响土壤温度的垂直分布，热扩散系数小的土壤，其温度升降明显，温度变化大；而热扩散系数大的土壤，则温度变化小。

表 3.1 不同耕作措施土壤导热性能比较

项目	处理	土壤含水量/(m^3/m^3)	容重/(g/cm^3)	土壤容积热容量/[J/(cm^3·℃)]	土壤导热率/[10^{-3}J/(cm·℃·s)]	土壤热扩散系数/($10^{-3}cm^2/s$)
范围值	秸秆直立免耕垄背	0.1502～0.2817	1.54～1.67	1.80～2.37	1.27～1.62	6.62～7.52
	秸秆直立免耕垄沟	0.1793～0.3137	1.25～1.60	1.80～2.29	0.73～1.51	4.25～7.06
	旋耕	0.1588～0.279	1.48～1.50	1.42～2.14	0.68～1.41	4.77～6.80
	翻耕	0.1786～0.2995	1.35～1.37	1.90～2.28	1.07～1.31	4.83～5.89
平均值	秸秆直立免耕垄背	0.23a	1.60a	2.10a	1.41a	6.77a
	秸秆直立免耕垄沟	0.23a	1.48b	2.04a	1.19b	5.84b
	旋耕	0.22a	1.49b	1.88a	1.11b	5.87b
	翻耕	0.22a	1.35b	2.07a	1.16b	5.63b

注：同一列中的不同小写字母表示差异达显著水平($p<0.05$)(LSD 法)。

3.1.2 土壤温度对气温的响应

3.1.2.1 保护性耕作土壤温度及气温日变化特征

地表是土壤与大气热量交换的界面，其温度受气温变化的直接影响。以 2.5 cm 土层土壤温度为例，结合冬小麦生育时期对冬小麦生育期不同耕作方式农田土壤温度日变化及其对气温的响应特征进行阐述(图 3.1)。

在冬小麦各生育时期，不同耕作方式农田各土层土壤温度随气温的变化均近似呈正弦函数变化。冬小麦出苗期，2.5 cm 土层土壤温度分别于 8:00 和 15:00 左右达到最低和最高，其中翻耕、旋耕和免耕土壤最高温度分别较气温低 0.82℃、1.52℃和 3.96℃，而土壤最低温度分别较气温高 0.90℃、1.15℃和 1.54℃，显然，不同耕作方式间土壤最高温度的差异大于最低温度的差异。冬小麦分蘖期土壤温度变化与出苗期相似，两个时期的差异仅在于温度的高低。

至越冬期，土壤最高温度和最低温度均以免耕最高、旋耕居中、翻耕最低，其变化幅度仍然为免耕最小、旋耕居中、翻耕最大。这个时期免耕土壤以增温效应为主导，导致处理间最低温度的差异大于最高温度。

免耕土壤在返青期的降温效应导致日最高温度大幅下降而最低温度与其他处理无明显差异。其中日最高温度较翻耕和旋耕分别低 4.85℃和 3.80℃，而最低温度差异在 0.07～0.16℃之间。至拔节期，不同耕作方式农田土壤温度恢复了冬前的特征。随着作物的迅速生长，作物覆盖度迅速上升，秸秆的覆盖作用不再明显。至灌浆期，土壤温度以作物覆盖度最高的翻耕处理最低，而免耕与旋耕无明显差异。比较返青期免耕和灌浆期翻耕土壤温度的特征可见，秸秆覆盖和作物覆盖在气温上升时影响土壤温度对气温的响应特征的作用极相似。另外，不同耕作方式土壤各个层次的温度变化曲线在 10:00 及 20:00 左右差异减小，规律不明显。

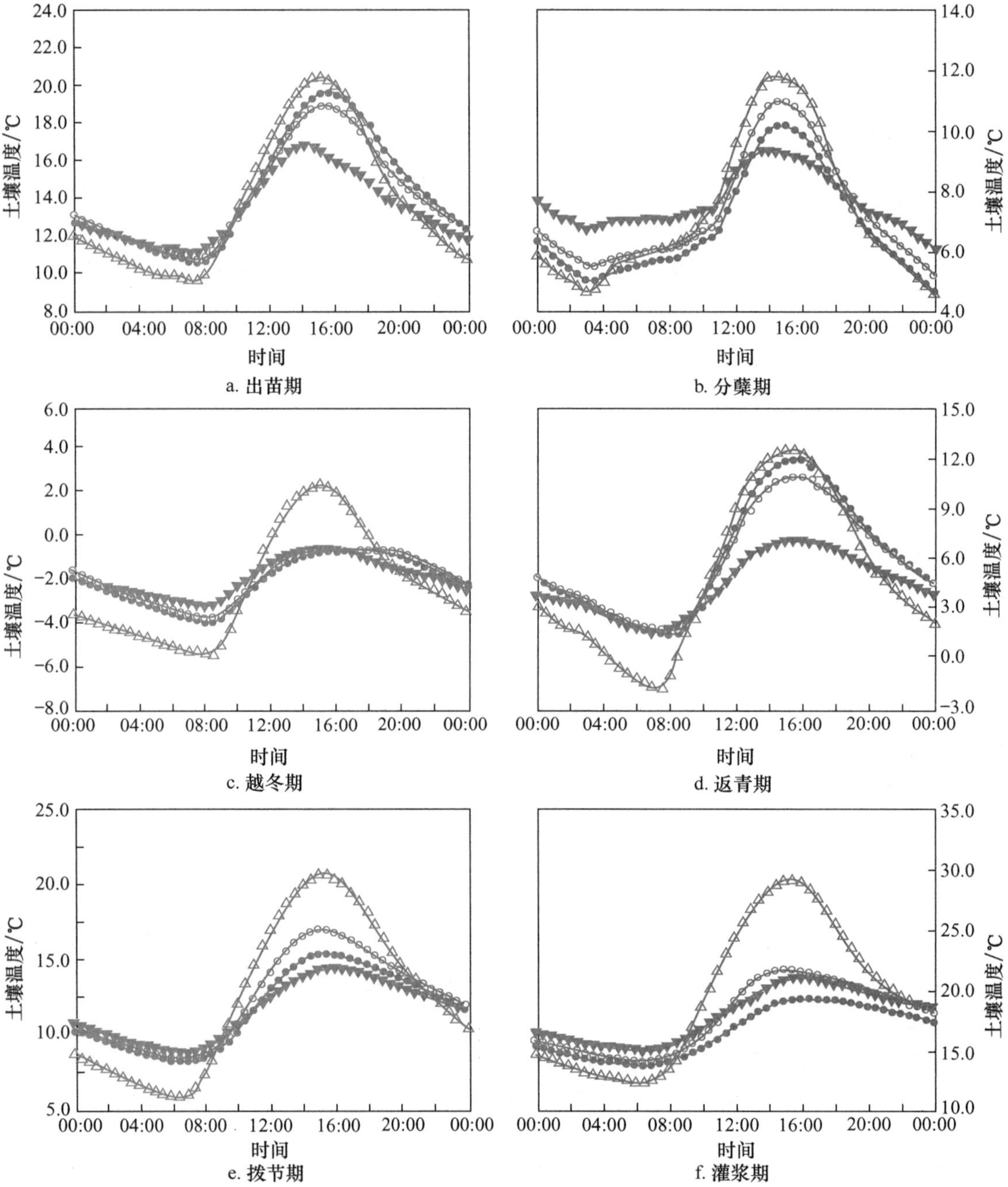

图 3.1　不同耕作方式农田土壤温度及气温日变化特征

—●— 翻耕　—○— 旋耕　—▼— 免耕　—△— 汽温

3.1.2.2 保护性耕作土壤温度对气温的响应

冬小麦各个生育时期的土壤昼夜温差均随土壤深度的增加而逐渐减小，呈“锥形”状态，但浅层和深层土壤温度的大小关系和各个时期的变化幅度不一致(图 3.2)。

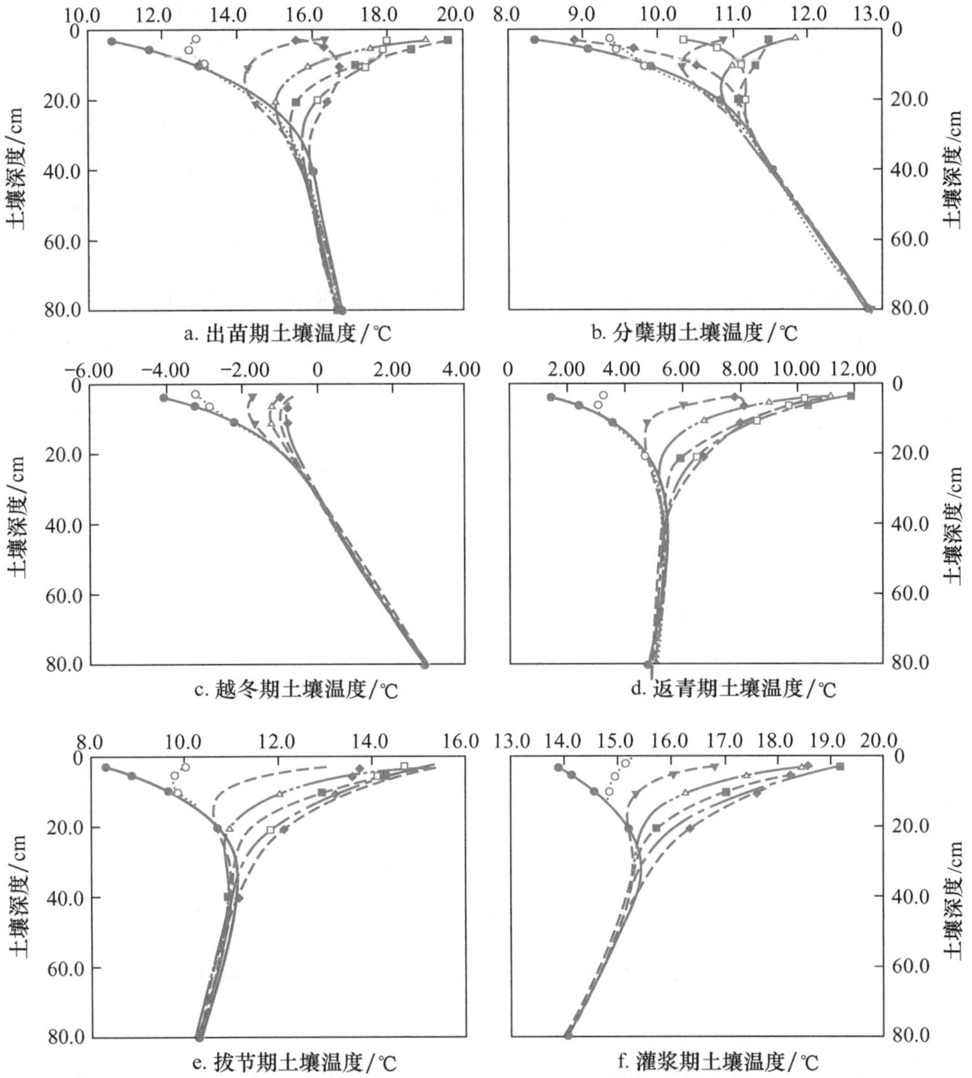

图 3.2 土壤温度剖面对气温变化的响应特征(以翻耕为例)

08:00　10:00　12:00　14:00　16:00　18:00　20:00

土壤温度变化的过程都是随着太阳辐射的强弱和大气温度的变化而吸收或释放能量的过程。随着土壤深度的增加，接受太阳辐射的影响逐渐减小，土壤温度的波动也比较稳定，所以必然形成变化幅度上层大下层小的“锥形”状态。但其形状在冬小麦各生育时期却表现出表层土壤温度变化幅度显著不同以及浅层和深层土壤温度的大小关系不同两点差异。各个时期 2.5 cm、5 cm、10 cm、20 cm、40 cm 和 80 cm 土层土壤温度变幅依次为 2.41～7.99℃、1.34～5.06℃、0.18～2.02℃和 0.10～0.38℃，其中以播种初期最大而越冬期最小。

这与太阳辐射和气温变化是一致的。随气温下降，土壤温度随之下降，土壤温度的变化幅度也随之下降，反之亦然。同理，当土壤处于被加热的状态时，深层土壤温度小于浅层，而当土壤温度大于气温向外释放热量时，浅层土壤温度又大于深层。试验表明，由于冬前气温下降时土壤热量由深层传向浅层，深层土壤温度高于浅层，而冬后气温上升时土壤热量传递状况相反，40 cm 土层土壤温度大于 80 cm 土层，最终表现为在冬小麦返青前后分别表现为浅层土壤温度大于深层和浅层土壤温度小于深层，而冬小麦返青期正是浅层土壤和深层土壤温度相对一致的时期。

另外，由图 3.2 可见，无论冬前还是冬后，在冬小麦活动期的各个生育时期，除 40 cm 和 80 cm土层温度变化幅度不明显外，可以明显地观察到 2.5 cm 和 5.0 cm 土层土壤温度于 16:00时达到最大，而 10.0 cm 土层出现在 18:00 时、20 cm 土层出现在 20:00 时。可见土壤温度随气温的变化出现了滞后现象，且随土壤深度增加，滞后效应加强。

对深层土壤温度变化进一步分析发现，40～80 cm 土壤温度变化可近似为正弦函数曲线，但出现了明显的滞后现象(图 3.3)。2004 年 10 月 18 日，20 cm 土层土壤最高温度出现于当日 20:00 时，而 40 cm 和 80 cm 土层分别出现于翌日(10 月 19 日)00:00 和 12:00。但是 40 cm 和 80 cm 土层土壤温度变化的范围在 0.5℃左右。

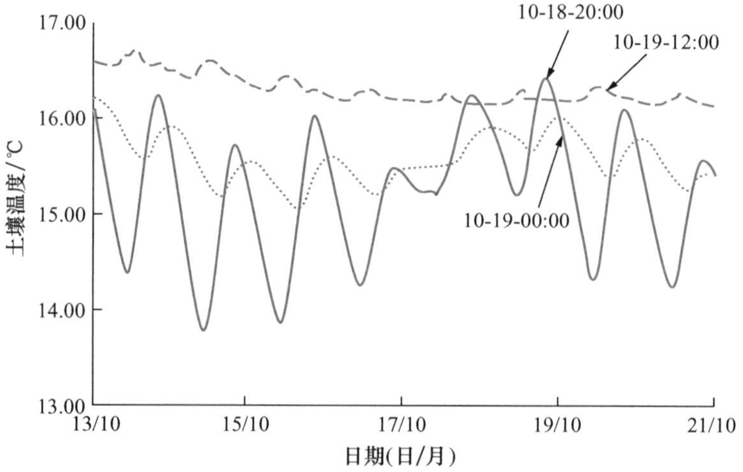

图 3.3　翻耕 20～80 cm 土层温度变化的时滞效应(2004)

——20 cm 土层　······ 40 cm土层　- - - 80 cm 土层

土壤温度随土壤深度的增加均出现明显的滞后，尤其是 20～80 cm 土层。2.5 cm、5 cm、10 cm、20 cm、40 cm 和 80 cm 土层处土壤最高温度出现的时间依次为当日 15:00、16:00、17:00、20:00、00:00 和次日 12:00 左右，分别较气温最高温度出现时间晚 0 h、1 h、2 h、5 h、9 h 和 21 h 左右。以土壤深度变化为自变量线性模拟的方程 $y=0.263x-0.580$，可见2.5～80 cm 土层土壤深度每增加 5 cm，土壤温度滞后 1.2 h 左右。

当不考虑温度变化的滞后效应而将同时段各层次土壤温度与气温作相关分析时(表 3.2,A)，各处理 0～40 cm 土壤温度与气温的相关系数随土壤深度增加而减小，其中 2.5～10 cm 为极显著正相关，20 cm 相关不显著，40 cm 处呈极显著负相关(免耕除外)。至 80 cm 处又极显著相关。这是由于土壤温度随土壤深度增加对气温响应的滞后效应所致。根据各层次土壤温度的滞后时间，以最高温度和最低温度点相对应，选择相应时间段温度数据后再作相关分析可见(表 3.2,B)，各个层次均达到极显著水平，不同耕作方式间没有明显差异。

表 3.2 不同耕作方式农田各层次土壤对气温变化响应的相关系数(2004 年 10 月 13 日)

处理		土壤深度/cm					
		2.5	5	10	20	40	80
A	翻耕	0.969**	0.879**	0.624**	0.125	0.886**	0.598**
	旋耕	0.978**	0.928**	0.798**	0.105	−0.733**	0.355**
	免耕	0.993**	0.977**	0.821**	−0.119	−0.198	0.586**
B	翻耕	0.979**	0.969**	0.903**	0.974**	0.783**	0.685**
	旋耕	0.978**	0.994**	0.977**	0.978**	0.528**	0.907**
	免耕	0.993**	0.982**	0.981**	0.940**	0.395**	0.775**

注：A 为各层次土壤同时段变化对气温的相关，B 为根据温度滞后时间调整后对气温的相关，* 表示显著相关，** 表示极显著相关，− 表示负相关。

3.2 保护性耕作对土壤温度的影响

土壤热变化是一个连续的过程，直接影响作物生长发育。同时，土壤温度也影响土壤养分的迁移和转化以及微生物的数量与活性，间接地影响作物生长发育。

3.2.1 保护性耕作对土壤温度日变化的影响

3.2.1.1 不同生育时期土壤温度日变化的差异

耕作方式对表层土壤温度变化幅度具有显著的影响(表 3.3)。在冬小麦生长前期(出苗—拔节)，免耕土壤较其他处理显著降低了土壤昼夜温差，且分别较翻耕和旋耕减小 0.65～5.21℃和 0.48～3.89℃。但进入灌浆期后免耕高于翻耕 0.54℃。在出苗—返青翻耕土壤昼夜温差均较旋耕高(0.17～1.32℃)，而拔节后均较低(1.35～2.13℃)。可见，免耕土壤温度效应是降低昼夜温差，缩小土壤温度日变化幅度。

表 3.3 不同耕作方式对 2.5 cm 土层土壤温度日变化幅度的影响 ℃

处理	出苗期	分蘖期	越冬期	返青期	拔节期	灌浆期
翻耕	9.06 a	3.30 a	3.35 a	10.62 a	7.05 b	5.26 c
旋耕	8.10 b	2.98 b	3.18 b	9.30 b	8.39 a	7.39 a
免耕	4.87 c	1.76 c	2.70 c	5.41 c	5.42 c	5.80 b

注：表中小写字母 a、b、c 表示同列数据在 0.05 水平上差异显著性。

结合冬小麦生育时期，以响应气温变化最强烈的 2.5 cm 土层土壤温度为例分析不同耕作方式对各土层土壤最高或最低温度的影响(表 3.4)，其中日土壤最高温度和最低温度选取点分别为当日 15:30 和 8:00。

各处理在各个生育时期均达到了显著水平(表3.4)。免耕在出苗期、分蘖期、返青期、拔节期均显著降低了土壤日最高温度,而在越冬期显著提高了土壤日最高温度,并在冬小麦生育期内显著提高了土壤日最低温度。其中免耕在出苗期、分蘖期、返青期、拔节期分别较翻耕降低土壤日最高温度21.1%、6.6%、67.7%和6.1%,而日最低温度提高了7.3%、6.7%、5.3%和5.2%。与旋耕相比较,翻耕土壤日最高温度在出苗期、分蘖期和返青期较高,而在其他各时期均较低,日最低温度均表现为显著小于旋耕,这是由于翻耕土壤扰动强度较大和拔节后冬小麦生长速率最高。

表3.4 不同耕作方式对2.5 cm土层土壤日最高温度和最低温度的影响 ℃

项目	处理	冬小麦生育时期					
		出苗期	分蘖期	越冬期	返青期	拔节期	灌浆期
最高温度	翻耕	19.64 a	11.61 a	−0.71 c	12.00 a	15.39 b	19.15 c
	旋耕	18.93 b	11.55 b	−0.65 b	10.96 b	17.02 a	21.74 a
	免耕	16.22 c	10.89 c	−0.48 a	7.15 c	14.50 c	21.11 b
最低温度	翻耕	10.58 c	8.31 c	−4.05 c	1.38 c	8.35 c	13.89 c
	旋耕	10.83 b	8.57 b	−3.83 b	1.66 b	8.63 b	14.35 b
	免耕	11.35 a	9.14 a	−3.19 a	1.74 a	9.08 a	15.31 a

注:表中小写字母a、b、c表示同列数据在0.05水平上差异显著性。

结合耕作处理对土壤温度日变化幅度的影响可见,免耕在冬小麦活动期表现降温效应、越冬期表现增温效应,而在各个时期均显著影响了土壤日最高温度和最低温度,所以其降温效应是由于较大程度的降低最高温度而较小程度的提高最低温度,而其增温效应则是由于显著提高了最低温度和最高温度的原因。

3.2.1.2 不同土层温度日变化

从图3.4和图3.5中可以看出,耕作方式对土壤温度的影响主要集中在20 cm以上的耕作层,且不同耕作方式土壤温度日变化差异明显:当气温回升时,翻耕土壤温度回升快,温度最高,旋耕次之,秸秆直立免耕土壤温度回升慢,温度最低;而气温下降时情况则相反,翻耕土壤温度下降快,秸秆直立免耕土壤温度下降慢,但仍以翻耕土壤温度最高,旋耕次之,秸秆直立免耕温度最低。土壤日最高温度比较,翻耕最高,旋耕次之,秸秆直立免耕最低,而最低温度则是秸秆直立免耕最高,旋耕次之,翻耕最低。秸秆直立免耕与翻耕、旋耕间最高温度差值大,最低温度差值小,且随着土层深度的增加差值减小;温度曲线的振幅翻耕最大,旋耕次之,秸秆直立免耕最小。说明秸秆直立免耕土壤温度变化较旋耕、翻耕弱。同时,秸秆直立免耕温度变化曲线相位较旋耕、翻耕提前,即到达最低最高温度的时间较旋耕、翻耕早。秸秆直立免耕土壤2.5 cm处一般13:00土壤温度达到最大值,翻耕、旋耕土壤2.5 cm处一般15:00土壤温度达到最大值。随深度加深土壤温度达到最大值出现“滞后推迟效应”,秸秆直立免耕土壤温度10 cm处15:00达到最大值,翻耕、旋耕土壤10 cm处17:00土壤温度达到最大值。最低温度秸秆直立免耕较翻耕、旋耕提前的时间较短。

从土壤层次上看,耕层土壤(2.5~20 cm)土壤温度受气温的影响大,呈正弦曲线变化,温度日变化幅度大,且越靠近地表越明显,而40~80 cm土层温度变化平缓。土壤温度随着

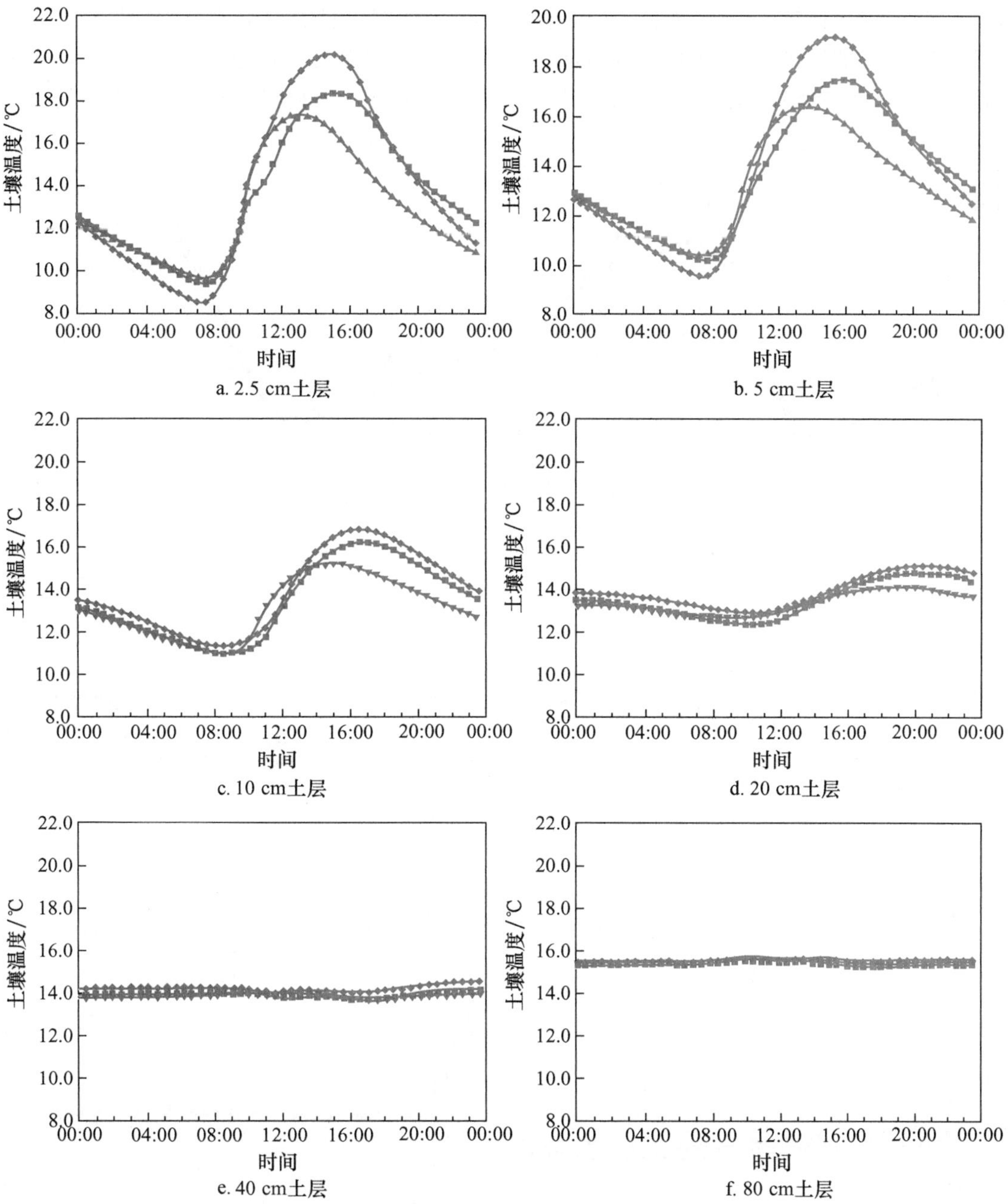

图 3.4 不同耕作方式土壤温度日变化(2003 年 10 月 20 日,免耕为秸秆直立免耕)

翻耕 免耕 旋耕

土层深度的增加而升高,表层低于深层,温度日变化幅度减小。

播种—越冬前土壤温度日变化的这种特征是由于翻耕耕层土壤翻转,土壤大孔隙增多,加之地表裸露,直接受太阳的辐射作用,地表温度高;秸秆直立免耕土壤秸秆的覆盖作用能阻隔太阳辐射热传导,又能阻隔土壤向大气散热及水分散失带走热量,同时,秸秆直立免耕土壤受耕作搅动小,保持土壤原有的自然状态,容重高,持水性强,含水量高,而土壤含水量高。土壤温度升降慢，变化稳定，土壤温度低；土壤含水量低，土壤温度就容易升高，而且秸秆直立免耕土壤垄沟、垄背的导热率、热扩散系数高，秸秆直立免耕土壤温度变化稳定，秸秆直立免耕具有降温与保温的双重作用，减缓了土壤温度的变化。旋耕则介于翻耕与秸秆直立免耕之间。

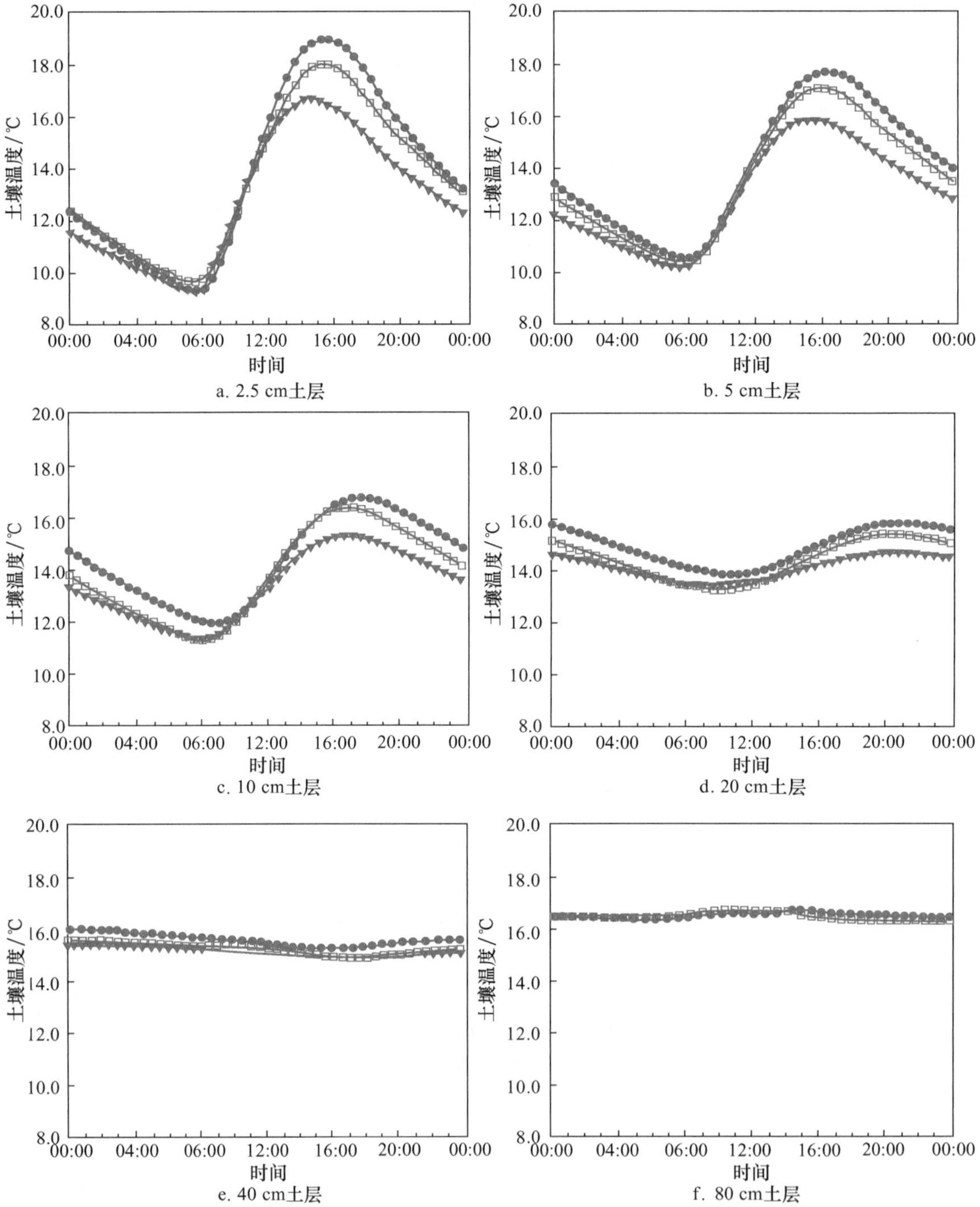

图 3.5　**不同耕作方式土壤温度日变化(2004 年 10 月 14 日，免耕为秸秆直立免耕)**

—●— 翻耕　—▼— 免耕　—□— 旋耕

从2003年10月20日和2004年10月14日两天土壤平均温度看(表3.5),秸秆直立免耕土壤表现出"降温效应"。2.5~80 cm各土层土壤日平均温度翻耕最高,旋耕次之,秸秆直立免耕最低,2003年10月20日翻耕日平均温度较秸秆直立免耕高0.1~0.8℃,平均高0.55℃,旋耕较秸秆直立免耕高0~0.6℃,平均高0.27℃,2004年10月14日2.5~40 cm土层平均温度翻耕较秸秆直立免耕高0.3~1℃,平均高0.76℃,旋耕较秸秆直立免耕高0~0.7℃,平均高0.38℃,80 cm土层处秸秆直立免耕较翻耕、旋耕高0.1和0.2℃。因此秸秆直立免耕的"降温效应"表现明显,但随土壤深度的增加而减弱,至80 cm土层处秸秆直立免耕高于翻耕和旋耕。

表3.5 2.5~80 cm土层温度日平均值 ℃

日期	处理	2.5 cm	5 cm	10 cm	20 m	40 cm	80 cm
2003年10月20日	翻耕	13.8	13.8	13.9	13.9	14.2	15.4
	秸秆直立免耕	13	13.1	13.2	13.3	13.8	15.3
	旋耕	13.6	13.5	13.5	13.5	13.9	15.3
2004年10月14日	翻耕	13.8	14.1	14.3	14.8	15.5	16.5
	秸秆直立免耕	12.9	13.1	13.4	14.1	15.2	16.6
	旋耕	13.6	13.7	13.8	14.3	15.2	16.4

3.2.2 保护性耕作对冬小麦不同生育时期土壤温度的影响

免耕对冬小麦田土壤温度的影响是多方面的。免耕冬小麦田土壤温度在播种—越冬前和返青—拔节期表现出明显的"降温效应",在越冬期表现"增温效应";其中"降温效应"影响冬小麦的出苗和返青以及分蘖的发生,而"增温效应"有利于冬小麦的安全越冬。不同耕作处理下冬小麦苗期、越冬期、返青期、起身—拔节期、扬花—灌浆期土壤2.5 cm土层、5 cm土层、10 cm土层、20 cm土层土壤日平均温度变化不同。

3.2.2.1 苗期土壤温度动态变化

图3.6为冬小麦苗期耕作处理下不同土层土壤日平均温度的动态变化,4个耕作处理土壤温度的排列顺序均为:秸秆粉碎免耕<秸秆直立免耕<旋耕<翻耕;2.5 cm土层、5 cm土层土壤日平均温度变化幅度大,随着深度的增加而增加,且耕作处理土壤日平均温度差异减小;随着气温的下降,耕作处理土壤日平均温度的差异在减小,但是翻耕和旋耕高于秸秆直立免耕、秸秆粉碎免耕处理。10月17日到11月5日翻耕、旋耕、秸秆直立免耕、秸秆粉碎免耕在2.5 cm土层土壤日平均温度分别为:13.57℃、13.15℃、12.99℃、12.80℃;其累积温度分别为:271.50℃、263.05℃、259.77℃、255.92℃,秸秆直立免耕、秸秆粉碎免耕有明显的"降温效应",其中秸秆粉碎免耕"降温效应"更明显;在5 cm土层秸秆粉碎免耕土壤日平均温度最低为12.98℃,累积温度比翻耕降低14.59℃;耕作处理间冬小麦田10 cm土层、20 cm土层土壤温度差异小于2.5 cm土层和5 cm土层土壤日平均温度,其中秸秆粉碎免耕土壤温度最低,其降温效应对冬小麦的幼苗生长不利,出苗率和生长可能受到影响。

土壤温度变化的原因主要在于耕作处理对土壤状况的改变程度以及秸秆覆盖的作用。

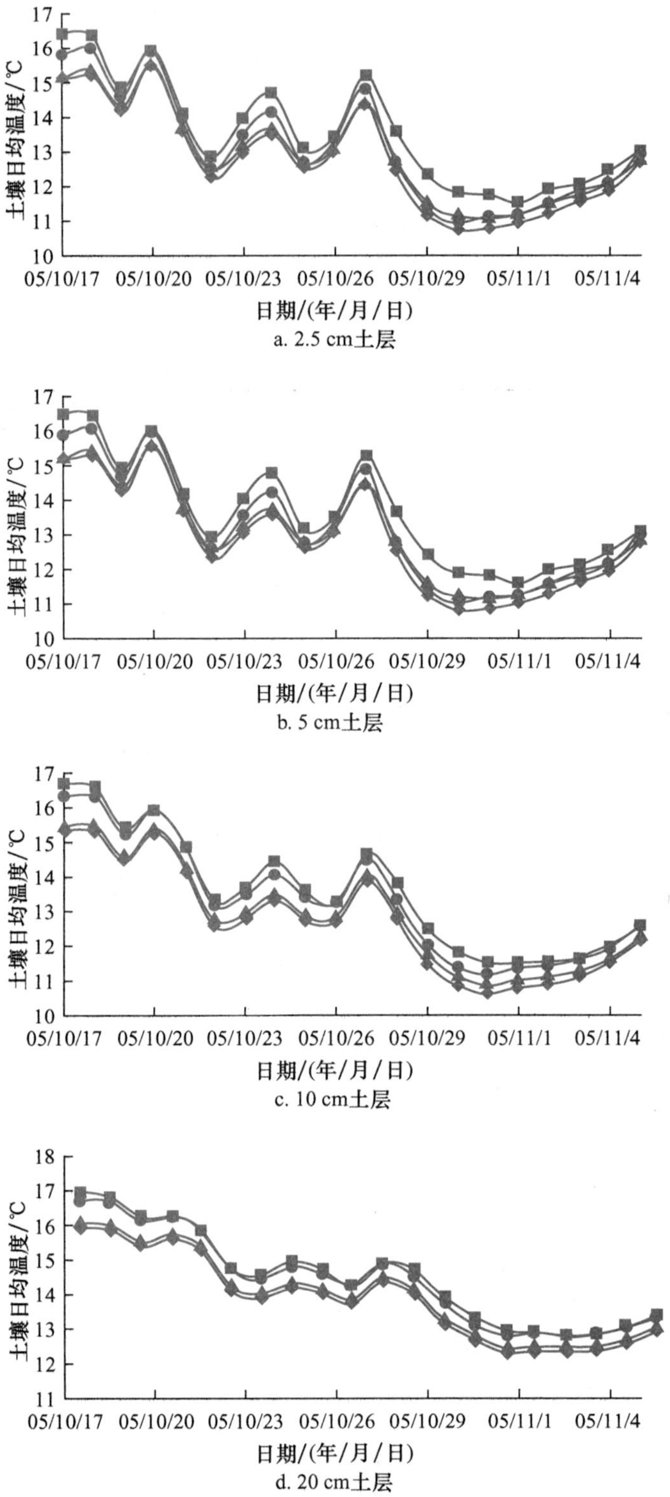

图 3.6　苗期耕作处理下不同土层土壤日均温度动态变化

—●— 翻耕　—■— 旋耕　—▲— 秸秆直立免耕　—◆— 秸秆粉碎免耕

翻耕处理耕层土壤翻转，土壤孔隙大，受气温变化影响灵敏，而且由于将粉碎的秸秆翻埋于耕层 20 cm 左右，地表裸露，受太阳辐射作用最强烈，在气温较高时地温也较高；旋耕因旋耕机作业使表层土壤疏松，而且秸秆粉碎还田，与耕层土壤均匀混合，造成表层土壤孔隙增多，但由于有秸秆覆盖，减小了太阳辐射强度，减缓温度升降，温度较翻耕低；秸秆直立免耕、秸秆粉碎免耕土壤的秸秆覆盖作用能阻隔太阳对土壤的直接照射，又能阻隔土壤向大气散热及水分散失而带走热量，同时，土壤受耕作作业扰动少，保持着土壤原有的自然状态，容重高，地温随气温变化最迟钝，表现为“降温效应”，土壤日平均温度最低，进而会影响冬小麦的出苗率。

3.2.2.2 越冬期土壤温度动态变化

越冬期土壤温度的高低直接关系到冬小麦能否安全越冬。从图 3.7 可以看出 4 种耕作处理 2.5 cm、5 cm、10 cm、20 cm 土层土壤日平均温度动态变化。秸秆直立免耕、秸秆粉碎免耕和旋耕处理由于有秸秆覆盖可以减少土壤热量的散失，其土壤日平均温度高于翻耕处理，其中秸秆直立免耕处理的保温效果最好；秸秆直立免耕 4 个层次的土壤日平均温度均高于其他处理，秸秆粉碎免耕土壤温度低于秸秆直立免耕处理，没有很明显的“增温效应”。1 月 1 日到 1 月 20 日翻耕、旋耕、秸秆直立免耕、秸秆粉碎免耕在表层 2.5 cm 土层日平均温度分别为：−1.66℃、−1.56℃、−1.28℃、−1.60℃；其中秸秆直立免耕土壤累积温度为−25.57℃，比翻耕、旋耕、秸秆粉碎免耕分别高 7.70℃、5.64℃、6.47℃。在 5 cm 土层秸秆直立免耕土壤日平均温度最高为−1.12℃，累积温度最高为−22.36℃；耕作处理间 10 cm 土层土壤日平均温度差异减小；耕作处理间 20 cm 土层累积温度差异较大，其中旋耕和秸秆直立免耕累积温度分别为−3.85℃、−4.11℃，且高于翻耕和秸秆粉碎免耕。秸秆直立免耕对土壤日平均温度的“增温效应”有保证冬小麦的安全越冬及促进冬小麦根系发育的作用。

3.2.2.3 返青期土壤温度的动态变化

当气温稳定达到 0℃时，冬小麦越冬结束，开始返青生长。冬小麦返青期是决定分蘖质量的关键时期。在返青期耕作处理下不同层次土壤日平均温度变化如图 3.8 所示。秸秆直立免耕、秸秆粉碎免耕、旋耕处理下土壤日平均温度升温较慢，低于翻耕，不利于冬小麦的返青。其中 2.5 cm 土层和 5 cm 土层土壤日平均温度受外界影响较大，变化幅度大；在 10 cm 土层、20 cm 土层土壤日平均温度变化趋势一致，耕作处理之间土壤日平均温度差异减小。2 月 18 日到 3 月 9 日翻耕、旋耕、秸秆直立免耕、秸秆粉碎免耕在表层 2.5 cm 土壤日平均温度分别为 2.7℃、1.4℃、1.92℃、1.82℃，其中累积温度旋耕最低为 27.97℃，比翻耕处理低 26.21℃；秸秆直立免耕、秸秆粉碎免耕处理土壤累积温度分别比翻耕处理低 15.85℃、17.78℃。5 cm 土层旋耕、秸秆粉碎免耕处理土壤日平均温度分别为 1.18℃、1.71℃，低于翻耕和秸秆直立免耕；旋耕处理累积温度低于其他处理，比翻耕处理低 28.79℃。10 cm、20 cm 土层温度差异减小，秸秆粉碎免耕和旋耕温度最低。总之，秸秆直立免耕、秸秆粉碎免耕、旋耕土壤日平均温度低于翻耕，对冬小麦的返青和分蘖的生长有一定影响。由于其在越冬期的保温性，秸秆直立免耕在开始升温时高于秸秆粉碎免耕，随着温度的升高，在 3 月初秸秆粉碎免耕土壤温度开始高于秸秆直立免耕，体现出秸秆直立免耕对土壤温度的“降温效应”。作物在返青期开始生长，分蘖开始发

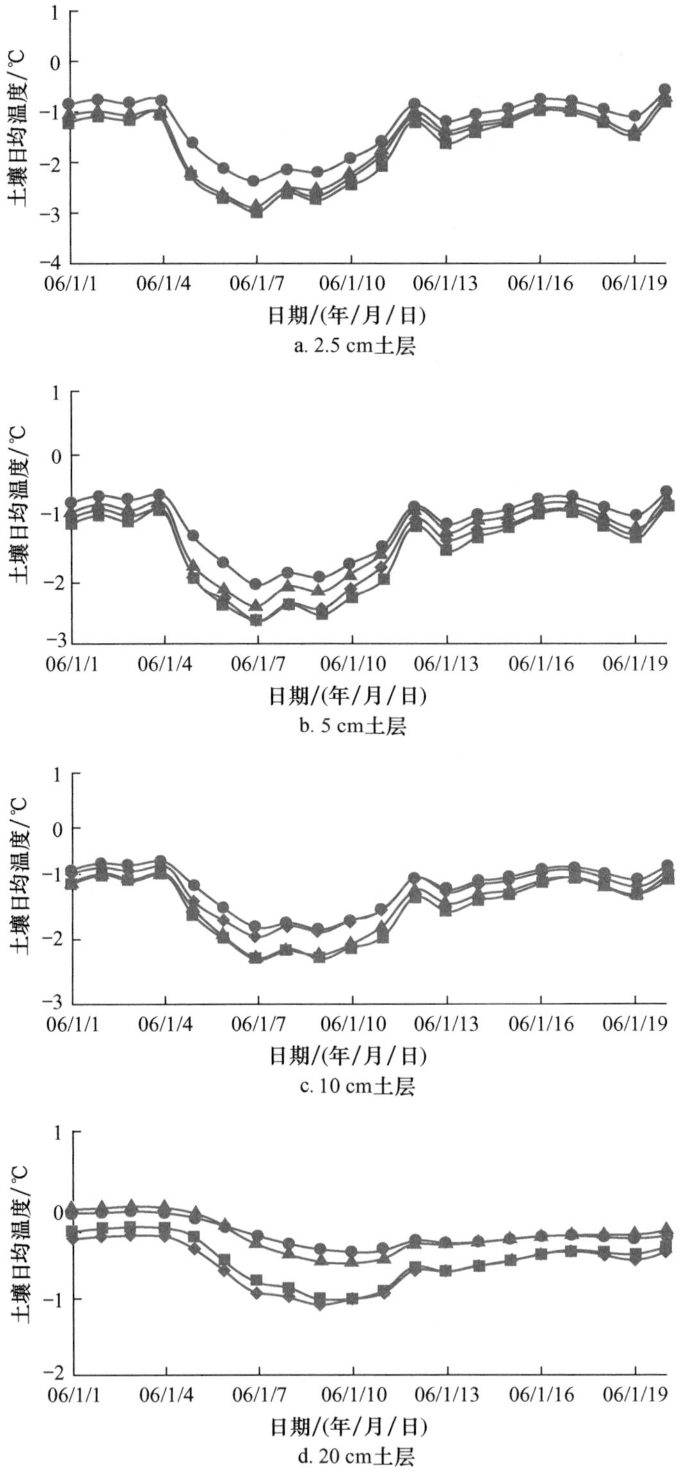

图 3.7 越冬期耕作处理下不同土层土壤日均温度动态变化

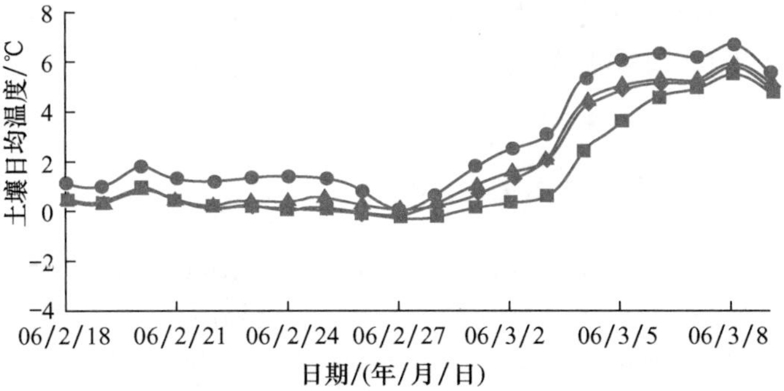

a. 2.5 cm土层

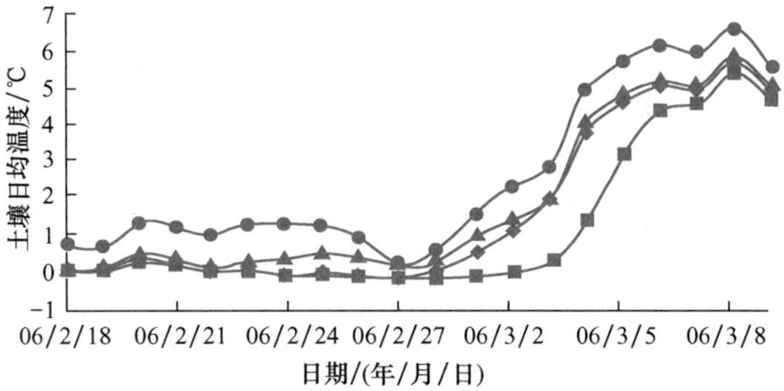

b. 5 cm土层

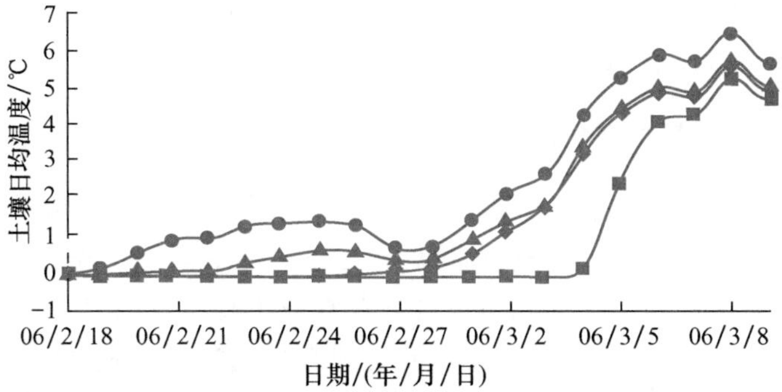

c. 10 cm土层

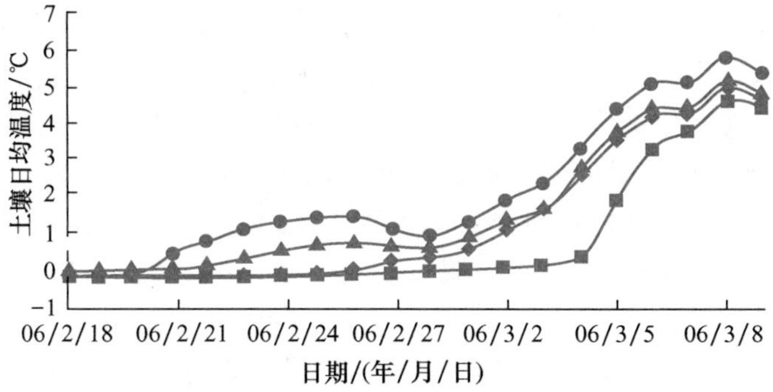

d. 20 cm土层

图 3.8 返青期耕作处理下不同土层土壤日均温度动态变化

—●— 翻耕 —■— 旋耕 —▲— 秸秆直立免耕 —◆— 秸秆粉碎免耕

生和生长，秸秆直立免耕、秸秆粉碎免耕处理对土壤的“降温效应”使冬小麦返青晚于翻耕处理，进而影响其分蘖生长；其明显的“降温效应”可能是影响冬小麦返青和分蘖质量的主要因素。

3.2.2.4 起身—拔节期土壤温度动态变化

起身—拔节期是冬小麦营养生长和生殖生长并进阶段，从图 3.9 可以看出冬小麦田表层 2.5 cm、5 cm 土壤日平均温度受外界影响较大，变化幅度大，翻耕＞旋耕＞秸秆直立免耕＞秸秆粉碎免耕。旋耕处理在返青期土壤日平均温度上升晚，且低于其他耕作处理，但是随着温度的上升，其土壤日平均温度上升高于秸秆直立免耕和秸秆粉碎免耕处理；这是由于秸秆直立免耕和秸秆粉碎免耕处理地表的秸秆覆盖可以延缓免耕处理土壤日平均温度的上升，所以在起身—拔节土壤日平均温度低于翻耕和旋耕处理，对冬小麦的返青不利，进而影响冬小麦的最高分蘖以及分蘖质量。3 月 21 日到 4 月 9 日翻耕、旋耕、秸秆直立免耕、秸秆粉碎免耕处理 2.5 cm 土层平均温度分别为：11.72℃、11.32℃、11.20℃、11.05℃，各耕作处理日平均温度差异比生育前期减小；秸秆粉碎免耕处理累积温度最低，比翻耕处理低 13.36℃。秸秆直立免耕、秸秆粉碎免耕处理麦田 5 cm 土层日平均温度分别比翻耕处理低 0.60℃、0.72℃。在10 cm、20 cm 处土壤日平均温度变化趋势一致，秸秆粉碎免耕处理土壤日平均温度最低。在起身～拔节期作物生长开始加快，土壤日平均温度随着气温上升而上升，但是秸秆直立免耕、秸秆粉碎免耕处理由于有秸秆覆盖，阻隔太阳辐射与土壤的热传导，减缓了土壤温度的变化，低于翻耕处理；同时由于在返青期秸秆直立免耕、秸秆粉碎免耕处理对土壤有明显的“降温效应”，且土壤温度上升晚，所以在起身后土壤日平均温度低于翻耕处理。

3.2.2.5 扬花—灌浆土壤温度动态变化

扬花—灌浆期不同耕作处理土壤温度动态变化如图 3.10 所示，翻耕处理土壤日平均温度低于其他处理；秸秆直立免耕、秸秆粉碎免耕处理间土壤日平均温度差异较小，秸秆粉碎免耕高于秸秆直立免耕处理。在扬花期适合开花授粉的最适温度为 18～20℃，最低温度为 9～11℃，低于 9～11℃开花受到影响，就会影响到产量构成因素的穗粒数。扬花期 5 月 14 日秸秆粉碎免耕、旋耕、秸秆直立免耕、翻耕处理 2.5 cm 土层温度分别为 16.69℃、16.47℃、15.56℃、15.07℃，高于影响开花授粉的最低温度，低于最适温度，进一步会影响其小花授粉，最后影响穗粒数。5 月 7 日到 5 月 26 日翻耕、旋耕、秸秆直立免耕、秸秆粉碎免耕麦田 2.5 cm 土层日平均温度分别为：16.63℃、17.68℃、17.70℃、17.92℃，其中秸秆直立免耕、秸秆粉碎免耕处理土壤累积温度分别比翻耕处理低 21.34℃、25.80℃。耕作处理之间麦田 5 cm土层日平均温度变化为：秸秆粉碎免耕＞秸秆直立免耕＞旋耕＞翻耕；耕作处理10 cm、20 cm土层日平均温度变化与 5 cm 土层温度变化一致，其中秸秆粉碎免耕处理土壤日平均温度最高，翻耕处理最低。

秸秆直立免耕、秸秆粉碎免耕在出苗、苗期、返青期、起身—拔节期对土壤温度有明显的“降温效应”，不利于冬小麦的出苗、苗期生长、返青以及分蘖的发生；而在越冬期秸秆直立免耕由于秸秆覆盖度较大，对土壤有明显的“增温效应”，有利于冬小麦的安全越冬，但是秸秆粉碎免耕土壤温度低于秸秆直立免耕和旋耕；拔节后随着气温的上升，秸秆粉碎免耕土壤温

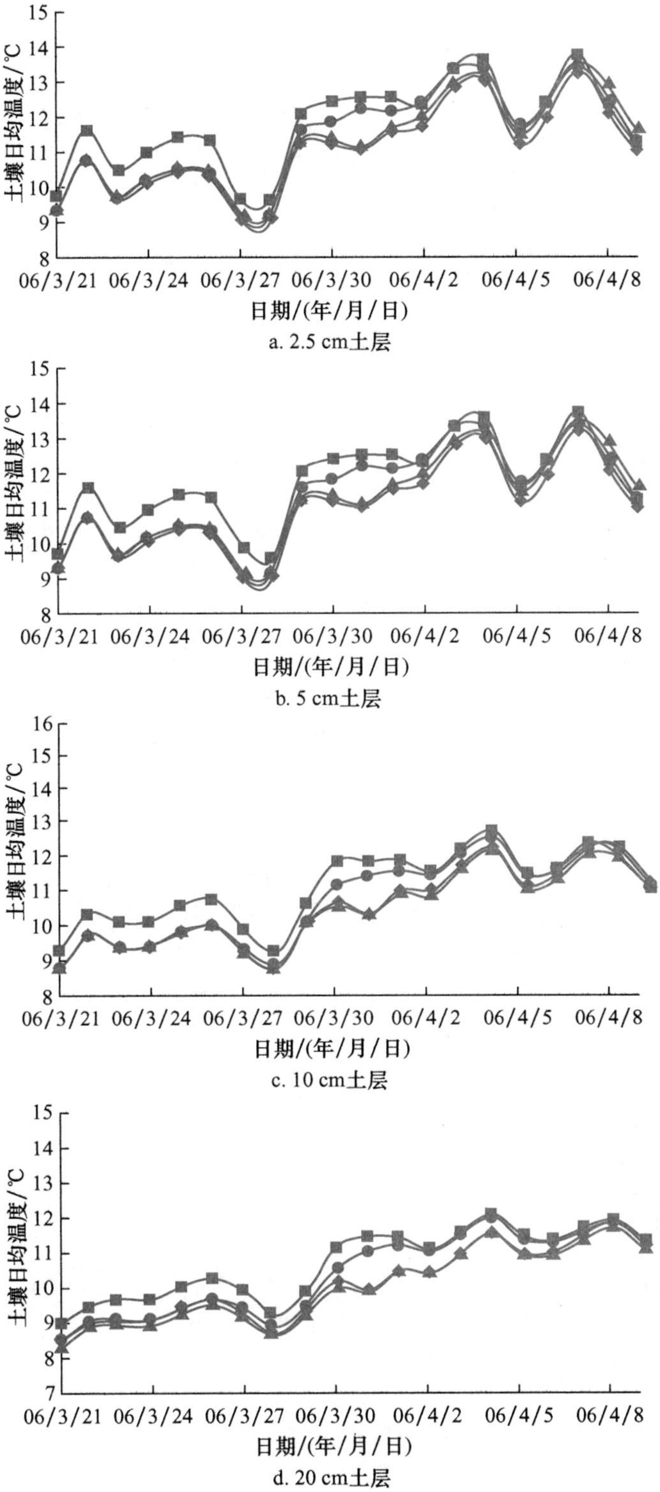

图 3.9 **起身—拔节期耕作处理下不同土层土壤日均温度动态变化**

—●— 翻耕 —■— 旋耕 —▲— 秸秆直立免耕 —◆— 秸秆粉碎免耕

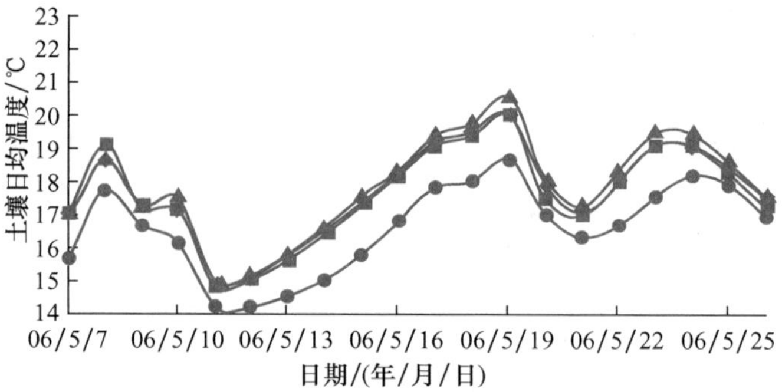

a. 2.5 cm土层

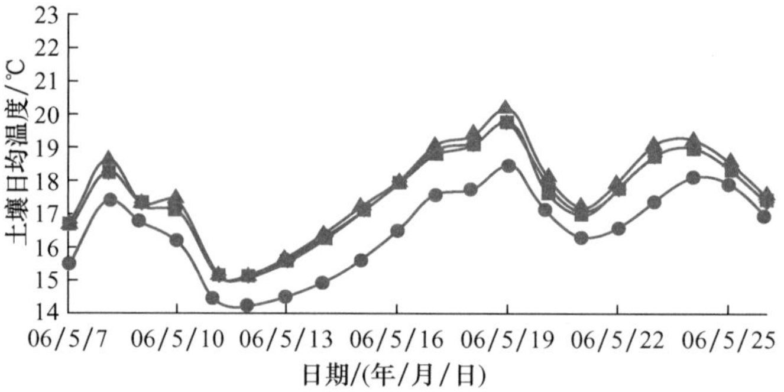

b. 5 cm土层

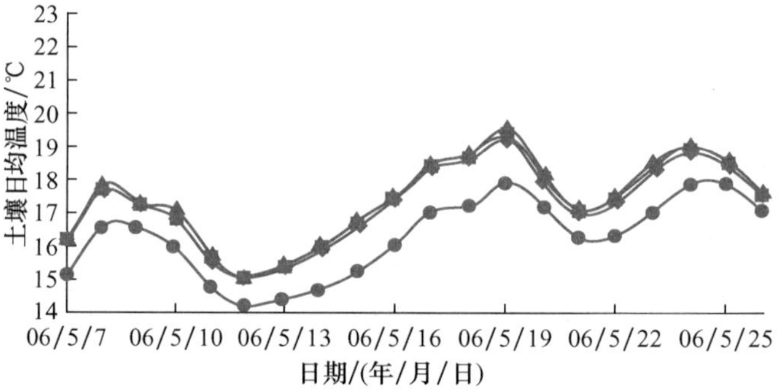

c. 10 cm土层

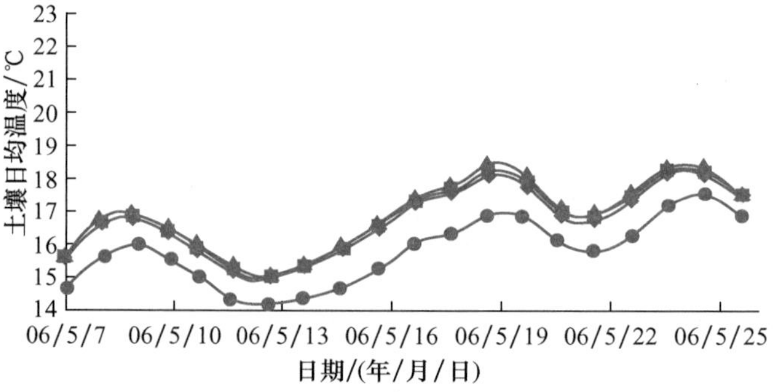

d. 20 cm土层

图 3.10 扬花—灌浆耕作处理下不同土层土壤日均温度动态变化

—●— 翻耕 —■— 旋耕 —▲— 秸秆直立免耕 —◆— 秸秆粉碎免耕

度上升较快，在扬花—灌浆期高于秸秆直立免耕处理，有利于其小花授粉。

3.2.3 保护性耕作对冬小麦不同土层温度的影响

3.2.3.1 保护性耕作对冬小麦不同土层温度的影响

图 3.11 为冬小麦苗期、越冬—返青、返青—拔节、抽穗—成熟 4 个关键生育时期耕作处理下土壤日均温度随深度(0～20 cm 土层)的变化情况。苗期(2005 年 10 月 17 日到 11 月 5 日)耕作处理土壤日均温度随深度变化如图 3.11 所示，耕作处理下土壤温度变化趋势一致，随着深度的增加而增加。秸秆粉碎免耕处理 0～20 cm 土层土壤温度最低，翻耕处理土壤温度最高，并且旋耕高于秸秆直立免耕；在表层 2.5 cm 土层翻耕处理比秸秆直立免耕和秸秆粉碎免耕分别高 0.58℃、0.7℃；随着深度的增加翻耕与旋耕处理差异减小，而秸秆直立免耕、秸秆粉碎免耕处理与翻耕处理的差异没有减小。秸秆直立免耕、秸秆粉碎免耕处理麦田的土壤温度低于翻耕和旋耕。

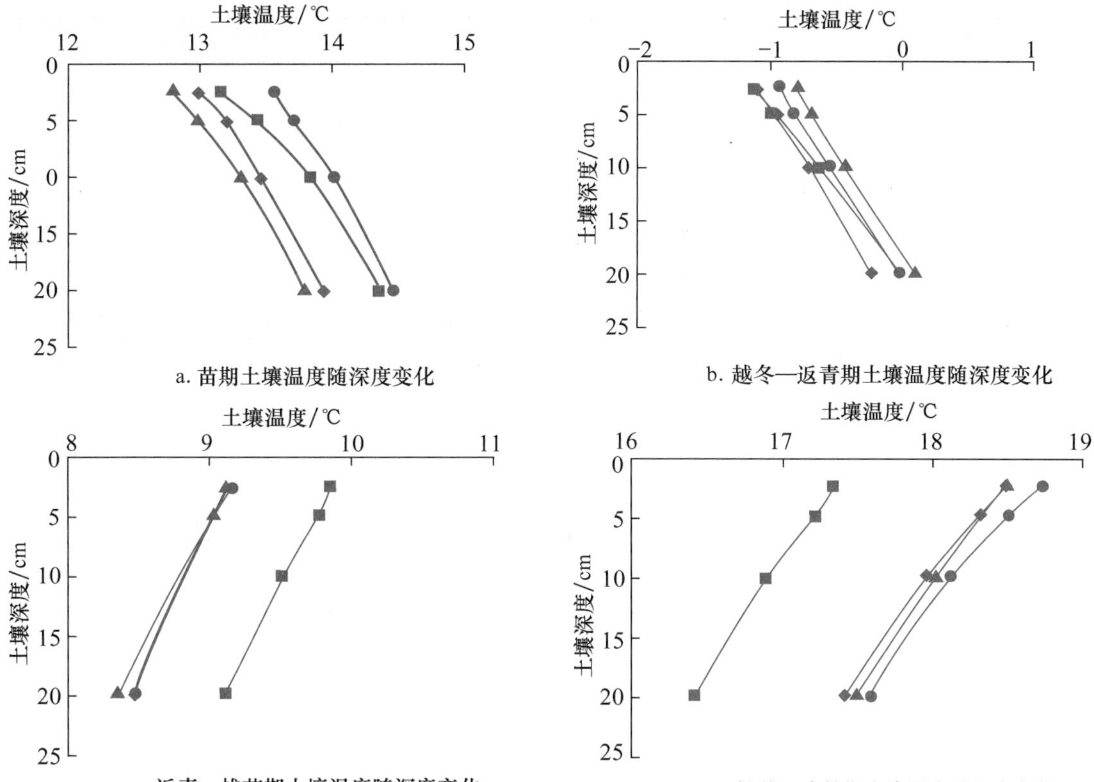

a. 苗期土壤温度随深度变化　　b. 越冬—返青期土壤温度随深度变化

c. 返青—拔节期土壤温度随深度变化　　d. 抽穗—成熟期土壤温度随深度变化

图 3.11 冬小麦生育期土壤温度随深度的变化

—●—翻耕 —■—旋耕 —▲—秸秆直立免耕 —◆—秸秆粉碎免耕

越冬—返青(2005 年 12 月 8 日到 2006 年 3 月 4 日)土壤日均温度随深度的变化情况如图 3.12 所示。在越冬期由于秸秆直立免耕、秸秆粉碎免耕和旋耕处理有秸秆覆盖对地表可以起到保温作用，它通过提高土壤温度来保护冬小麦免遭冻害，即其有明显的“增温效应”；但是秸秆粉碎免耕没有这个效应。

返青后作物开始生长，土壤温度的增加有助于作物的生长和分蘖的发生和生长。从图3.13可以看出，翻耕处理在返青期0～20 cm土层土壤的温度上升快，且比其他处理高约1℃；旋耕、秸秆直立免耕、秸秆粉碎免耕在2.5 cm、5 cm、10 cm、20 cm处没有差异。秸秆直立免耕、秸秆粉碎免耕处理在返青期的“降温效应”对冬小麦的生长、分蘖不利，在早春冬小麦返青时应采取一些措施，进而提高土壤温度来提高冬小麦的分蘖质量。扬花～灌浆期秸秆直立免耕、秸秆粉碎免耕和旋耕处理的土壤日均温度高于翻耕处理(图3.14)。

3.2.3.2 保护性耕作对耕层土壤平均温度的影响

以0～20 cm耕层土壤日平均温度< 2℃(冬小麦根系及分蘖活动的温度下限)为准，确定冬小麦越冬期的起止日期，并根据田间状况将冬小麦生育期划分为播种—出苗、出苗—分蘖、分蘖—越冬、越冬—返青、返青—拔节、拔节—抽穗和抽穗—成熟7个阶段进行探讨(表3.6)。

表3.6 不同耕作方式冬小麦各生育时期起始时间(播种后天数) d

处理	播种	出苗	分蘖	越冬	返青	拔节	抽穗	成熟
翻耕	0	12	27	67	151	183	203	246
旋耕	0	12	27	67	155	183	203	246
免耕	0	14	34	67	157	188	206	249

与翻耕相比，旋耕冬小麦除开始返青晚4 d外，其他生育进程一致。免耕则较翻耕和旋耕推迟了出苗、分蘖、返青、拔节、抽穗和成熟时间，分别推迟了2 d、7 d、2～6 d、5 d、3 d和3 d。

冬小麦生育期内耕层土壤日均温度经历了先降低后上升的过程(图3.12)。不同耕作方

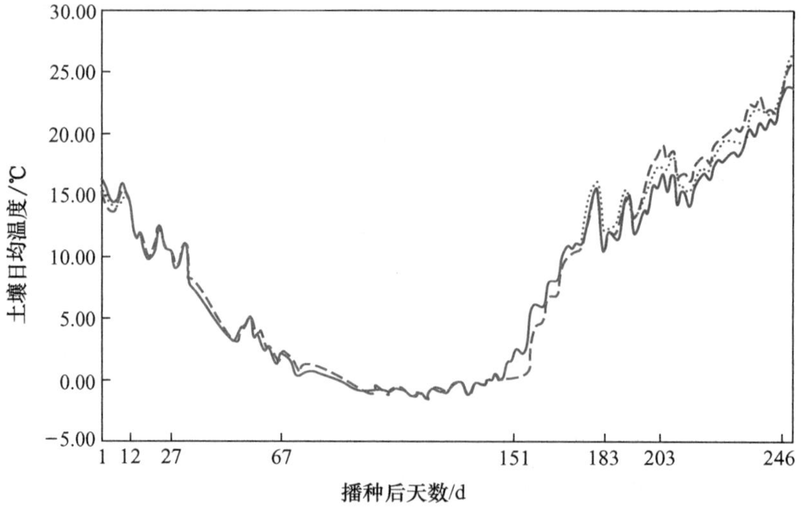

图3.12 不同耕作方式农田耕层(0～20 cm)土壤日均温度动态变化规律

—— 翻耕CT ········ 旋耕RT – – – 免耕NT

式间土壤日均温度的差异呈“缩小—增大—缩小—增大”的趋势。冬小麦播种—越冬期(播种后 1～100 d)为差异缩小阶段，日平均温度在分蘖前主要以免耕最低，翻耕大于旋耕，而分蘖后以免耕最高，翻耕略低于旋耕；越冬期前期(播种后 100～136 d)一般表现为免耕土壤温度最高，且各处理差异保持稳定状态，而在后期(播种后 137～155 d)随气温的迅速上升和免耕的“降温效应”，翻耕和旋耕高于免耕，且差异迅速增大；返青—拔节期(播种后 155～183 d)，由于免耕的“降温效应”，其土壤温度回升慢，前期差异大，而后期由于翻耕和旋耕冬小麦生长速率较免耕大，作物覆盖度迅速增加，由于覆盖差异缩小导致各处理土壤温度差异缩小；拔节以后(播种后 183 d 以后)，各处理冬小麦叶面积指数差异进一步增大，翻耕较快的生长速率影响了太阳光对地面的辐射而接受能量较少，免耕冬小麦生长速率缓慢，其秸秆的覆盖作用效果远低于作物覆盖，地表更容易接受太阳辐射而升温，从而这个阶段的土壤温度以免耕最高，翻耕最低，旋耕居中，且差异逐渐增大。

利用翻耕和旋耕与免耕土壤日均温度的差值，对不同处理温度差异特征进行进一步分析(图 3.13)。冬小麦播种—分蘖的 34 d 中仅有 8 d 免耕土壤温度高于翻耕和旋耕，且集中于温度迅速变低的播种后 11～18 d，其他 26 d 均较低。随气温进一步下降，冬小麦分蘖后的 33 d 免耕均高于其他处理；增温幅度为 0.09～0.46℃。越冬期(播种后 67～151 d)的 84 d 中，免耕土壤温度有 50 d 高于翻耕，55 d 高于旋耕，增温幅度为 0.02～0.43℃，而低于其他处理的日期集中于返青前的一段时间(播种后 132～151 d)，且降温 0.02～0.33℃；可见，免耕相对于其他处理在越冬期的前期主要表现为“增温效应”，而越冬期的后期主要表现为“降温效应”。返青后，翻耕和旋耕土壤温度随气温升高迅速回升，而免耕土壤温度回升慢，表现出“降温效应”，并与其他处理的差异越来越大，直至拔节后，差异开始缩小。

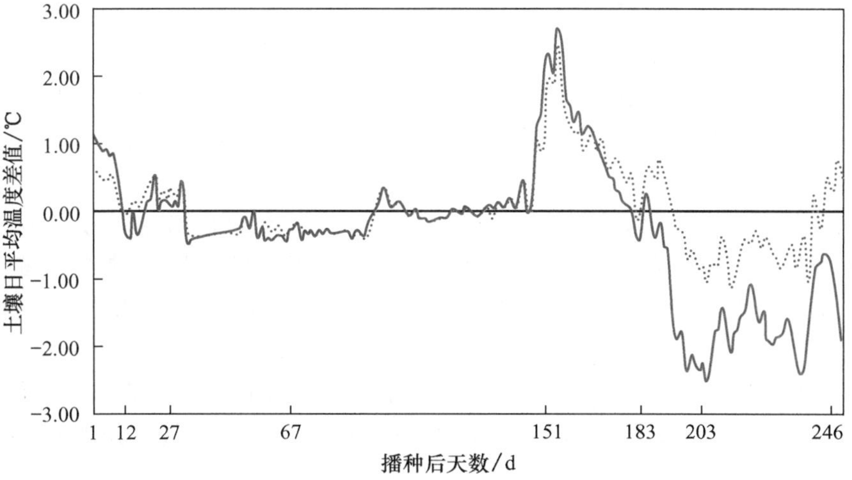

图 3.13　不同耕作方式对耕层(0～20 cm)土壤日均温度差值的影响

—— 翻耕-免耕　······ 旋耕-免耕

分析其原因，主要是由于翻耕和旋耕冬小麦返青早、拔节早、冬小麦生长速率快，相对于免耕冬小麦较缓的生长，极大地增加了地表的覆盖度，使得土壤接受太阳辐射少，与免耕土壤温度的差值越来越小并逐渐低于免耕。在拔节以后，由于冬小麦的覆盖作用超过了秸秆覆盖的效果，其土壤温度变化不再遵循“免耕增降温效应”的规律。

与土壤日均温动态变化规律比较，在冬小麦拔节以前(播种后 1～183 d)土壤日均温差值波峰、波谷出现时间与土壤日均温波峰、波谷的出现时间几近重合，将翻耕、旋耕土壤温度和各自与免耕的温差作二元线性相关分析发现土壤日均温与温差呈极显著正相关，相关系数分别为 0.254 和 0.298。因此，无论免耕较其他处理土壤温度的高低，当温度升高时，趋向于免耕低于其他处理；当温度降低时，土壤温度趋向于免耕高于其他处理。由此可以推断，免耕土壤的增降温效应不仅表现在以季节为尺度的“越冬期表现增温效应，活动期表现降温效应”，而且在以天为尺度的“降温时段表现增温效应，升温时段表现降温效应”。

3.2.2.3 保护性耕作对表层土壤温度变化幅度的影响

1. 保护性耕作对表层土壤温度变化幅度的影响

耕作方式对表层土壤温度变化幅度具有显著的影响(表 3.7)。在冬小麦生长前期(出苗—拔节)，免耕土壤较其他处理显著降低了土壤昼夜温差，且分别较翻耕和旋耕减少 0.65～5.21℃和 0.48～3.89℃。但进入灌浆期后免耕高于翻耕 0.54℃。在出苗～返青翻耕土壤昼夜温差均较旋耕高(0.17～1.32℃)，而拔节后则均较低(1.35～2.13℃)。可见，免耕土壤温度效应是降低昼夜温差，缩小土壤温度日变化幅度。

表 3.7 不同耕作方式对 2.5 cm 土层土壤温度日变化幅度的影响 ℃

处理	出苗期	分蘖期	越冬期	返青期	拔节期	灌浆期
翻耕	9.06 a	3.30 a	3.35 a	10.62 a	7.05 b	5.26 c
旋耕	8.10 b	2.98 b	3.18 b	9.30 b	8.39 a	7.39 a
免耕	4.87 c	1.76 c	2.70 c	5.41 c	5.42 c	5.80 b

注：表中小写字母 a、b、c 表示同列数据在 0.05 水平上差异显著性。

2. 保护性耕作对表层土壤最高温度和最低温度的影响

结合冬小麦生育时期，以响应气温变化最强烈的 2.5 cm 土层土壤温度为例分析不同耕作方式对各土层土壤最高或最低温度的影响(表 3.8)，其中日土壤最高温度和最低温度选取点分别为当日 15:30 和 8:00。

各处理在各个生育时期均达到了显著水平(表 3.8)。免耕在出苗期、分蘖期、返青期、拔节期均显著降低了土壤最高温度，而在越冬期显著提高了最高温度，并在冬小麦生育期内显著提高了土壤日最低温度。其中免耕在出苗期、分蘖期、返青期、拔节期分别较翻耕降低土壤日最高温度 21.1%、6.6%、67.7%和 6.1%，而日最低温度提高了 7.3%、6.7%、5.3%和 5.2%。与旋耕相比较，翻耕土壤日最高温度在出苗期、分蘖期和返青期较高，而在其他各时期均较低，日最低温度均表现为显著小于旋耕，这是由于翻耕土壤扰动强度较大和拔节后冬小麦生长速率最高。

表 3.8 不同耕作方式对 2.5 cm 土层土壤日最高温度和最低温度的影响 ℃

指标	处理	冬小麦生育时期					
		出苗期	分蘖期	越冬期	返青期	拔节期	灌浆期
最高温度	翻耕	19.64 a	11.61 a	−0.71 c	12.00 a	15.39 b	19.15 c
	旋耕	18.93 b	11.55 b	−0.65 b	10.96 b	17.02 a	21.74 a
	免耕	16.22 c	10.89 c	−0.48 a	7.15 c	14.50 c	21.11 b

续表 3.8

指标	处理	冬小麦生育时期					
		出苗期	分蘖期	越冬期	返青期	拔节期	灌浆期
最低温度	翻耕	10.58 c	8.31 c	−4.05 c	1.38 c	8.35 c	13.89 c
	旋耕	10.83 b	8.57 b	−3.83 b	1.66 b	8.63 b	14.35 b
	免耕	11.35 a	9.14 a	−3.19 a	1.74 a	9.08 a	15.31 a

注:表中小写字母表示同列数据在 0.05 水平差异显著性。

免耕在冬小麦活动期表现降温效应、越冬期表现增温效应,而在各个时期均显著影响了土壤日最高温度和日最低温度,所以其降温效应是由于较大程度的降低最高温度而较小程度的提高最低温度,而其增温效应则是由于显著提高了最低温度和最高温度的原因。

3. 保护性耕作对耕层土壤温差和累积温差的影响

土壤温差指土壤日最高温度与最低温度的差值,土壤累积温差是某一时段逐日温差的累加值。从作物角度考虑,在一定温度范围内,较大的昼夜温差可以减少作物呼吸作用所消耗的物质,增加作物干物质量的积累,有利于作物的生长和增产。播种—出苗是种子利用自身物质提供的能量萌发的过程,尚未进行光合作用和物质积累,温差对其影响不大,而拔节以后进入感光阶段,地上部对土壤温度的感应不再强烈,因此,本研究从幼苗期至返青期等几个阶段进行探讨(表 3.9)。

出苗—分蘖期是冬小麦幼苗建成的关键时期,这个时期较大的温差促进幼苗物质积累,有利于根系的发育。与翻耕和旋耕相比,免耕农田土壤累积温差分别低 22.01℃ 和 24.02℃,平均温差分别低 2.25℃ 和 2.38℃。可见免耕较低的温差不利于冬小麦幼苗建成,旋耕和翻耕差异不明显。

表 3.9 不同耕作方式对冬小麦各个生育时期耕层土壤累积温差及阶段平均温差的影响 ℃

指标	处理	幼苗期	分蘖期	越冬	返青期	合计/平均
累积温差	翻耕	68.81 b	92.16 b	68.61 b	142.13 b	371.71 b
	旋耕	70.82 a	105.29 a	86.64 a	134.15 a	396.90 a
	免耕	46.80 c	50.99 c	60.68 c	89.81 c	248.28 c
平均温差	翻耕	4.59 b	2.30 b	0.82 b	4.44 b	3.04 b
	旋耕	4.72 a	2.63 a	0.98 a	4.79 a	3.28 a
	免耕	2.34 c	1.55 c	0.67 c	2.90 c	1.86 c

注:表中小写字母表示同列数据在 0.05 水平差异显著性。

分蘖—越冬期是冬小麦冬前分蘖发生的关键时期,也是冬小麦有效分蘖发生的关键时期。与翻耕和旋耕相比,免耕农田土壤累积温差分别低 41.17℃ 和 54.30℃,平均温差分别低 0.75℃ 和 1.08℃。可见免耕较低的温差不利于冬前分蘖的发生,旋耕优于翻耕。

越冬期较低的温差有利于冬小麦保苗。与翻耕和旋耕相比,免耕农田土壤累积温差分别低 7.93℃ 和 25.32℃,平均温差分别低 0.15℃ 和 0.31℃。可见免耕较低的温差最有利于冬小麦保苗,翻耕优于旋耕。

返青—拔节期是冬小麦春季分蘖形成的主要时期,也是次生根系建成的主要时期。与翻耕和旋耕相比,免耕土壤累积温差分别低 52.32℃ 和 44.34℃,平均温差分别低 1.54℃ 和

1.89℃。可见免耕较低的温差不利于冬小麦春季分蘖形成和次生根系的建成，翻耕优于旋耕。

免耕在冬小麦出苗至拔节前较翻耕和旋耕共降低累积温差 123.43℃和 148.62℃，日平均温差 1.17℃和 1.42℃。

3.2.4 土壤温度影响因素分析

3.2.4.1 土壤总孔隙度

土壤总孔隙度影响着土壤与大气的通透性，从而影响了土壤温度相应气温变化的速度和幅度。冬小麦播种前(表 3.10)，不同耕作方式农田土壤是年内变化最稳定的时期，此时受气温影响最直接的 0～5 cm 土层土壤总孔隙度没有显著差异。由于翻耕扰动了 0～20 cm 土层、旋耕扰动了 0～8 cm 土层而免耕仅在 0～5 cm 受到机械的作用，所以翻耕 0～20 cm 和旋耕 0～10 cm 土壤总孔隙度较一致，而免耕 5 cm 以下土层较一致。然而大气向土壤传递热量是从表土进入，而深层土壤孔隙的差异只能影响到热量在土体中的再分布，所以耕作前土壤孔隙度不是不同耕作方式土壤温度差异的原因。耕作后，土壤总孔隙度均有所增加，但是不同耕作方式 0～5 cm 土层土壤总孔隙度仍然没有显著差异，因此耕作初期土壤孔隙度也不是不同耕作方式土壤温度差异的原因，它仅能促进热量在土体中的再分布。可见，在一般情况下，由于不同耕作 0～5 cm 土层土壤总孔隙度没有显著差异，所以它不是其土壤温度差异的主要原因。

表 3.10　不同耕作方式对 0～30 cm 土层土壤总孔隙度的影响

取样时期	处理	土壤深度/cm			
		0～5	5～10	10～20	20～30
播种前(2004 年 10 月 8 日)	翻耕	0.457 a	0.464 a	0.449 a	0.389 a
	旋耕	0.449 a	0.430 b	0.396 b	0.392 a
	免耕	0.460 a	0.396 c	0.396 b	0.389 a

注：表中小写字母表示同列数据在 0.05 水平差异显著性。

3.2.4.2 作物覆盖度

免耕冬小麦叶面积指数表现为免耕＜旋耕＜翻耕(图 3.14)。在冬小麦分蘖初期(播种后 44 d)，不同耕作方式间冬小麦叶面积指数(LAI)没有显著差异，而返青后期及以后各生育时期，均表现为翻耕最大、旋耕居中、免耕最小。可见在返青前期，由于冬小麦尚未封垄(LAI＜1.0 m^2/m^2)，所以尚未成为土壤温度变化的主导因素，而作物覆盖度在冬小麦生育后期将成为影响太阳辐射到达地面的主要因素，这势必影响到土壤温度的变化。

3.2.4.3 秸秆覆盖度

由于免耕秸秆均匀铺于地表而翻耕和旋耕通过机械作业将秸秆与土壤充分混合，所以可以将翻耕、旋耕和免耕农田的地表秸秆覆盖度估计为 0、0 和 1。而且免耕农田作物秸秆覆盖度在冬小麦生长前期基本保持在 1 左右，所以秸秆覆盖度是不同耕作方式影响太阳辐射到达土壤的主要因素之一。

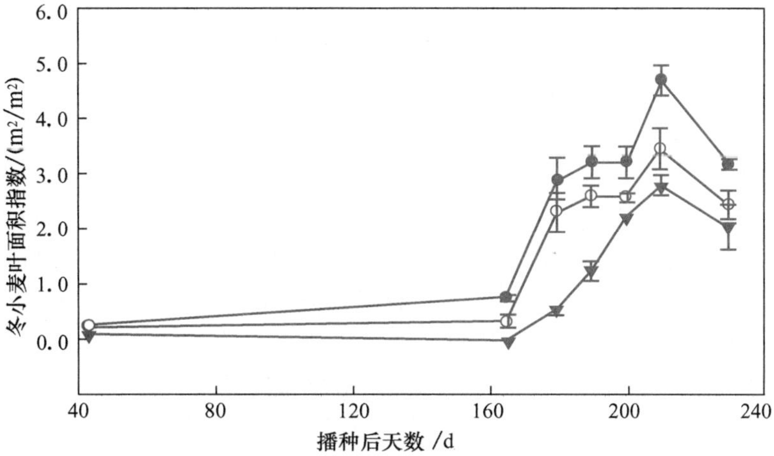

图 3.14 耕作方式对冬小麦叶面积系数的影响

—●— 翻耕CT —○— 旋耕RT —▼— 免耕NT

3.3 保护性耕作对土壤有效积温的影响

作物的生长发育需要一定的温度条件。温度对作物生长发育的影响包括温度强度和持续时间，积温正是衡量这两个方面综合效应的一种农业气象指标。积温有总积温、正积温、负积温、活动积温和有效积温，一般用大气有效积温表示作物生长发育对温度（热量）的要求。

3.3.1 土壤积温与土壤日平均温度间的关系

积温论指出，作物生长发育需要一定的积温而不是瞬时温度。在气候、地域、土壤水肥管理、作物品种一致的条件下，通过对最高、最低温度的修订，积温可以表征农田热量资源状况。

冬小麦的生物学下限温度为 0℃，有效积温指 0℃以上土壤日平均温度之和。计算公式如下：

$$A = \sum_{i=1}^{n}(T_i - T_0)(T_i > T_0)$$

式中：A 为土壤有效积温（℃），T_i 为土壤日平均温度（℃），T_0 为生物学下限温度（℃），n 为稳定通过下限温度的天数(d)。

在气象上通常把小于 0℃的日平均气温累加值称为负积温，越冬期负积温指冬小麦越冬期间日平均≤0℃的温度总和。

3.3.2 冬小麦各生育时期土壤有效积温

按照冬小麦生长发育的特征，将冬小麦苗期划分为播种—出苗、出苗—分蘖、分蘖—越冬、越冬—返青、返青—拔节，通过对各个时期土壤有效积温的比较，探索不同耕作处理对农田热量的影响。

表 3.11 为不同耕作处理冬小麦各生育时期表层 0～20 cm 土壤有效积温动态变化，从表中可以看出翻耕土壤有效积温高于其他耕作处理(除了播种—出苗)。播种—出苗翻耕耕层土壤有效积温 120.93℃；而旋耕、秸秆直立免耕、秸秆粉碎免耕冬小麦出苗土壤有效积温分别为 135.99℃、132.84℃、132.08℃，高于翻耕，其热量资源利用效率低；由于翻耕土壤温度高于其他耕作处理，所以冬小麦比其他处理早出苗 1 d(表 3.12)。苗期—分蘖期，耕作处理之间土壤有效积温为：秸秆直立免耕＞翻耕＞秸秆粉碎免耕＞旋耕；在分蘖—越冬由于温度的下降，各处理土壤有效积温降低，秸秆直立免耕、秸秆粉碎免耕土壤有效积温低于其他耕作处理，所以比翻耕和旋耕冬小麦完成越冬期的时间短(表 3.12)。返青—拔节翻耕土壤积温高于其他耕作处理，其冬小麦开始返青比其他耕作处理多 2 d，翻耕下冬小麦返青早，有利于冬小麦分蘖的生长，并且可以提高冬小麦的分蘖质量。

表 3.11 不同耕作处理 0～20 cm 土壤有效积温 ℃

耕作处理	播种—出苗	苗期—分蘖	分蘖—越冬	返青—拔节
翻耕	120.93	368.43	183.37	339.49
旋耕	135.99	344.11	180.39	311.41
秸秆直立免耕	132.84	368.64	155.55	318.93
秸秆粉碎免耕	132.08	363.62	146.11	318.73

表 3.12 耕作处理冬小麦完成各生育时期所需要的天数 d

耕作处理	播种—出苗	出苗—分蘖	分蘖—越冬	返青—拔节
翻耕	7	26	28	36
旋耕	8	25	28	36
秸秆直立免耕	8	28	25	34
秸秆粉碎免耕	8	28	25	34

土壤有效积温的变化趋势是由于土壤温度的变化造成的，而土壤温度变化的原因主要在于不同耕作处理对土壤状况的改变程度以及秸秆覆盖的作用。秸秆直立免耕、秸秆粉碎免耕土壤有效积温在冬前冬后变化的主要原因是地温变化随气温的变化的滞后性，即冬前气温降低时，热量由深层不能迅速传向表层，深层温度高于表层；而当冬后气温升高时，地表较快接受大气热量，温度上升，但向深层传递较慢，地表温度高于深层，所以秸秆直立免耕、秸秆粉碎免耕下冬小麦在返青期温度上升晚于翻耕冬小麦田。

3.3.3 冬小麦越冬期土壤负积温特征

负积温指冬季日均温稳定通过0℃以下的温度累加值，反映了平均温度小于0℃的持续时间及强度。

越冬期不同耕作处理下上壤各层次土壤负积温动态变化如表3.13所示，从表中可以看出秸秆直立免耕土壤负积温最低，秸秆粉碎免耕土壤负积温最高，这是由于越冬期秸秆直立免耕土壤日平均温度较高，秸秆覆盖对土壤有“增温效应”造成的。在2.5 cm土层秸秆直立免耕土壤负积温比翻耕、旋耕、秸秆粉碎免耕分别低22.71℃、23.32℃、25.75℃；随着深度的增加土壤温度变化幅度逐渐降低，各层次土壤负积温也逐渐降低，在5 cm、10 cm、20 cm秸秆直立免耕土壤负积温分别为−69.97℃、−48.87℃、−10.94℃，比表层2.5 cm积温分别低13.49℃、34.59℃、72.52℃；20 cm根层较高的土壤温度为越冬期冬小麦根系生长和作物的安全越冬提供较好的热量条件。

表3.13 越冬期不同耕作处理下土壤各层次负积温 ℃

耕作处理	2.5 cm	5 cm	10 cm	20 cm
翻耕	−106.17	−95.14	−66.50	−24.89
旋耕	−106.77	−84.58	−55.11	−12.09
秸秆直立免耕	−83.46	−69.97	−48.87	−10.94
秸秆粉碎免耕	−109.20	−95.28	−67.93	−30.76

越冬期0～20 cm土层土壤负积温动态变化如图3.15所示。秸秆直立免耕耕层负积温最低为−53.31℃，而秸秆粉碎免耕负积温最高，这个差异与越冬期各耕作处理土壤温度有关。对于冬小麦越冬，秸秆直立免耕可以保证冬小麦的安全越冬，体现了明显的“增温效应”。

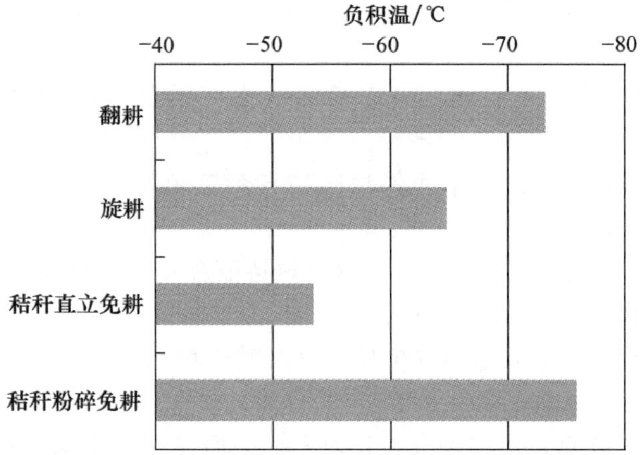

图3.15 不同耕作处理下冬小麦越冬期0～20 cm土层负积温动态变化

以直接影响到苗期冬小麦幼穗和地下部安全越冬的2.5 cm土层和0～20 cm耕层土壤温度来分析不同耕作方式农田的土壤负积温和冬季平均温度(表3.14)，结果表明，与翻耕和旋耕相比，免耕农田 0～20 cm 耕层土壤负积温最低、平均温度均最高，但 2.5 cm 土层负积温高于翻耕而低于旋耕。这是由于免耕农田 2.5 cm 土层土壤冬季平均温度虽然分别比翻耕和旋耕高 0.09℃和 0.02℃，温度稳定通过 0℃以下较其他处理晚 4～5 d，但稳定通过 0℃以上晚 7 d，零下温度持续时间分别较翻耕和旋耕多 2 d 和 3 d。可见免耕农田在越冬期表现土壤平均温度和耕层土壤负积温较高的"增温效应"的同时，也表现地温回升慢，低温持续时间长的"降温效应"。

表 3.14 不同耕作方式对耕层土壤负积温及冬季平均温度的影响

耕作处理	负积温(℃)		冬季平均温度(<0℃)
	2.5 cm	0～20 cm	
翻耕	−65.93 c	−43.07 b	−0.78 b
旋耕	−60.99 a	−44.45 c	−0.81 c
免耕	−62.74 b	−42.20 a	−0.74 a

注：冬季平均温度分别以越冬期 2.5 cm 土壤<2℃和<0℃以下日平均温度再次平均所得。

参考文献

[1]陈继康.华北平原不同耕作方式冬小麦田土壤生态效应研究.中国农业大学硕士学位论，2009.

[2]Fererras L A. Effect of no-tillage on some soil physical properties of a structural degraded Petrocalcic Paleudoll of the southern "Pampa" of Argentina. Soil & Tillage Research, 2000, 54: 31-39.

[3]Mielke L W, Wilhelm W W, Richards, K A, et al.. Soil physical characteristics of reduced tillage in a wheat fallow system. Transaction of ASAE., 1984, 27, 1724-1728.

[4]Packer I J, Hamiton G J, White I. Tillage practices to conserve soil and improve soil conditions. Journal of Soil Conservation (NSW), 1984, 40, 78-87.

[5]张海林，秦耀东，朱文珊. 耕作措施对土壤物理性状的影响. 土壤，2003，2：140-144.

[6]朱文珊，高云超. 北方一年两熟地区秸秆覆盖免耕技术原理及应用效果研究. 北京：科学出版社，1991，11-21.

[7]陈军胜.华北平原免耕冬小麦田土壤水热特征及其对冬小麦生长发育影响研究.[博士学位论文].北京：中国农业大学，2005.

[8]李素娟. 华北平原免耕冬小麦生长发育及其土壤水热状况的研究.中国农业大学硕士学位论文，2007.

[9]李素娟，李琳，陈阜，等.保护性耕作对华北平原冬小麦田水分利用的影响.华北农学报，2007.S1：115-120

[10]许迪.耕作方式对土壤水动态变化及夏玉米产量的影响.农业工程学报，1999，15(3)：101-106.

[11]陈继康，李素娟，张宇，等. 不同耕作方式麦田土壤温度及其对气温的响应特

征——土壤温度日变化及其对气温的响应. 中国农业科学,2009,42(7):2592-2600.

[12]陈继康,张宇,陈军胜,等.不同耕作方式麦田土壤温度及其对气温的响应特征——土壤温度特征及热特性. 中国农业科学,2009,42(8):2747-2753.

[13]陈素英,张喜英,裴冬,等. 玉米秸秆覆盖对麦田土壤温度和土壤蒸发的影响. 农业工程学报,2005,21(10):171-173.

[14]任图生,邵明安,巨兆强. 利用热脉冲时域反射技术测定土壤水热动态和物理参数-II.应用. 土壤学报,2004,41(4):523-529.

[15]李素娟,陈继康,陈阜,等.华北平原免耕冬小麦生长发育特征研究.作物学报,2008,34(2):290-296.

[16]Yan C, Ding Y F, Liu Z H, *et al*. Temperature difference between the air and organs of rice plant and its relation to spikelet fertility. Agricultural Sciences in China, 2008, 7(6): 678-685.

第4章

保护性耕作的固碳效应

由于不同耕作措施对作物秸秆处理方式及土壤扰动程度不同,导致土壤有机碳含量和层次分布受到不同的影响。本章系统地分析了华北平原保护性耕作的固碳效应,为土壤碳库管理提供一定的依据。

4.1 保护性耕作对土壤碳库的影响

土壤有机碳库、微生物量碳和水溶性碳是土壤碳库的重要组成部分。土壤碳库是在土壤肥力、环境保护、农业可持续发展等方面均起着极其重要的作用。一方面土壤有机碳提供了土壤生物生命活动的能源,对土壤物理、化学和生物学性质都有着深刻的影响;另一方面,土壤有机碳对全球碳平衡起着重要作用,被认为是影响全球"温室效应"的主要因素。本节土壤有机碳库来自 2005 年 10 月至 2006 年 10 月数据,微生物量碳及水溶性有机碳来自 2007 年 10 月至 2008 年 10 月数据。

4.1.1 保护性耕作对土壤有机碳含量的影响

土壤有机碳是土壤碳库最基本的组成部分,耕作方式对土壤有机碳含量具有重要的影响。

由表 4.1 可以看出,土壤总有机碳在层次上具有明显的规律性,各处理土壤总有机碳都随土层深度的增加而降低,即均表现为 0～10 cm 土壤总有机碳含量高于 10～20 cm,高于 20～30 cm。但保护性耕作对土壤总有机碳量有很大影响,对于两个翻耕来讲,除个别时期外基本上都表现为0～20 cm 显著高于 20～30 cm 土层的总有机碳,这表明翻耕对土壤造成的层次间土壤有机碳的差距主要表现在耕层和底层。旋耕和免耕加剧了土壤有机碳在各层次间分布的不均,对这两个处理各时期各层次间进行方差分析发现,其有机碳均表现为

表 4.1 不同耕作方式土壤总有机碳的分布 g/kg

处理	土层/cm	采样时间(月/日)						
		10/8	3/20	4/9	4/30	5/20	6/10	10/8
翻耕秸秆不还田	0～10	7.77a	9.19a	8.65a	9.58a	9.48a	9.10a	8.63a
	10～20	7.26a	8.28b	8.54a	9.30a	8.73b	9.05a	8.19a
	20～30	4.14b	4.29c	5.15b	6.92b	4.44c	5.55b	5.01b
翻耕	0～10	8.21a	9.43a	9.82a	10.41a	10.69a	10.00a	8.54a
	10～20	7.42a	9.07a	8.99b	10.13a	10.20a	8.99b	8.22a
	20～30	3.90b	5.11b	5.21c	7.56b	7.15b	6.81c	5.19b
旋耕	0～10	10.72a	10.80a	11.48a	13.14a	12.12a	12.11a	11.21a
	10～20	7.00b	7.77b	7.54b	9.17b	8.52b	8.29b	7.36b
	20～30	4.48c	4.98c	5.36c	6.44c	5.57c	5.96c	4.38c
免耕	0～10	9.71a	9.98a	9.82a	11.82a	12.38a	10.69a	10.76a
	10～20	6.85b	7.10b	7.34b	7.77b	7.77b	7.42b	6.43b
	20～30	4.97c	4.37c	4.38c	5.24c	5.87c	4.93c	4.04c

注:同一栏内各土层不同字母表示差异达显著水平($p<0.05$)(LSD)。

0～10 cm 土层显著高于 10～20 cm 土层,10～20 cm 土层显著高于 20～30 cm 土层,这说明旋耕和免耕使土壤总有机碳各层次分布不均匀,层次间存在较大的差异。

耕作措施和秸秆还田对土壤总有机碳有较大的影响(表 4.2),就 3 种耕作方式来讲,在 0～10 cm 土层基本上表现为旋耕>免耕>翻耕,且都达到了显著水平;在 10～20 cm 土层基本上表现为翻耕>旋耕>免耕,而只在个别时期才达到显著水平;在 20～30 cm 土层以翻耕和旋耕较高,免耕最低,除 10 月份差异不显著外,其他都达到了显著水平,且基本上都是免耕显著低于其他两个处理。这说明旋耕和免耕有利于土壤表层总有机碳积累,而翻耕和旋耕有利于提高土壤耕层和底层土壤总有机碳。

表 4.2 土壤耕作对各层土壤总有机碳的影响 g/kg

土层/cm	处理	采样时间(月/日)						
		10/8	3/20	4/9	4/30	5/20	6/10	10/8
0～10	翻耕秸秆不还田	7.77b	9.19c	8.65c	9.58d	9.48c	9.10d	8.63c
	翻耕	8.21b	9.43bc	9.82b	10.41c	10.69b	10.00c	8.54c
	旋耕	10.72a	10.80a	11.48a	13.14a	12.12a	12.11a	11.21a
	免耕	9.71a	9.98b	9.82b	11.82b	12.38a	10.69b	10.76b
10～20	翻耕秸秆不还田	7.26a	8.28b	8.54a	9.30b	8.73b	9.05a	8.19a
	翻耕	7.42a	9.07a	8.99a	10.13a	10.20a	8.99a	8.22a
	旋耕	7.00a	7.77c	7.54a	9.17b	8.52b	8.29b	7.36a
	免耕	6.85a	7.10d	7.34a	7.77c	7.77b	7.42c	6.43b

续表 4.2

土层/cm	处理	采样时间(月/日)						
		10/8	3/20	4/9	4/30	5/20	6/10	10/8
20～30	翻耕秸秆不还田	4.14a	4.29b	5.15a	6.92a	4.44c	5.55a	5.01a
	翻耕	3.90a	5.11a	5.21a	7.56a	7.15a	6.81a	5.19a
	旋耕	4.48a	4.98a	5.36a	6.44a	5.57b	5.96a	4.38b
	免耕	4.97a	4.37b	4.38b	5.24b	5.87b	4.93b	4.04c

注:表中小写字母 a、b、c 表示同列数据在 0.05 水平上差异显著性。

就秸秆是否还田来讲,除个别时期个别层次(6 月 10 日的 10～20 cm 和 10 月 8 日的 20～30 cm)以外,各测定时期各层次上都表现为秸秆还田土壤有机碳高于不还田的处理。这说明秸秆还田有利于提高土壤总有机碳。

4.1.2 保护性耕作对土壤活性有机碳的影响

由表 4.3 可以看出,翻耕秸秆不还田土壤活性碳除 4 月 9 日和 6 月 10 日外在其他测定时期都表现为:随着土层的加深而降低,其中播种后、返青期以及孕穗期表层和耕层显著高于深层土壤;翻耕秸秆还田除了 4 月 9 日外土壤活性碳都表现为 10～20 cm＞0～10 cm＞20～30 cm 土层,各测定时期基本上都达到显著水平;旋耕和免耕下土壤活性碳在各测定时期都表现为随土层的增加而减少,旋耕处理除 5 月 20 日外都达到显著水平,免耕下除 4 月 9 日外也都达到显著水平,而且免耕表层显著高于耕层和底层。这说明翻耕秸秆不还田、旋耕和免耕都有利于提高表层土壤活性碳,而翻耕秸秆还田则有利于提高耕层土壤活性碳,这可能与翻耕秸秆还田下大量的秸秆在翻耕的作用下被翻埋于耕层有关。

表 4.3 麦玉两熟区保护性耕作下土壤活性碳在层次间的分布 g/kg

处理	土层/cm	采样时间(月-日)						
		10-8	3-20	4-9	4-30	5-20	6-10	10-8
翻耕秸秆不还田	0～10	1.98a	0.94a	0.74a	0.80a	0.89a	0.68a	0.77a
	10～20	1.91a	0.65ab	0.68a	0.80a	0.64a	0.78a	0.70a
	20～30	1.25b	0.48b	0.70a	0.38b	0.42a	0.42a	0.26a
翻耕	0～10	1.87b	1.05a	0.62a	0.77a	0.83a	0.91a	0.90a
	10～20	2.12a	1.07a	0.44b	0.85a	0.89a	0.92a	0.68a
	20～30	1.25c	0.22b	0.15c	0.58a	0.44b	0.55b	0.27a
旋耕	0～10	2.19a	1.07a	0.76a	1.51a	1.12a	1.12a	1.28a
	10～20	1.95a	0.87b	0.48b	1.01b	0.91a	0.80ab	0.63a
	20～30	1.22b	0.22c	0.32b	0.33c	0.62a	0.48b	0.46a
免耕	0～10	2.12a	1.15a	0.72a	1.53a	1.06a	1.09a	1.16a
	10～20	1.42b	0.71b	0.54a	0.93b	0.66b	0.59b	0.61a
	20～30	1.28b	0.25c	0.25a	0.38c	0.51b	0.34c	0.25a

注:表中小写字母 a、b、c 表示同列数据在 0.05 水平上差异显著性。

表 4.4 麦玉两熟区保护性耕作对土壤活性碳的影响 g/kg

土层/cm	处理	采样时间(月/日)						
		10/8	3/20	4/9	4/30	5/20	6/10	10/8
0～10	翻耕秸秆不还田	1.98bc	0.94a	0.74a	0.80b	0.89a	0.68c	0.77a
	翻耕	1.87c	1.05a	0.62a	0.77b	0.83a	0.91b	0.90a
	旋耕	2.19a	1.07a	0.76a	1.51a	1.12a	1.12a	1.28a
	免耕	2.12ab	1.15a	0.72a	1.53a	1.06a	1.09a	1.16a
10～20	翻耕秸秆不还田	1.91ab	0.65a	0.68a	0.80a	0.64a	0.78a	0.70a
	翻耕	2.12a	1.07a	0.44a	0.85a	0.89a	0.92a	0.68a
	旋耕	1.95ab	0.87a	0.48a	1.01a	0.91a	0.80a	0.63a
	免耕	1.42b	0.71a	0.54a	0.93a	0.66a	0.59a	0.61a
20～30	翻耕秸秆不还田	1.25a	0.48a	0.70a	0.38a	0.42a	0.42a	0.26a
	翻耕	1.25a	0.22b	0.15b	0.58a	0.44a	0.55a	0.27a
	旋耕	1.22a	0.22b	0.32b	0.33a	0.62a	0.48a	0.46a
	免耕	1.28a	0.25b	0.25b	0.38a	0.51a	0.34a	0.25a

注:同一栏内各土层不同字母表示差异达显著水平($p<0.05$)(LSD)。

从表 4.4 中可以看出,耕作措施和秸秆还田对土壤活性碳的大小影响很大。就 3 种耕作方式来讲,在 0～10 cm 土层,以免耕和旋耕土壤活性碳较高,而翻耕最低。而在 10～20 cm 土层,在 2005 年 10 月 8 日、2006 年 3 月 20、6 月 10 日和 10 月 1 日以翻耕最高,旋耕次之,免耕最低,且在 10 月 8 日差异达到显著水平;而在 4 月 9 日则相反;4 月 30 日和 5 月 20 日土壤活性碳都表现为旋耕最高,翻耕和免耕较低,但差异都不显著。而在 20～30 cm 土层 3 个不同耕作措施下,土壤活性碳大小变化没有规律。这说明,免耕和旋耕提高土壤表层活性碳,而在耕层基本上是翻耕提高土壤活性碳,但在底层 3 种耕作措施对土壤活性碳的影响不大。

秸秆是否还田对土壤活性碳有一定的影响,在 0～10 cm 土层除 3 月 20 日、6 月 10 日和 10 月 1 日外基本上是秸秆不还田提高土壤活性碳;而在 10～20 cm 土层除 4 月 9 日和 10 月 1 日外其他测定时期均表现为秸秆还田土壤活性碳较高;而在 20～30 cm 土层小麦生育前期秸秆不还田提高土壤活性碳,且在 3 月 20 日和 4 月 9 日差异达到显著水平,而在小麦生育后期则都表现为秸秆还田提高土壤活性碳,这可能与温度有关,小麦生育中后期土壤秸秆腐解较快,为微生物的活动提供充足的碳源,有利于微生物活动。从各层次土壤活性碳大小可以看出,在有大量秸秆翻埋的土层中(翻耕秸秆还田 10～20 cm),秸秆还田有利于提高土壤活性碳,而在还田量较小的土壤表层和底层秸秆还田并不一定能够提高土壤活性碳。

4.1.3 保护性耕作对土壤碳库管理指数的影响

选择与本试验相距 200 m 同一海拔的松树林土壤作为参考土壤进行土壤碳库管理指数分析。从表 4.5 可以看出,秸秆是否还田和不同耕作措施对土壤各形态碳及碳库管理指数影响很大。就3种耕作措施与参考土壤来讲，在0～10 cm不同耕作措施基本上表现为增加了土壤总有机碳、稳态碳和碳库指数，其中旋耕最高，免耕次之，翻耕和参照土壤最低；而不同耕作措施均降低了土壤活性碳、碳库活度、活度指数和碳库管理指数，在该层次中表现为参考土样最高，免耕次之，翻耕和旋耕最低；综合该层的碳库管理指数，参照土壤最高为100，免耕次之为91.95，旋耕和翻耕秸秆还田分别为83.56和83.36。这说明林地变成农田后，耕作措施虽然能够提高土壤总有机碳，但却降低了活性碳和碳库管理指数，耕作强度的加剧进一步降低了土壤碳库管理指数，如果能够采用保护性耕作（免耕＋秸秆还田）则能在某种程度上缓冲由于耕作造成的碳库管理指数降低的趋势。

表4.5　麦玉两熟区保护性耕作对各层土壤碳库管理指数的影响

土层/cm	处理	有机碳	活性碳	稳态碳	碳库活度	活度指数	碳库指数	碳库管理指数
0～10	参考土壤	9.47bc	1.23a	8.23b	0.15a	1.00a	1.00bc	100.00a
	翻耕秸秆不还田	9.19c	0.94a	8.25b	0.11a	0.76a	0.97c	74.09a
	翻耕	9.43bc	1.05a	8.38b	0.13a	0.84a	1.00bc	83.36a
	旋耕	10.80a	1.07a	9.73a	0.11a	0.73a	1.14a	83.56a
	免耕	9.98b	1.15a	8.83b	0.13a	0.87a	1.05b	91.96a
10～20	参考土壤	8.18b	0.75a	7.44ab	0.10a	1.00a	1.00b	100.00ab
	翻耕秸秆不还田	8.28b	0.65a	7.63ab	0.09a	0.85a	1.01b	85.90b
	翻耕	9.07a	1.07a	8.01a	0.13a	1.33a	1.11a	147.65a
	旋耕	7.77b	0.87a	6.91b	0.13a	1.26a	0.95b	119.04ab
	免耕	7.10c	0.71a	6.39b	0.11a	1.12a	0.87c	95.99ab
20～30	参考土壤	5.33a	0.45a	4.88a	0.09b	1.00b	1.00a	100.00a
	翻耕秸秆不还田	4.29b	0.48a	3.81b	0.12a	1.35a	0.81b	108.93a
	翻耕	5.11a	0.22b	4.89a	0.04c	0.48c	0.96a	46.25b
	旋耕	4.98a	0.27b	4.71a	0.06bc	0.62bc	0.93a	58.37b
	免耕	4.37b	0.25b	4.12b	0.06bc	0.65bc	0.82b	54.56b

注：同一栏内各土层不同字母表示差异达显著水平（$p<0.05$）（LSD）。

在10～20 cm土层表现为翻耕与参考土壤相比提高了各项管理指数，而旋耕与参考土壤相比提高了土壤活性碳、碳库活度、活度指数和碳库管理指数，而免耕只提高了碳库活度和活度指数。这说明将林地转变为农田后，不同耕作措施对耕层土壤各碳库管理指数影响不同，其中采用翻耕则提高农田耕层土壤的各项指标，而采用旋耕和免耕可能提高该层次活性碳指标。在20～30 cm土层，无论哪项耕作都造成了碳库各项指标的降低，其中翻耕秸秆还田碳库管理指数仅为46.25，显著低于参照土壤。

对秸秆是否还田的两块翻耕地进行比较，秸秆还田有利于提高0～20 cm土壤总有机碳、活性碳、稳态碳、碳库活度、活度指数、碳库指数以及碳库管理指数；虽然秸秆还田提高了20～30 cm总有机碳、稳态碳和碳库指数，但是却降低了该层次的活性碳、碳库活度、活度指数和碳库管理指数。这说明进行秸秆还田能够提高表层和耕层的各项管理指数，但在20～30 cm土层虽然秸秆还田能够提高总有机碳，但是这种总有机碳的提高基本上以稳态碳为主，并不能提高土壤的碳库管理指数。与参考土壤进行比较，将林地变成农田后无论是否秸秆还田都将降低土壤碳库管理指数，而在耕层秸秆还田能够提高碳库管理指数，在 20～30 cm土层秸秆不还田提高土壤碳库管理指数。

4.1.4 保护性耕作对土壤微生物量碳的影响

土壤微生物生物量是土壤质量的敏感指标，土壤性状的波动强烈地影响着土壤微生物生物量的动态变化特征。不同耕作方式对土壤微生物生物量碳的时间动态变化特征以及各个时期的土壤剖面分布特征影响不同。

4.1.4.1 土壤微生物量的时间分布特征

不同耕作方式农田各个层次土壤的土壤微生物生物量碳随时间表现一致的波动状况(图 4.1)。一般表现为耕作直接导致微生物生物量碳的显著降低，随时间推移逐渐恢复，但有较为缓和的波动。耕作方式对土壤微生物生物量碳随时间波动的变化幅度有一定的影响。

不同耕作方式表层 0～5 cm 土壤是接受外界因素影响最直接和最强烈的土壤层次，也是土壤微生物生物量碳变化幅度最大的层次。2007 年 10 月 17 日，冬小麦播种前，由于长时间的降雨，各处理土壤微生物生物量碳均较低，但旋耕显著高于其他处理，翻耕与免耕没有显著差异，而经过土壤容重矫正后，各个处理间均没有显著差异。至 2007 年 12 月 18 日，冬小麦越冬前，微生物量显著降低，其中翻耕降低 0.193 mg/cm^3、旋耕降低 0.132 mg/cm^3、免耕降低 0.117 mg/cm^3。土壤微生物生物量碳降低的幅度以翻耕最高，而其他处理间没有显著差异，其中翻耕土壤微生物生物量碳的降低幅度为 89.8%，旋耕为 55.7%，免耕为 51.6%。这时，翻耕 0～5 cm 土层土壤微生物生物量碳显著低于其他耕作方式，而旋耕与免耕之间没有显著差异，其中翻耕分别较旋耕和免耕低 3.78 倍和 4.00 倍。

至冬小麦返青期(2008 年 2 月 29 日)，土壤微生物经过冬春的冻融和干湿交替等的激发作用，土壤微生物生物量碳显著增加，其中翻耕增加 12.4 倍，旋耕增加 1.94 倍，免耕增加 1.97 倍。翻耕土壤微生物生物量碳增加的幅度大于旋耕是由于翻耕 0～5 cm 土层土壤毛管孔隙度大于旋耕，而非毛管孔隙度小于旋耕。同时，虽然翻耕增加的幅度最大，但各处理的增加量没有显著差异。这个时期土壤微生物生物量碳以翻耕最高，旋耕和免耕垄沟之间没有显著差异，其中免耕分别较翻耕、旋耕高 10.9%和 5.7%。

冬小麦拔节期土壤微生物生物量碳下降，其中翻耕降低 37.2%、旋耕降低 33.9%、免耕降低 5.7%。土壤微生物生物量碳降低的幅度以翻耕最高、旋耕居中，而免耕最低，其中翻耕和旋耕之间没有显著差异，分别降低 37.2%和 33.9%。这个时期 0～5 cm 土层土壤微生物生物量碳以免耕最高、旋耕居中、翻耕最低，其中翻耕和旋耕没有明显差异，且免耕较翻耕和旋耕分别高 66.4%和 50.7%。

冬小麦拔节后，不同耕作方式农田土壤微生物生物量碳均随着天气和土壤理化特性的变化而波动，但其波动幅度也较前期显著缩小。至冬小麦营养生长停止期—冬小麦扬花期(2008 年 5 月 19 日)，各处理土壤微生物生物量碳均有所增加，但增加的幅度较前期小，其中免耕没有明显波动，仅增加了 2.0%。土壤微生物生物量碳变化幅度最大的仍然是旋耕，

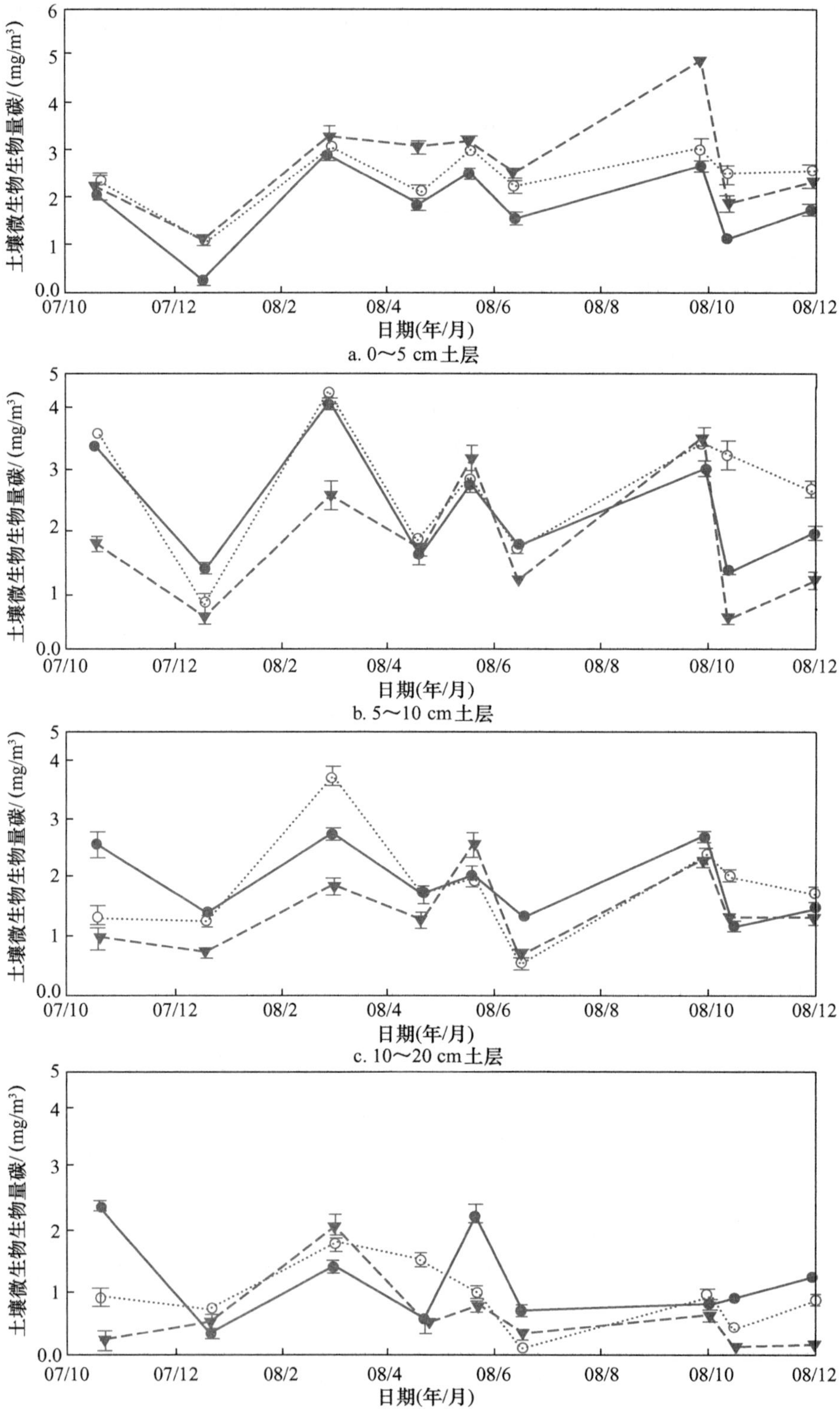

图 4.1 不同耕作方式对土壤微生物生物量碳动态变化的影响

—●—翻耕 ···○···旋耕 –▼–秸杆直立免耕

翻耕增加幅度大于免耕，其中翻耕和旋耕土壤微生物生物量碳的增加幅度分别为33.9%和47.1%。冬小麦扬花期0～5 cm土层土壤微生物生物量碳免耕>旋耕>翻耕，其中免耕分别较翻耕和旋耕高26.8%和44.2%。

进入冬小麦收获期(2008年6月13日)，冬小麦根系死亡等原因导致土壤微生物生物量碳下降，不同耕作方式间土壤微生物生物量碳下降的幅度比较一致，其中翻耕、旋耕和免耕土壤微生物生物量碳下降幅度依次为37.8%，26.9%和19.1%，仍以翻耕最高、旋耕居中、免耕最低。这个时期的土壤微生物生物量碳免耕垄沟>旋耕>翻耕。其中免耕分别较翻耕和旋耕显著高64.8%和15.4%；旋耕较翻耕显著高42.8%；翻耕和免耕垄背之间没有显著差异。

由于夏玉米季，高温、高湿和土壤扰动小等因素，至夏玉米收获期(冬小麦播种前，2008年9月28日)不同耕作方式农田土壤微生物生物量碳均增加。这个时期免耕土壤微生物生物量碳较夏玉米播种期(冬小麦收获期)显著增加，而翻耕和旋耕增加的幅度较小，翻耕、旋耕和免耕土壤微生物生物量碳增加幅度分别为72.4%、35.9%和89.5%。这个时期的土壤微生物生物量碳免耕较翻耕和旋耕高81.2%和60.9%，处理间有显著差异。

为探讨耕作对土壤微生物生物量碳的瞬间影响特征，通过对耕作后第二天的土壤微生物生物量碳和土壤容重测定研究耕作的瞬间效应。结果表明，耕作直接导致了土壤微生物生物量碳的显著下降，其中免耕0～5 cm土层下降幅度最大而旋耕下降最小，翻耕、旋耕和免耕分别降低了59.5%，18.0%和62.3%。免耕由于免耕播种机的旋刀将一部分土壤翻盖在垄背上，直接减少了垄沟富含微生物的土壤而导致其土壤微生物生物量碳下降。垄背虽然接收到了来自于垄沟的富含微生物的土壤，但是由于大量秸秆的累积，显著降低了土壤容重，且垄背虚松的土壤增加了土壤水分的蒸发，耕作初期免耕垄背0～5 cm土层土壤过干是导致垄背土壤微生物量碳下降的又一个原因。翻耕和旋耕经过土壤翻转混合，也有不同程度的下降。这个时期的0～5 cm土层土壤微生物生物量碳旋耕>免耕>翻耕，其中旋耕分别较翻耕和免耕高127.9%和35.2%。至冬小麦分蘖期(2008年11月27日)，土壤微生物生物量碳又恢复到2007年冬小麦越冬前的状态，表现为旋耕和免耕没有显著差异而翻耕显著低于其他处理，其中翻耕分别较旋耕和免耕低32.6%和28.0%。相对于耕作初期，旋耕土壤微生物生物量碳变化不明显而翻耕和免耕分别显著上升55.2%和28.0%。

翻耕和旋耕的机械作业可以影响到5～10 cm土层，但免耕冬小麦播种于免耕的垄沟之中，在免耕播种机作业时，旋刀对0～5 cm土层进行耕作，而其种子管和肥料管对5～8 cm土层有扰动作用，之后经过镇压轮的作业，保证了冬小麦种子处于垄沟地表5 cm深处，而最终形成的垄沟仅有0～5 cm是受到耕作的直接影响，但5～10 cm由于受扰动较小，形成“犁底层”。因此，免耕垄沟5～10 cm土层的碳源投入少，氮源也主要靠水分的再分布而向下运移。

2007年10月17日冬小麦播种前，由于长时间的降雨导致不同耕作方式0～5 cm土层土壤微生物生物量碳没有明显差异，但是5～10 cm却存在显著差异。这个时期翻耕和旋耕的土壤微生物生物量碳显著高于免耕，旋耕较翻耕稍高，但没有显著差异。旋耕5～10 cm土层土壤微生物生物量碳分别较翻耕和免耕高5.3%和94.4%。

至2007年冬小麦越冬前(12月18日)，这时的土壤微生物生物量碳已经有所恢复，但并不是耕作初期的状态，不同土壤微生物量碳相对于耕作前仍然呈降低的状态，其降低幅度旋耕>翻耕>免耕，其中翻耕、旋耕和免耕分别下降了59.1%，76.4%和65.0%。最终形成了土壤微生物生物量碳翻耕>旋耕>免耕的状态，其中翻耕较旋耕和免耕分别高64.8%和116.1%。

2008年冬小麦返青期(2月29日)，5～10 cm土层土壤微生物生物量碳增加幅度以旋耕最高、翻耕居中、免耕最低，而且旋耕略高于翻耕，但没有显著差异。免耕则由于最低的增加幅度和原本就最低的微生物生物量碳含量，显著小于其他处理，且分别较翻耕和旋耕低36.7%和40.0%。至冬小麦拔节期，虽然旋耕稍高、免耕稍低，但不同耕作方式之间差异不显著。相对于返青期，各处理土壤微生物生物量碳均有所下降，而且翻耕、旋耕和免耕分别下降59.5%、56.8%和34.4%，下降幅度以翻耕最高、旋耕居中、免耕最低。冬小麦扬花期虽然以免耕最高、旋耕居中、翻耕最低，但处理间没有显著差异。至冬小麦收获前，不同耕作方式5～10 cm土层土壤微生物生物量碳均有所下降，翻耕、旋耕和免耕分别下降了35.8%、41.5%和60.8%，最终形成了翻耕最高、旋耕居中、免耕最低的状态，其中免耕较翻耕和旋耕分别低30.5%和27.5%。

经过玉米季的变化，在冬小麦播种前(夏玉米收获期)，各处理的土壤微生物生物量碳均有所增长，其增长幅度以免耕最高、旋耕居中、翻耕最低，分别增加了183.0%、100.7%和67.3%。这个时期土壤微生物生物量碳以免耕最高、翻耕最低，其中翻耕分别较旋耕和免耕低13.1%和21.7%。

2008—2009年季冬小麦播种后，由于土壤容重变化等原因，不同耕作方式农田5～10 cm土层土壤微生物生物量碳均有所下降，其下降幅度以免耕最大、翻耕居中、旋耕最小。经过一段时间的稳定后，虽然都有所增加，但仍然保持了土壤微生物生物量碳旋耕最高、翻耕居中、免耕最低的状态，其中免耕分别较翻耕和旋耕低39.1%和55.5%。

综合分析5～10 cm土层土壤微生物生物量碳变化发现，免耕的碳含量普遍较低，在所测量的9次样品中有7次最低，而在冬小麦扬花期和2008—2009年季冬小麦播种前较高，与旋耕没有显著差异；旋耕和免耕之间往往没有显著差异，土壤微生物生物量碳变化的幅度也比较接近，而且一般高于免耕。

10～20 cm土层土壤微生物生物量碳变化幅度明显，表现为免耕最低。这个层次不同耕作方式土壤微生物生物量碳的波动规律与浅层土壤一致，但波动幅度随土壤深度增加而降低。20～30 cm土层则表现为翻耕土壤微生物生物量碳的变化幅度高于其他处理。各处理的波动幅度也进一步下降，随时间变化的规律不如浅层土壤明显，旋耕与免耕往往没有显著差异。

4.1.4.2 土壤微生物生物量碳的空间分布特征

在土壤结构最稳定的时期(耕作前)，不同耕作方式农田土壤微生物生物量碳一般随土壤深度增加而下降(图4.2)。各个层次相对于20～30 cm的层化率一般都表现为免耕最高、旋耕居中、翻耕最低。翻耕0～20 cm土层土壤微生物生物量碳层化率差异小，可见翻耕在0～20 cm土层分布均匀；同理，旋耕0～10 cm土层土壤微生物生物量碳分布也较均匀。同时，翻耕和旋耕0～5 cm土层碳含量小于5～10 cm土层，而免耕恰恰相反，翻耕和旋耕0～5 cm土层较小的土壤容重和较大的孔隙度以及有机物料的投入量等因素导致这个层次的土壤微生物生物量碳含量相对较小。翻耕 10～20 cm 土层土壤微生物生物量碳层化率大于旋耕是由于翻耕直接对该层次投入碳源的原因。

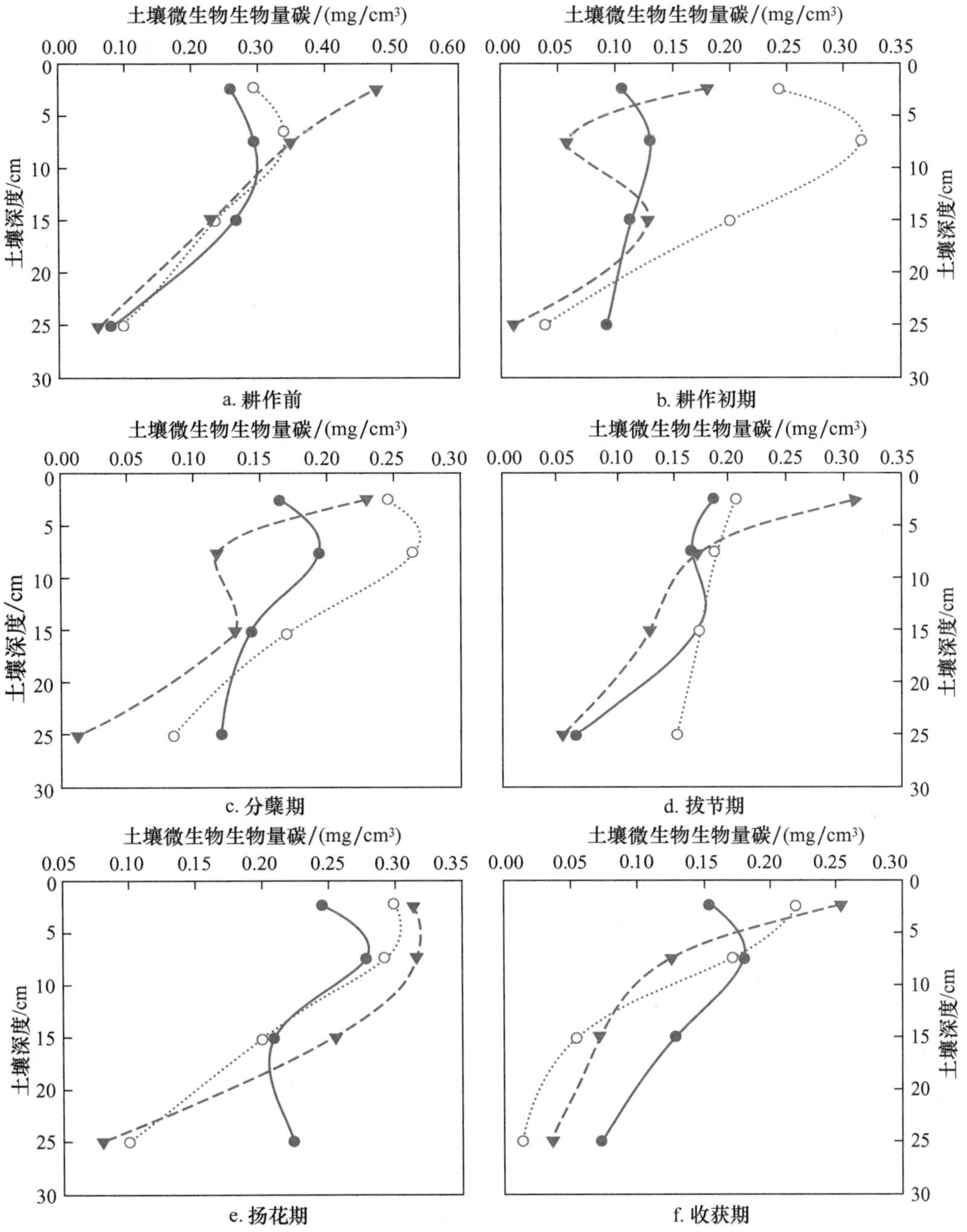

图 4.2 不同耕作方式对土壤微生物量碳剖面分布的影响

翻耕 旋耕 免耕

耕作后，翻耕各个土层土壤微生物生物量碳的均匀度进一步提高，各个层次的层化率基本都等于 1.0，因此，翻耕由于表层土壤容重的降低以及其季节性变化导致了各土层土壤微生物生物量碳的均匀分布。相反，旋耕和免耕则增加土壤微生物量碳的层化率，其主要原因是 20～30 cm 土层碳含量的显著下降以及表层土壤由于大量碳源投入对微生物繁殖的贡献。由于免耕 5～10 cm 土层在播种后受到免耕播种机的作用而土壤微生物生物量碳下降幅度较大，所以该层次的层化率也较 10～20 cm 土层小。经过一段时间的稳定后，土壤微生物生物量碳有所上升，翻耕和旋耕保持了相对均匀地分布，而旋耕 0～20 cm 土壤层化率显著高于翻耕。免耕层化率依然很高，但 5～10 cm 土壤微生物生物量碳有所上升，其层化率显著上升，但仍然小于 10～20 cm。

经过越冬期、返青期等生育时期以及浇水、降水等作用，在冬小麦拔节期免耕土壤微生物生物量层化率有所下降，但仍然是最高的，其中免耕 0～5 cm 土壤层化率 $SMBC_{0\sim5}/SMBC_{20\sim30}$ 分别是翻耕和旋耕的 2.0 倍和 4.5 倍。5～10 cm 土壤层化率也以免耕最高，但 10～20 cm 土层免耕小于翻耕。这是由于翻耕 10～20 cm 土层碳源投入较多，微生物量在前期增加较多而在拔节期下降较少，所以含量较高，相对于没有显著变化的 20～30 cm 土层，具有较高的层化率。旋耕在冬小麦拔节期具有最小的土壤微生物生物量碳层化率，这个时期旋耕 20～30 cm 土层的微生物量下降幅度最小，保持着较高的微生物量。

冬小麦扬花期，翻耕和免耕各个层次的土壤微生物生物量碳均有显著增加，导致翻耕和免耕的层化率下降，但是旋耕 20～30 cm 土层由于微生物量下降，造成层化率显著增加。不同耕作方式农田土壤微生物生物量碳层化率均以免耕最高、旋耕居中、翻耕最低。进入冬小麦成熟期，由于旋耕 20～30 cm 土层土壤微生物生物量碳的显著下降和表层的较小的下降幅度，层化率显著提高。不同耕作方式以旋耕最高、免耕居中、翻耕最低，而翻耕和免耕的层化率与前期相比没有显著变化，这也是免耕和翻耕土壤微生物生物量碳变化相对缓和的结果。

4.1.5 保护性耕作对土壤水溶性有机碳的影响

土壤中能够被水或盐溶液浸提出来的有机态碳被称为土壤水溶性有机碳(dissolved organic carbon，DOC)。由于水溶性有机碳是随着土壤溶液移动的，所以被认为在向微生物群落转移和提供 C 源和 N 源的过程中具有重要作用。DOC 甚至被认为是微生物代谢的最终产物。不同耕作方式通过不同的秸秆利用方式向农田投入碳源将会导致有机碳和土壤水溶性有机碳在空间上的重新分布。所以研究不同耕作方式农田土壤水溶性有机碳在土壤层次上的分布特征将有利于解释土壤微生物分布特征。

冬小麦播种前(耕作前)是土壤结构最稳定的时期，0～20 cm 土层土壤水溶性有机碳含量以翻耕最高、免耕居中、旋耕最低(图 4.3)，其中翻耕和免耕 0～5 cm 土层和 10～20 cm 土层均没有显著差异，旋耕 0～5 cm 土层土壤水溶性有机碳则较翻耕和免耕分别低 17.0%和 15.5%。20～30 cm 土层土壤水溶性有机碳以翻耕最高、旋耕居中、免耕最低，其中翻耕分别较旋耕和免耕高 20.4%和 31.3%。各处理土壤水溶性有机碳随土壤深度增加的剖面分布不同。翻耕和旋耕土壤水溶性有机碳随土壤深度增加呈逐渐增加的趋势，其中翻耕的变化幅度大于旋耕，而免耕则在 10～20 cm 土层处形成一个高峰，20～30 cm 土层相对较低，其 20 cm 以上层次变化幅度也小于其他处理。

耕作后，由于土壤容重下降，各耕作处理相应的扰动层次(翻耕 0～20 cm，旋耕 0～10 cm，免耕 0～5 cm)的土壤水溶性有机碳均有所下降，其中翻耕、旋耕和免耕 0～5 cm 土

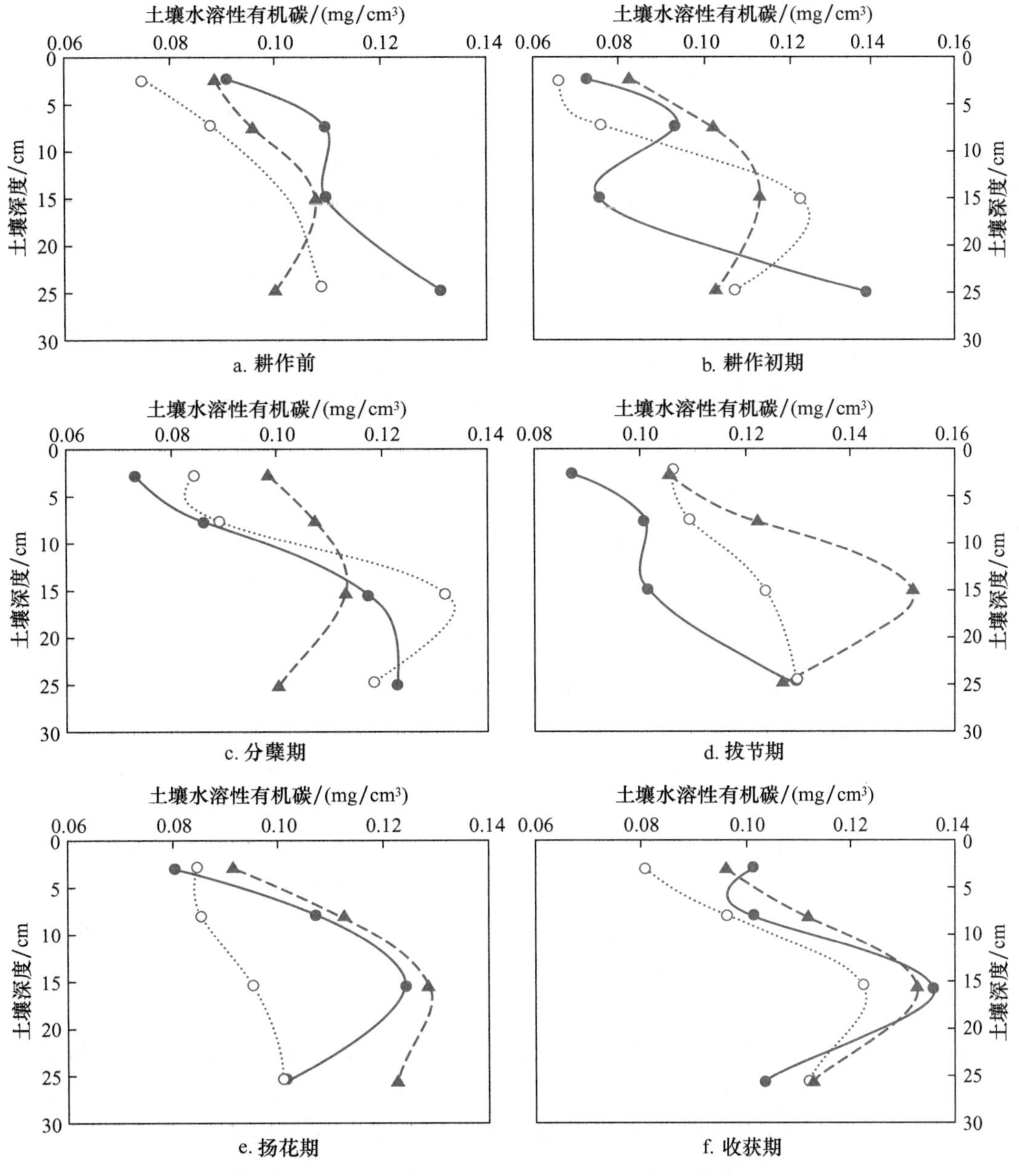

图 4.3 不同耕作方式对土壤水溶性有机碳的影响

—●— 翻耕 ···○··· 旋耕 —▲— 秸秆直立免耕

层分别下降了 19.3%、10.6%和 6.2%，下降幅度以翻耕最高、旋耕居中、免耕最低，而且免耕土壤水溶性有机碳含量分别较翻耕和旋耕高 13.4%和 24.2%。翻耕和旋耕 5～10 cm 土壤水溶性有机碳均表现为下降，而免耕却略有增加。同时免耕 10 cm 以下土层土壤水溶性有机碳没有显著变化，而翻耕和旋耕除了相应的扰动层次均表现下降外，翻耕 20～30 cm土层和旋耕 10～20 cm 土层土壤水溶性有机碳也有所增加。由于翻耕、旋耕和免耕分别扰动了 0～20 cm、0～10 cm 和 0～5 cm 土层，所以翻耕 20～30 cm 土层、旋耕

10～20 cm土层和免耕 5～10 cm 土层可以看作是相应耕作方式的犁底层。因此，由于秸秆破碎等产生的水溶性有机碳经过耕作后随土壤水向下迁移，并在犁底层累积，使这些层次的土壤水溶性有机碳含量增加。

至冬小麦分蘖期，经过灌溉和降水的作用，各处理表层土壤容重相对于耕作初期增加，各处理 0～5 cm 土层土壤水溶性有机碳均有所增加，翻耕、旋耕和免耕分别增加了 0.2%、26.6%和 19.1%。翻耕 5～10 cm 土层土壤水溶性有机碳含量显著下降，而 10～20 cm 土层显著增加，可见土壤水再分布的作用使浅层土壤水溶性有机碳向下层迁移，由于取样时间在灌溉后不久(5 d)，所以水溶性有机碳尚未迁移至犁底层累积而较多地储存在 10～20 cm 土层。旋耕各个层次均有所增加，可见表层土壤水溶性有机碳增加的主要原因是土壤容重的增加，而深层则主要由于浅层土壤水溶性有机碳向下的迁移。免耕除 0～5 cm 和 5～10 cm 土层土壤水溶性有机碳分别增加 19.1%和 5.1%外，其他层次均没有显著变化。就整个 0～30 cm 土层来看，免耕土壤水溶性有机碳变化幅度最平缓，且其土壤水溶性有机碳含量最高的层次仍然是 10～20 cm 土层；而翻耕和旋耕含量最高的层次也与耕作初期相同，即翻耕土壤水溶性有机碳含量以 20～30 cm 土层最高，而旋耕以 10～20 cm 土层最高。

至冬小麦拔节期，除翻耕和旋耕 10～20 cm 土层分别下降了 13.5%和 6.2%外，其他层次及免耕的各个层土壤水溶性有机碳均有所增加，其中翻耕和旋耕以 0～5 cm 和 5～10 cm 土层增加幅度最大，而免耕 10～20 cm 土层增加幅度最大。结合土壤容重和单位土壤质量水溶性有机碳含量(数据没有列出)的变化可知，翻耕和旋耕 0～10 cm 土层土壤容重显著增加的同时土壤水溶性有机碳含量也显著增加，而免耕土壤容重虽然变化不显著，但是由于覆于地表的秸秆水溶性有机物向深层土壤的大量迁移使其土壤水溶性有机碳含量增加幅度最大。

随着土壤温度的升高、降水的增多，微生物量和活性的增加，水溶性有机碳一方面被大量氧化利用，另一方面继续随土壤水向下迁移。至冬小麦扬花期，各处理土壤水溶性有机碳一般表现为降低，但翻耕由于土壤容重的显著增加而表现为除 20～30 cm 土层降低外，其他各层次均增加。各层次土壤水溶性有机碳均以免耕最高，而且免耕土壤水溶性有机碳最高值仍然出现在 10～20 cm 土层。

收获期，冬小麦地上部和地下部均开始死亡，作物秸秆和根茬中的可溶性有机物质随降水、灌溉和土壤水的淋洗向地下迁移，使土壤水溶性有机碳增加。免耕仍然保持了较稳定的土壤剖面分布特征，其土壤水溶性有机碳最高值仍然出现在 10～20 cm 土层。翻耕和旋耕由于土壤水溶性有机碳向下的迁移，最高值也出现在 10～20 cm 土层，而且以翻耕最高、免耕居中、旋耕最低，其中翻耕分别较旋耕和免耕高 11.0%和 2.4%。

从土壤水溶性有机碳的动态变化特征可见，不同耕作方式 0～5 cm 土层土壤水溶性有机碳含量在耕作后降低，并随着时间的推移逐渐升高，在冬小麦拔节期达到最高值，随后逐渐降低。土壤结构最稳定的免耕 5 cm 以下土层土壤水溶性有机碳在拔节期前均表现逐渐增加的状态，而翻耕和旋耕则上下波动。从层次分布上可见，翻耕和旋耕土壤水溶性有机碳一般随土壤深度增加而增加，但免耕土壤水溶性有机碳含量最高值均出现在 10～20 cm 土层，而且具有土壤剖面分布的层次均一性特征，土壤可溶性有机碳随土壤深度增加变化幅度最小，其层化率也是最低的。

4.1.6 保护性耕作对土壤碳密度的影响

目前，采用较多的是等深度法计算碳储量，但由于耕作措施会改变耕层土壤容重或紧实度，影响等深度耕层土壤重量，因而，采用等质量法计算耕层土壤有机碳储量，有利于消除耕作措施改变耕层厚度带来等深度计算耕层土壤有机碳储量的结果偏差。用等质量方法计算土壤有机碳库密度，首先要确定不同耕作处理下研究目标土层的最大土壤质量。由表 4.6 可以看出 2003 年和 2006 年不同处理下的最大土壤质量为4 693 Mg/hm^2(2005 年免耕小区)。然后，以 4 693 Mg/hm^2 作为不同耕作处理下最大土壤质量代入等质量方法计算方程，计算出 2003 年和 2006 年各处理小区每公顷土壤达到4 693 Mg 质量需要增加的土壤深度和土壤碳储量，最后计算出 0～30 cm 土壤有机碳库密度(表 4.7)。

表 4.6 不同耕作措施土壤有机碳容重、土壤质量和土壤碳储量的变化

	翻耕秸秆不还田		翻耕秸秆还田		旋耕秸秆还田		免耕秸秆还田	
	2003-10-8	2006-10-8	2003-10-8	2006-10-8	2003-10-8	2006-10-8	2003-10-8	2006-10-8
土壤有机碳/(g C/kg)								
0～10 cm	7.42	8.63	7.42	8.54	7.42	11.21	7.42	10.76
10～20 cm	7.19	8.19	7.19	8.22	7.19	7.36	7.19	6.43
20～30 cm	5.74	5.01	5.74	5.19	5.74	4.38	5.74	4.04
土壤容重(g/cm^3)								
0～10 cm	1.34	1.34	1.34	1.36	1.42	1.44	1.50	1.42
10～20 cm	1.36	1.48	1.36	1.50	1.59	1.61	1.59	1.61
20～30 cm	1.58	1.62	1.58	1.60	1.60	1.63	1.61	1.64
土壤质量(Mg/hm^2)								
0～10 cm	1 340	1 340	1 340	1 364	1 415	1 438	1 498	1 415
10～20 cm	1 360	1 480	1 360	1 505	1 590	1 611	1 590	1 610
20～30 cm	1 580	1 620	1 580	1 598	1 600	1 628	1 605	1 640
总和	4 280	4 440	4 280	4 468	4 605	4 678	4 693	4 665
增加的深度/cm	2.61	1.56	2.61	1.41	0.55	0.09	0.00	0.17
增加的 TOC/(Mg C/hm^2)	2.37	1.27	2.37	1.17	0.50	0.06	0.00	0.11

表 4.7 等深度与等质量法计算不同耕作措施土壤碳密度的比较　　Mg C/hm^2

	等深度碳密度			等质量碳密度		
	翻耕	旋耕	免耕	翻耕	旋耕	免耕
2003-10-8	9.68	10.42	10.62	12.05	10.92	10.62
2006-10-8	10.90	11.93	11.01	12.06	11.99	11.11
年增加值	0.40	0.50	0.13	0.00	0.36	0.17

由表 4.7 可以看出，用等深度方法（0～30 cm）计算土壤有机碳库密度，各处理下，2003—2006 年之间 0～30 cm 土壤有机碳密度出现相同程度变化，即各处理 2006 年土壤有机碳库密度均比 2003 年有所增加，其中免耕下年增加的最少，仅为 0.13 Mg C/hm²，其次是翻耕，秸秆不还田和秸秆还田分别为 0.36 Mg C/hm² 和 0.40 Mg C/hm²，旋耕秸秆还田最高为 0.50 Mg C/hm²。3 年间，旋耕土壤耕层有机碳密度增加的较高，这主要是因为旋耕处理下表层土壤容重以及土壤有机碳含量增幅最高所致。

等质量法（4 693 Mg/hm²）计算，除翻耕外，其他处理 2006 年土壤碳密度与 2003 年相比较，也都呈增加的趋势。将 2 年的碳密度作差并除以年限，以旋耕土壤碳密度年增加的最多，为 0.36 Mg C/hm²，其次是免耕，为 0.17 Mg C/hm²，而翻耕秸秆不还田为 −0.01 Mg C/hm²，翻耕秸秆还田则没有增加。免耕土壤有机碳密度在等质量计算方式下增加比较大，主要与土壤 0～10 cm 容重降低有关，而翻耕秸秆不还田下出现负值则是与 20～30 cm土壤容重增加有关。

4.2 保护性耕作下土壤团粒碳效应

保护性耕作可以增加土壤有机碳含量，增加土壤颗粒的胶结作用，有利于土壤团聚体的形成。土壤团聚体对土壤有机碳的物理保护是土壤有机碳稳定的重要机制，土壤的团聚体的稳定性会直接影响土壤有机碳的变化。唐晓红等（2007）在经过 13 年垄作免耕试验，发现土壤有机碳主要存在于大团聚体（>0.25 mm）中。王彩霞等（2010）通过比较深松、旋耕、免耕等保护性耕作措施与传统耕作措施对土壤团聚体有机碳含量的影响时，发现保护性耕作措施均能提高大粒级团聚体中有机碳的含量，而对<0.01 mm 的微团聚体有机碳含量影响较小。免耕有利于改善土壤结构，对于大团聚体的形成具有重要作用。

4.2.1 保护性耕作对土壤团聚体有机碳的影响

图 4.4 是冬小麦播种期时，不同耕作条件下各级水稳性团聚体有机碳含量的分布情况。其中，大于 2 mm 粒级水稳性团聚体有机碳含量，表层 0～5 cm 和深层 20～30 cm 以秸秆直立免耕最高，表层 0～5 cm 大于 2 mm 粒级水稳性团聚体有机碳含量秸秆直立免耕较翻耕、旋耕高 4.24%和 3.11%。秸秆直立免耕与翻耕、旋耕差异达到显著水平。而亚表层 5～10 cm、10～20 cm 则以翻耕最高，旋耕、秸秆直立免耕次之，且差异达到显著水平。

分析 2～0.25 mm 粒级水稳性团聚体有机碳含量，表层 0～5 cm 和深层 20～30 cm 以秸秆直立免耕最高，翻耕居中，旋耕最低。秸秆直立免耕较翻耕、旋耕高 9.31%和 1.16%。秸秆直立免耕与翻耕、旋耕差异达到 5%显著水平，而旋耕与翻耕之间差异不显著（$p<0.05$）。而在 5～10 cm、10～20 cm，秸秆直立免耕和旋耕团粒有机碳含量均显著低于翻耕。

研究发现微团聚体（0.25～0.053 mm、<0.053 mm）土壤团粒有机碳含量表现出相似

的变化趋势。在 0～5 cm 土层均表现为秸秆直立免耕＞旋耕＞翻耕，且达到 5％显著水平。在5～10 cm 土层和 10～20 cm 土层均表现为翻耕＞秸秆直立免耕＞旋耕，其中，翻耕、秸秆直立免耕与旋耕差异达到 5％显著水平。在 20～30 cm 土层则表现为秸秆直立免耕＞翻耕＞ 旋耕，秸秆直立免耕与翻耕、旋耕差异分析达到显著水平。

由图 4.4 可以看出，长期秸秆直立免耕之后，有利于提高大于 2 mm 水稳性团聚体有机碳含量，同时，各耕作处理大团聚体(＞2 mm 和 0.25～2 mm)水稳性团聚体的有机碳含量要高于微团聚体(0.053～0.25 mm 和＜0.053 mm)水稳性团聚体的有机碳含量。这可能是因为大团聚体(＞0.25 mm)主要是由有机残体和菌丝胶结形成，微团聚体(＜0.25 mm)主要是由多糖或无机胶体胶结形成(Tisdall *et al.*，1982)。0～5 cm 土壤各级团粒土壤有机碳含量均以秸秆直立免耕最高，可以认为在河北冬小麦区采用秸秆直立免耕秸秆还田技术有利于增加土壤大团聚体的数量并提高团聚体稳定性，对于提高该生产区农田土壤结构的稳定性具有重要意义。

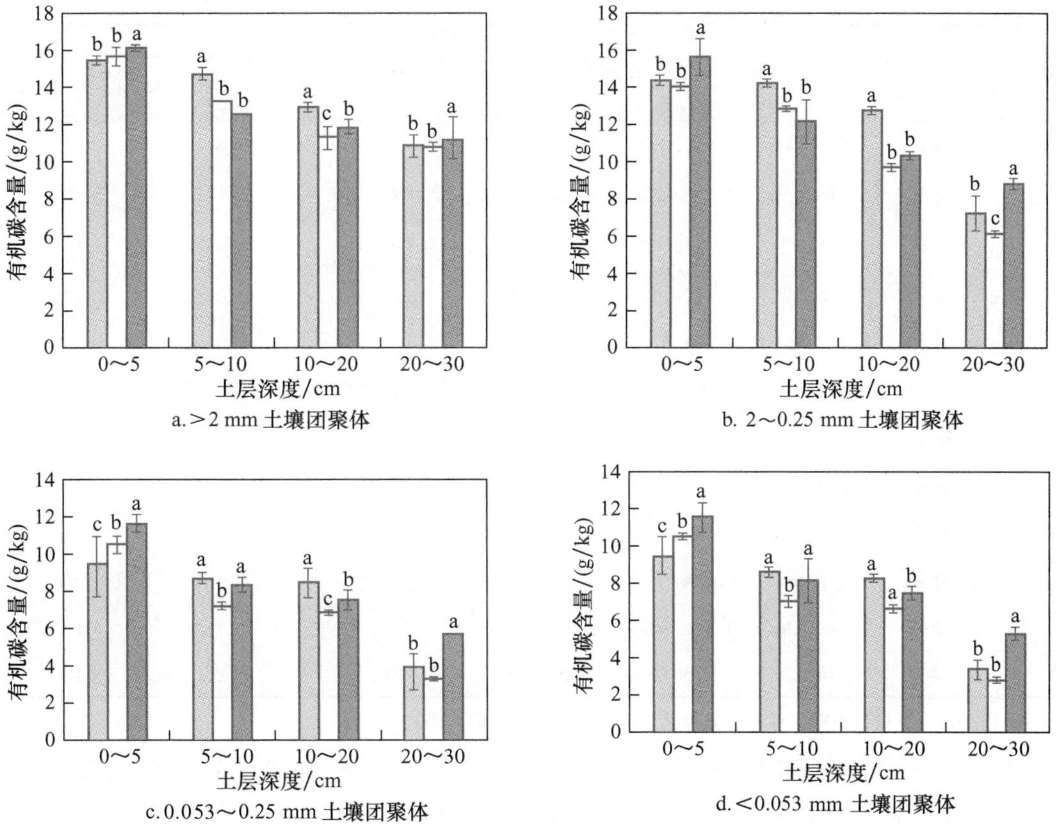

图 4.4 耕作措施对冬小麦播种期土壤团聚体有机碳含量的影响

□翻耕 □旋耕 ■秸秆直立免耕

注：a、b、c、d 代表 LSD(p＜0.05)水平差异显著性

4.2.2 保护性耕作对水稳性团聚体有机碳含量的影响

4.2.2.1 不同粒级团聚体有机碳含量

不同耕作措施下不同粒级水稳性团聚体内有机碳贮量的变化如表 4.8 所示。翻耕和秸秆直立免耕各层次土壤大团聚体有机碳贮量均高于微团聚体贮量，而旋耕土壤大团聚体有机碳贮量仅在 5～10 cm 层次高于微团聚体有机碳贮量。不同耕作处理对各层次大团聚体有机碳贮量的影响表现为：秸秆直立免耕＞翻耕＞旋耕，除 5～10 cm 层次外，翻耕处理均低于秸秆直立免耕处理。与大团聚体相比，翻耕和旋耕微团聚体有机碳贮量与秸秆直立免耕微团聚体有机碳贮量之间差异减小，但差异分析显示，各耕作处理下微团聚体土壤有机碳贮量差异不显著（$p<0.05$）。

表 4.8 不同耕作处理对不同粒级水稳性团聚体内有机碳贮量的影响 kg/hm²

土层/cm	处理	大团聚体			微团聚体		
		>2 mm	0.25～2 mm	总和	0.053～0.25 mm	<0.053 mm	总和
0～5	翻耕	314.71b	3 455.03b	3 769.74b	1 970.30b	648.45a	2 618.75a
	旋耕	187.40b	1 593.50c	1 780.90c	2 610.14a	971.36a	3 581.50a
	免耕	1 398.19a	4 281.06a	5 679.25a	2 737.13a	379.99b	3 117.12a
5～10	翻耕	1 518.72a	3 042.90a	4 561.62a	2 321.69b	220.95a	2 542.64a
	旋耕	1 011.49b	1 764.77c	2 776.26b	2 163.64b	136.47a	2 300.11a
	免耕	1 479.77a	2 505.03b	3 984.81ab	3 059.08a	185.08a	3 244.16a
10～20	翻耕	1 557.85b	5 615.81a	7 173.66a	3 138.82c	2 563.28a	5 702.10b
	旋耕	2 106.78a	2 125.68b	4 232.46b	7 581.62a	273.21b	7 854.82a
	免耕	2 535.13a	6 361.17a	8 896.31a	5 101.75b	409.45b	5 511.20b
20～30	翻耕	761.02b	3 866.07b	4 627.08a	3 418.20a	574.46a	3 992.66a
	旋耕	1 170.89a	1 440.96c	2 611.84b	3 905.89a	517.90a	4 423.78a
	免耕	1 285.23a	4 976.69a	6 261.92a	4 724.13a	732.07a	5 456.20a

注：同一栏内各层次不同字母表示差异达显著水平（$p<0.05$）（LSD）。

表层 0～5 cm 大团聚体有机碳贮量以秸秆直立免耕最高，翻耕居中，旋耕最低，秸秆直立免耕相对于翻耕、旋耕增加了 50.7%和 218.9%，其中秸秆直立免耕与翻耕差异来源主要是＞2 mm 粒级团聚体有机碳贮量，秸秆直立免耕较翻耕高 344.3%，而秸秆直立免耕与旋耕差异主要来自于 0.25～2 mm 粒级团聚体有机碳贮量，秸秆直立免耕较旋耕高 168.7%，秸秆直立免耕与旋耕在＞5 mm 层次的差异有所降低，秸秆直立免耕在 5～10 cm、10～20 cm 和 20～30 cm 较旋耕高 43.5%、110.2%和 139.8%，秸秆直立免耕与翻耕在大于 5 cm 深层土壤中差异较小，差异未达到显著水平（$p<0.05$）。

通过比较＜0.053 mm 土壤团聚体有机碳贮量的变化，可以发现秸秆直立免耕较翻耕、旋耕有所降低。对于同一级别的团聚体,耕作措施提高了土壤水稳性大团聚体的有机碳贮量,则相应降低了<0.053 mm 微团聚体中有机碳贮量。秸秆直立免耕相对于翻耕、旋耕,显著增加了水稳性大团聚体的有机碳贮量,而降低了<0.053 mm 微团聚体有机碳的贮量,这说明长期秸秆直立免耕处理有利于增加土壤水稳性大团聚体有机碳贮量。

4.2.2.2 不同粒级团聚体对土壤有机碳的贡献

不同耕作措施下土壤不同粒级水稳性团聚体有机碳对土壤有机碳的贡献率如表 4.9 所示。秸秆直立免耕土壤大团聚体对土壤有机碳的贡献率较高,从表层到深层土壤,其贡献率逐渐降低,贡献率分布在 0.52～0.65 之间。在表层 0～5 cm,翻耕和秸秆直立免耕均以 0.25～2 mm 团聚体有机碳对土壤养分贡献率最高,而旋耕则以 0.053～0.25 mm 团聚体有机碳对土壤养分贡献率最大,翻耕和秸秆直立免耕对土壤有机碳的贡献率以大团聚体为主,旋耕对土壤有机碳的贡献率则以微团聚体为主。在 5～10 cm 土层,翻耕和旋耕大团聚体有机碳对土壤有机碳的贡献率较 0～5 cm 有所提高,增加幅度分别为 8.5%和 66.7%。

表 4.9 不同粒级水稳性团聚体中有机碳对土壤有机碳的贡献率

土层/cm	处理	大团聚体			微团聚体		
		>2 mm	0.25～2 mm	总和	0.053～0.25 mm	<0.053 mm	总和
0～5	翻耕	0.05	0.54	0.59	0.31	0.10	0.41
	旋耕	0.03	0.30	0.33	0.49	0.18	0.67
	免耕	0.16	0.49	0.65	0.31	0.04	0.35
5～10	翻耕	0.21	0.43	0.64	0.33	0.03	0.36
	旋耕	0.20	0.35	0.55	0.43	0.03	0.45
	免耕	0.20	0.35	0.55	0.42	0.03	0.45
10～20	翻耕	0.09	0.45	0.54	0.26	0.21	0.46
	旋耕	0.17	0.18	0.35	0.63	0.02	0.65
	免耕	0.18	0.44	0.62	0.35	0.03	0.38
20～30	翻耕	0.09	0.45	0.54	0.39	0.07	0.46
	旋耕	0.17	0.20	0.37	0.56	0.07	0.63
	免耕	0.09	0.44	0.52	0.41	0.06	0.48

从整个土壤层次来看,翻耕和秸秆直立免耕土壤大团聚体有机碳对土壤有机碳的贡献率均高于旋耕,翻耕与秸秆直立免耕在 0～5 cm、10～20 cm 和 20～30 cm 层次显著高于旋耕,在 5～10 cm 层次各处理间差异不显著($p<0.05$)。旋耕除了 5～10 cm 层次微团聚体有机碳对土壤有机碳贡献率低于大团聚体外,其他层次均高于大团聚体,且贡献率分布较为均匀。各处理团聚体有机碳贡献率较高的团聚体粒级主要为 0.25～2 mm 和 0.053～0.25 mm。秸秆直立免耕与翻耕在 0～5 cm、10～20 cm 和 20～30 cm 土壤层次 0.25～2 mm团聚体有机碳贡献率最高,翻耕在整个土层均以 0.25～2 mm 团聚体有机碳贡献率最高,旋耕在整个土层以 0.053～0.25 mm 团聚体有机碳贡献率最高,旋耕最高贡献率分

布在 0.43～0.63。各处理＞2 mm 和＜0.053 mm 粒级团聚体有机碳贡献率均较低。各处理＞2 mm 团聚体有机碳贡献率最高的层次为 5～10 cm，其中，翻耕、旋耕和秸秆直立免耕团聚体有机碳贡献率分别为 0.21、0.20 和 0.20。整个土层＞2 mm 团聚体有机碳贡献率的平均值表现为秸秆直立免耕＞翻耕＞旋耕。比较各层次＜0.053 mm 团聚体有机碳贡献率的平均值，以翻耕最高，旋耕居中，秸秆直立免耕最低。秸秆直立免耕通过减少土壤扰动显著提高了大团聚体对土壤有机碳的贡献率，相应减少了微团聚体有机碳的贡献率。

4.3 不同耕作年限对土壤碳库的影响

土壤有机碳的变化是缓慢的，为研究不同年限下土壤碳库特性，选择连续 4 年（2004 年）、8 年（2008 年）与 10 年（2010 年）土壤对土壤碳库特性进行研究。试验处理包括翻耕秸秆不还田、翻耕秸秆还田、旋耕秸秆还田和免耕秸秆粉碎还田。

4.3.1 不同耕作年限下耕作方式对耕层土壤有机碳含量的影响

不同耕作方式下土壤有机碳含量如图 4.5 所示。经短期试验处理（2004 年）旋耕秸秆还田、免耕秸秆粉碎还田两处理 0～5 cm 土层有机碳含量分别比对照高出 8.0%、16.3%，差异达显著水平。与同样秸秆还田条件下翻耕处理翻耕秸秆还田相比，旋耕秸秆还田、免耕秸秆粉碎还田在 0～5 cm 土层有机碳含量显著高于翻耕秸秆还田，分别高出 8.1%和 16.4%，而在5～10 cm、10～20 cm 两层次，其有机碳含量均低于翻耕秸秆还田，这使其 0～30 cm 平均有机碳含量分别比翻耕秸秆还田低 4.2%和 9.5%。由于试验年限较短，20～30 cm 层次未受到影响，各处理间无显著差异。

2008 年各处理间差异进一步增大，翻耕方式下秸秆还田处理有机碳含量在各个层次均高于秸秆不还田处理，在 10～20 cm、20～30 cm 两层次二者差异达极显著水平，翻耕秸秆还田分别比翻耕秸秆不还田高 19.3%、60.5%，这表明翻耕条件下秸秆还田可以促进耕作底层（10～30 cm）土壤有机碳含量的提高。旋耕秸秆还田有机碳含量在各个层次均显著高于对照，但仅在 0～10 cm 范围内高于翻耕秸秆还田，在 10～30 cm 范围内分别比翻耕秸秆还田低 12.4%和 11.3%。而免耕秸秆粉碎还田处理对土壤有机碳含量的贡献仅在 0～5 cm 得到体现，其余层次其有机碳含量均不高于翻耕秸秆还田。且就免耕秸秆粉碎还田处理自身层次间变化规律来看，0～5 cm 土层有机碳含量分别为其下 3 个层次的 1.32 倍、1.90 倍、2.98 倍，有较明显的层化现象。由此可知耕作深度及由此引起的秸秆与土壤混合位置的差异决定了不同深度土壤有机碳的增加。从各处理年际间变化分析发现，翻耕秸秆还田、旋耕秸秆还田、免耕秸秆粉碎还田 3 个处理耕层有机碳含量在试验开展的 4～8 年里呈上升趋势，年均增长速率分别为：0.24 mg/g、0.40 mg/g、0.30 mg/g。翻耕秸秆不还田由于有机物料补充不足，其有机碳含量呈下降趋势，但 2004 年、2008 年两年间差异未达显著水平。

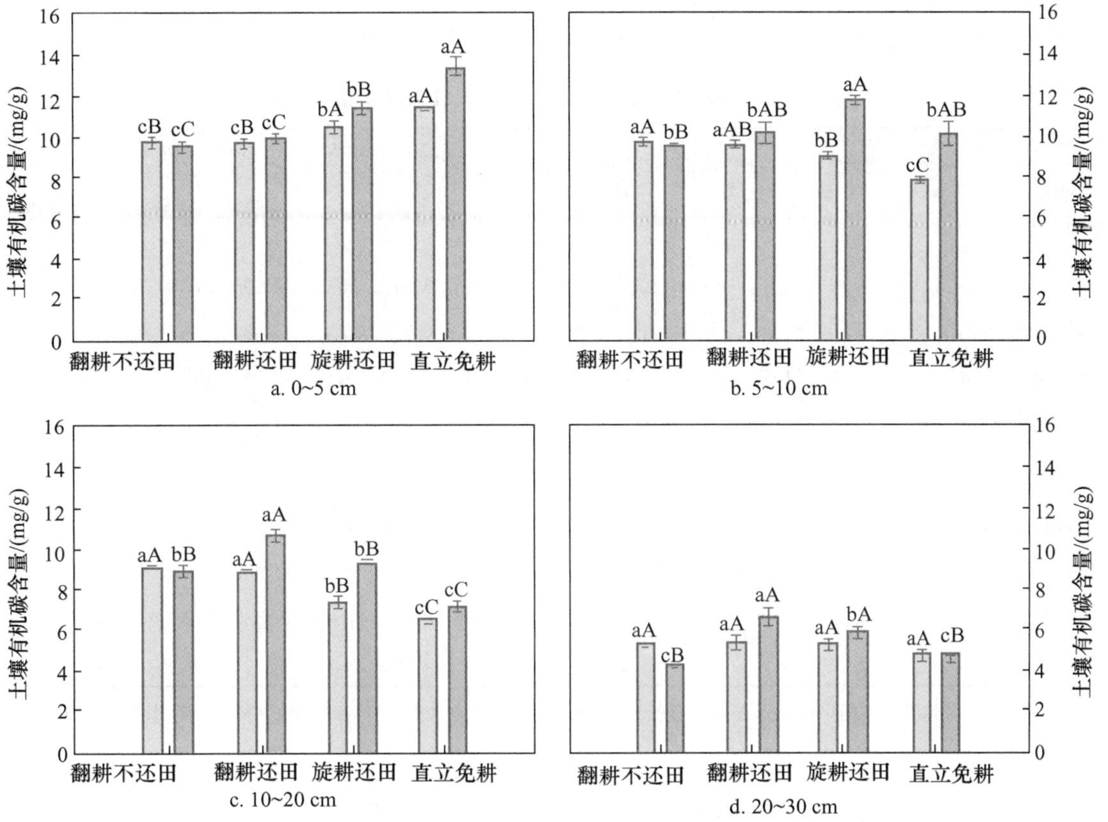

图 4.5 耕作方式转变对耕层土壤有机碳含量的影响

□ 2004 年 ▨ 2008 年

注：方差分析在同年份同土层不同处理间进行

4.3.2 保护性耕作年限对土壤有机碳累积量的影响

不同耕作年限下土壤有机碳累积量变化情况如表 4.10 所示。2004 年，免耕秸秆粉碎还田处理表层 0～5 cm 有机碳累积量显著高于对照，比对照高出 18.0%，但其余 3 个层次有机碳累积量分别低于对照 11.6%，22.0%，11.3%，差异均达显著水平。而 2008 年免耕秸秆粉碎还田处理 0～5 cm、5～10 cm 土层有机碳含量均显著高于对照，分别比对照高出 46.9%和 16.6%，这表明免耕秸秆还田对土壤有机碳量的影响会随试验年限延长向下层延伸。

2008 年，翻耕秸秆还田处理在 10～30 cm 范围内有机碳累积量均高于翻耕秸秆不还田，分别比翻耕秸秆不还田高 20.9%和 53.7%，这进一步证明了翻耕条件下秸秆还田有利于耕层底部有机碳的累积。旋耕秸秆还田处理表层 0～10 cm 范围内有机碳累积量均高于翻耕秸秆还田，而 10～30 cm 范围内其有机碳累积量均显著低于翻耕秸秆还田，这与旋耕秸秆还田处理秸秆多集中于表层 0～10 cm 有关，因此秸秆还田条件下采用旋耕方式比翻耕方式更有利于表层 0～10 cm 有机碳累积量的增加。综合两年数据对整个耕层有机碳累积总量分析可知，翻耕、旋耕、免耕配合秸秆还田均可提高土壤耕层土壤有机碳累积量，而翻耕秸秆不还田耕层有机碳累积量呈降低趋势。在试验开展的4～8年时间内，0～30 cm土壤有机碳年均累积量表现为：旋耕秸秆还田＞翻耕秸秆还田＞免耕秸秆粉碎还田＞翻耕秸秆不还田。

表4.10　耕作方式转变对耕层土壤有机碳累积量的影响　kg/hm²

年份　处理方式	土壤层次/cm				合计	年均碳累积量/[kg/(hm²·年)]
	0～5	5～10	10～20	20～30		
2004年						
翻耕秸秆不还田	6 564.7bB	6 706.6aA	12 706.5aA	8 512.5aA	34 490.3aA	—
翻耕秸秆还田	6 557.6bB	6 710.5aA	12 515.5aA	8 643.6aA	34 427.3aA	—
旋耕秸秆还田	6 932.9bB	6 367.7bAB	10 576.9bB	8 364.2aA	32 241.6bB	—
免耕秸秆还田	7 747.4aA	5 931.5cB	10 046.7bB	7 549.2bB	31 274.9cB	—
2008年						
翻耕秸秆不还田	6 397.5cC	6 543.6cB	13 385.6bB	6 696.2cB	33 022.9cB	−366.8
翻耕秸秆还田	6 616.1cC	6 898.3bcAB	16 183.8aA	10 291.7aA	39 989.8aA	1 390.6
旋耕秸秆还田	7 522.3bB	8 180.5aA	14 450.4bAB	9 184.4bA	39 337.6aA	1 774.0
免耕秸秆还田	9 400.5aA	7 628.9abAB	11 014.5cC	7 203.3cB	35 247.2bB	993.1

注：同一栏内各层次不同字母表示差异显著性，小写表示($p<0.05$)水平差异，大写表示($p<0.01$)水平差异(LSD)。

4.3.3　土壤有机碳年际变化特征(2004—2010年)

经过长期连续免耕措施之后，2010年时已是免耕实施的第十年。2004—2010年连续7年，表层0～10 cm土壤有机碳含量持续上升(图4.6)，其中，2005—2004年土壤有机碳含量呈现显著差异($p<0.05$)，而2005年之后土壤有机碳含量虽然增加，但年际间差异分析未达显著水平。在表层0～10 cm，2010年相比于2004年，免耕处理有机碳含量提高了14.62%，有机碳平均年增长幅度为2.08%。在10～20 cm和20～30 cm土层，免耕处理下土壤有机碳变化较小，未出现显著差异($p<0.05$)，甚至在20～30 cm土层出现略微的降低。免耕减少了对土壤的扰动，同时通过地表残茬的保护作用，减少了表土有机碳的损失，增加了表层土壤有机碳的含量，而对于深层土壤影响较小，甚至会降低深层土壤有机碳含量。

长期耕作之后，翻耕和旋耕表层0～10 cm土壤有机碳含量呈现初期增加、后期有所降低的趋势。这可能主要是由于传统耕作措施没有采用秸秆还田，采用秸秆还田对提高土壤有机碳含量具有显著的作用。其中，翻耕土壤有机碳含量以2009年最高，旋耕则在2006—2008年达到较高的水平。翻耕处理下，2009年表层0～10 cm土壤有机碳含量较2004年高13.73%，方差分析结果表明，各年际处理之间在2007—2010年差异达到显著水平($p<0.05$)，而在2004—2007年处理间差异不显著($p<0.05$)。

长期免耕表层土壤有机碳含量逐年上升，易出现有机碳表层富集现象。翻耕秸秆还田、旋耕秸秆还田措施在耕作初期能提高表层土壤有机碳含量，而在长期连续人为扰动之后，土壤有机碳呈现下降的趋势。覆盖在地表的秸秆在土壤SOC的增加过程中发挥了重要的作

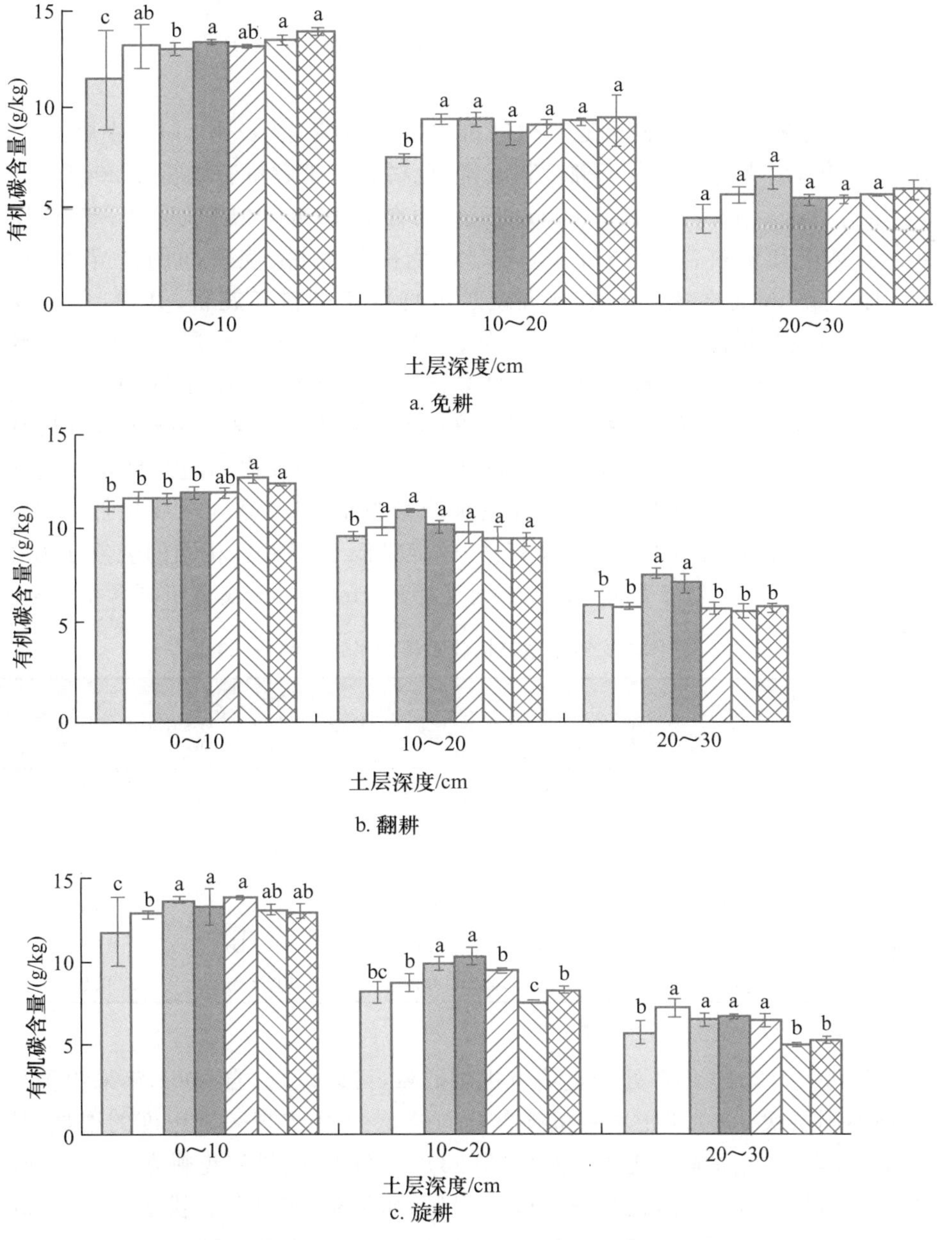

图 4.6　2004—2010 年耕作措施对土壤有机碳含量的影响

□ 2004　□ 2005　□ 2006　■ 2007　▨ 2008　▧ 2009　⊠ 2010

用。免耕对表层土壤 SOC 的累积效应逐渐体现出来。与 2004 年相比，翻耕和旋耕处理下的 0～30 cm 土层土壤有机碳含量均表现为先增加后降低的趋势。这主要是因为翻耕和旋耕条件下均较传统耕作措施采用了秸秆全量还田，通过每年的土壤扰动，使秸秆与土壤重复混匀，使得翻耕和旋耕前期土壤有机碳含量上升。但是机械对土壤扰动也造成了土壤有机碳的损失，因此在后期表现为土壤有机碳含量下降。

4.3.4 土壤有机碳贮量的年际变化特征(2004—2010 年)

耕作方式对土壤有机碳的影响随着时间推移发生着变化(表 4.11)。表层 0～5 cm,从 2004 年到 2010 年,免耕均显著高于翻耕和旋耕,免耕相对于翻耕和旋耕在 2004 年土壤表层 0～5 cm 土壤有机碳贮量高 18.14%和 11.83%,而在 2010 年,免耕表层 0～5 cm 土壤有机碳贮量相对于翻耕和旋耕高 5.16%和 5.92%,免耕与翻耕、旋耕间的差异进一步缩小。2004 年,在大于 5 cm 层次免耕土壤有机碳贮量均低于翻耕和旋耕,其中,免耕较旋耕低 6.85%～9.74%,较翻耕低 11.61%～19.73%。2010 年,5～10 cm 层次土壤有机碳贮量表现为免耕>翻耕>旋耕,免耕、翻耕与旋耕间差异达到显著水平,而在 2004 年 5～10 cm 土层,免耕土壤有机碳贮量显著低于翻耕、旋耕,这说明免耕有利于表层 0～10 cm 层次土壤有机碳的累积。在 10 cm 土层以下,免耕土壤有机碳贮量低于翻耕、旋耕,且差异达到显著水平($p<0.05$)。2004 年,10～20 cm 土层,免耕较翻耕低 19.73%,较旋耕低 5.01%,而在 2010 年同一土壤层次,免耕较翻耕低 25.87%,较旋耕低 11.58%,相同的现象亦出现在20～30 cm 层次,这说明免耕相对于翻耕、旋耕不利于>10 cm 深层土壤有机碳含量的累积。

表 4.11 耕作方式对土壤有机碳贮量的影响(2004—2010 年)

年份	处理	土壤层次/cm				总计
		0～5	5～10	10～20	20～30	
2004	翻耕	6.56b	6.71a	12.52a	8.64a	34.42a
	旋耕	6.93b	6.37b	10.58b	8.36a	32.24b
	免耕	7.75a	5.93c	10.05b	7.55b	31.27c
2010	翻耕	8.34b	9.53a	15.43a	9.71a	43.01a
	旋耕	8.28b	7.62b	12.94b	9.13a	37.98b
	免耕	8.77a	9.84a	11.44c	8.12b	38.17b

注:a,b,c,d 代表 LSD($p<0.05$)水平差异显著性。

综合比较 2004—2010 年各处理土壤有机碳贮量,可以发现,自 2001 年采用秸秆还田措施后,各处理不同层次 2010 年土壤有机碳含量均较 2004 年出现一定程度的增加,其中免耕在 5～10 cm 土壤层次增加幅度最高,达到 65.93%。翻耕、旋耕和免耕在 0～10 cm 土壤层次上较 2004 年增加了 69.14%、39.19%和 79.1%,而翻耕、旋耕和免耕在 0～30 cm 整个土壤剖面上较 2004 年增加了 24.91%、17.79%和 22.04%。免耕有利于增加表层 0～10 cm 土壤有机碳贮量,而就整个土壤耕层而言,免耕对于土壤有机碳含量的累积并未表现出优势。

4.4 耕作措施对冬小麦田土壤碳库的影响

土壤为地球上第三大碳库(Lal,2001),Eswaran 通过对来源于 45 个国家 1 000 个土种剖面和美国 15 000 个土种剖面的数据分析认为,全球土壤总的碳贮量大约为 1 576 Pg

(1 Pg＝10^9 t)(Eswaran H，VanDenBerg E，Reich P.，1993)。土壤中有机碳的含量约为植被碳含量(550 Pg)的 3 倍、大气碳含量(750 Pg)的 2 倍。然而，耕作 20～50 年，将损失 20%～50%的土壤有机碳(VandenBygaart，Gregorich 等，2004)。目前研究认为，免耕秸秆还田对增加土壤有机碳贮量具有显著的效果(West and Post，2002)。IPCC2000 引用数据显示保护性耕作每年能固定超过 1 t C/(hm^2·年)。Uri 等(2001)进一步指出保护性耕作能固定 300～500 kg C/(hm^2·年)(Uri 等，2001)。保护性耕作(少免耕和秸秆还田)能增加土层的总有机碳、稳态碳和碳库指数(李琳等，2006)。唐晓红(2007)认为保护性耕作 13 年后土壤表层总有机碳贮量明显增高(唐晓红等，2007)。Metay(2007)等研究指出，免耕加秸秆覆盖可提高表层土(0～10 cm)有机碳含量，每年达 0.35 mg/hm^2。因此，采用保护性耕作技术措施对于提高农田有机碳含量具有十分重要的意义。但也有研究者对保护性耕作固碳效应提出质疑，Dolan 等(2006)和 Yang 等(2008)认为从整个剖面来看保护性耕作的固碳量是小于传统耕作的；Baker 等(2007)认为大部分保护性耕作固碳效果的研究均是取样深度 30 cm 以内，免耕在表层 0～5 cm 高于传统耕作，而在深层次则低于传统耕作。因此，加大取样的深度是验证保护性耕作土壤固碳效应的重要方法。

4.4.1 土壤有机碳含量

冬小麦播种前，不同耕作措施土壤有机碳含量均表现为随土壤深度增加而逐渐减小的状态(图 4.7)。翻耕处理在 0～20 cm 土层分布较均匀，土壤有机碳分布在 8.90～13.21 g/kg，免耕差异相对较大，土壤有机碳分布在 7.15～13.81 g/kg，旋耕下土壤有机碳变化趋势居中。在 20～50 cm 范围内，各耕作处理间差异较小，以翻耕最高，旋耕居中，免耕最低，土壤 SOC 分布在 4.63～6.14 g/kg。

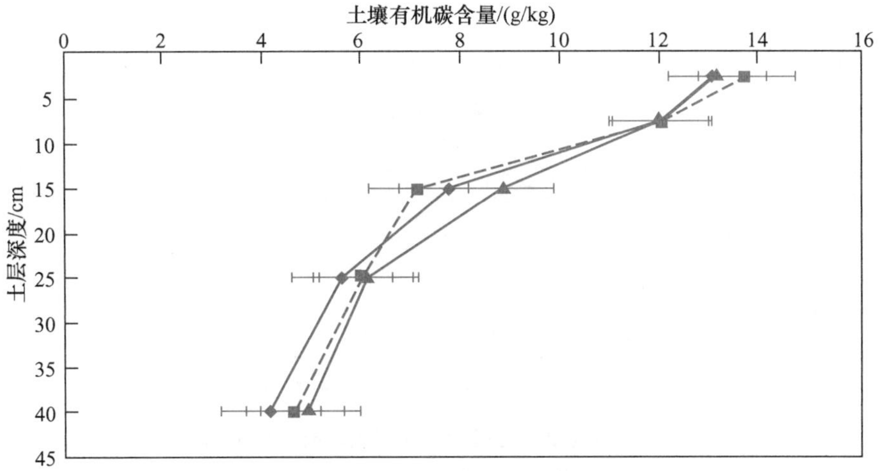

图 4.7 不同耕作方式对播种期土壤有机碳的影响

—◆— 旋耕 --■-- 免耕 —▲— 翻耕

表层 0～5 cm 土壤有机碳含量以免耕最高，翻耕居中，旋耕最低，翻耕土壤有机碳含量为 13.21 g/kg，较免耕 13.81 g/kg 低 4.34%，方差分析二者差异未达到显著水平($p<$

0.05)，旋耕(13.20 g/kg)相对于免耕降低了4.41%，且二者之间差异达显著水平($p<0.05$)；而在土壤深层，免耕土壤有机碳含量下降趋势明显，在10～20 cm土层，翻耕处理土壤SOC分别比免耕和旋耕高24.20%、14.14%，且翻耕与免耕、旋耕间差异显著，而免耕与旋耕之间差异不显著($p<0.05$)。在30 cm土层以下，各耕作处理差异很小，且方差分析不显著($p<0.05$)。

由图4.7可知，免耕在表层0～10 cm土壤有机碳含量均高于翻耕和旋耕，而在深层10～50 cm土壤有机碳含量要低于翻耕和旋耕，>10 cm层次(10～20 cm、20～30 cm和30～50 cm)土壤有机碳含量均表现为免耕最低，旋耕居中，翻耕最低。方差分析显示，免耕在10～20 cm土层显著低于翻耕和旋耕，而在20～50 cm土层则差异不显著。冬小麦收获期，由于免耕对土壤有机碳的固持作用以及秸秆的大量腐解，导致免耕表层0～5 cm土壤有机碳含量最高。通过比较翻耕、旋耕和免耕表层0～5 cm土壤有机碳含量的差异，免耕分别比翻耕、旋耕高7.30%和6.10%，且差异达到显著($p<0.05$)，翻耕和旋耕之间有机碳含量较接近，旋耕略高于翻耕，具体表现为，免耕、翻耕和旋耕在表层0～10 cm土壤有机碳变化范围分别为14.19～15.14 g/kg、13.72～14.11 g/kg、12.68～14.27 g/kg，而在深层10～50 cm各处理土壤有机碳变化范围分别为翻耕4.74～10.51 g/kg、旋耕4.19～8.53 g/kg、免耕3.84～7.55 g/kg。

播种期和收获期，不同耕作措施对冬小麦田有机碳含量的变化表现出相似的趋势(图4.7、图4.8)，均表现为免耕表层富集，表层有机碳含量显著高于其他处理，而在深层则较翻耕、旋耕有所降低，甚至达到显著差异。同时，受机械扰动程度不同，旋耕处理下土壤有机碳含量介于翻耕和旋耕之间。

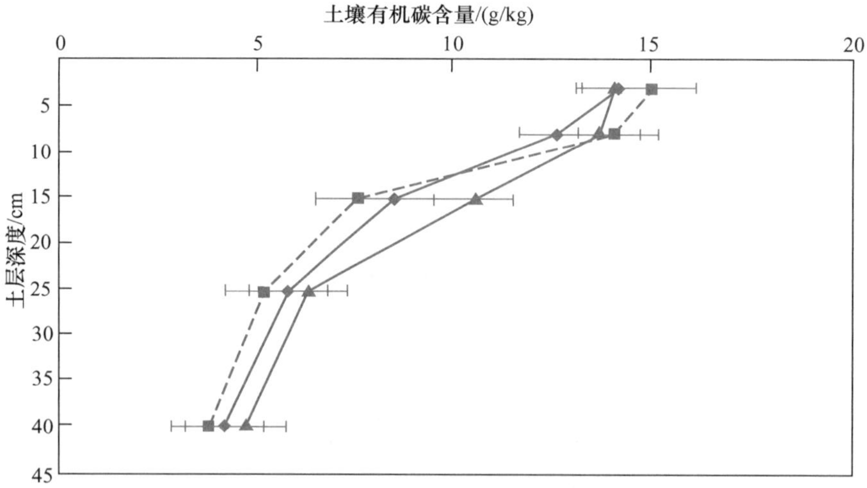

图4.8 不同耕作方式对收获期土壤有机碳的影响

—◆— 旋耕 –■– 免耕 —▲— 翻耕

不同耕作措施下土壤剖面中有机碳贮量见表4.12。播种期0～50 cm土层土壤有机碳贮量以翻耕最高，旋耕最低，但处理间差异不显著。而在收获期0～50 cm土层土壤有机碳贮量则以翻耕最高，免耕最低，且翻耕与旋耕、免耕间差异达到显著水平($p<0.05$)。分析比较0～30 cm土层土壤有机碳贮量，播种期时以免耕最高，翻耕最低，收获期时以翻耕最高，

旋耕最低，且收获期翻耕与免耕、旋耕差异达到显著水平($p<0.05$)。不同耕作方式对土壤有机碳贮量的影响主要出现在0～20 cm土层，而在20～50 cm层次，由于土壤有机碳含量较为接近，各处理下土壤有机碳贮量的差异逐渐减小。同时，免耕和旋耕在0～10 cm土层中的土壤有机碳贮量较高，而翻耕处理则在10～20 cm土层土壤有机碳贮量较高。对翻耕、旋耕和免耕而言，最高的土壤有机碳贮量分别出现在0～5 cm、5～10 cm和10～20 cm土层。免耕和旋耕处理间的土壤有机碳贮量差异仅出现在0～10 cm土层，免耕处理土壤有机碳贮量在播种期和收获期分别较旋耕高23.69%和17.04%。

表4.12　耕作措施对冬小麦田土壤有机碳贮量的影响(等深度法)　Mg/hm^2

土壤层次/cm	播种期			收获期		
	翻耕	旋耕	免耕	翻耕	旋耕	免耕
0～5	6.28b	7.00b	8.57a	8.34a	8.28a	8.77a
5～10	7.31b	6.93b	8.66a	9.53a	7.62b	9.84a
10～20	10.66b	12.14a	11.01ab	15.43a	12.94b	11.44c
20～30	9.64a	8.90b	8.97b	9.71a	9.13a	8.12a
30～50	15.90a	13.30b	11.56c	14.66a	12.95b	11.76b
0～30	33.90a	34.97a	37.21a	43.01a	37.98b	38.17b
0～50	49.80a	48.27a	48.77a	57.66a	50.93b	49.92b

注：a，b，c代表LSD($p<0.05$)水平差异显著性。

4.4.2　土壤活性有机碳及碳库管理指数

图4.9是各耕作处理下土壤剖面0～50 cm层次土壤活性有机碳含量的变化情况。整体来看，不同耕作措施下土壤活性有机碳含量随土壤深度的增加呈现降低的趋势。在表层0～5 cm，播种期和收获期冬小麦田土壤活性有机碳含量均以免耕最高，分别为2.98 g/kg和3.16 g/kg。免耕与翻耕、旋耕相比差异达到显著水平，播种期，翻耕、旋耕较免耕减少23.03%和23.06%，而在收获期，0～5 cm土层翻耕、旋耕较免耕减少了12.79%和5.52%；5～10 cm土层翻耕、旋耕较免耕减少了20.53%和36.15%。免耕与翻耕、旋耕之间的差异进一步增大，这可能是由于降雨等对机械作业下的表层土壤影响更大，翻耕、旋耕表层土壤变得紧实，同时免耕下土壤微生物活动较为活跃，有效地提高了免耕表层土壤活性有机碳的含量。在20～50 cm土壤层次内，各处理土壤活性有机碳含量均较少，其中播种期各处理活性有机碳分布为0.21～0.87 g/kg，而收获期各处理活性有机碳为0.41～1.46 g/kg。

综合来看，在收获期各处理土壤活性有机碳含量要高于播种期土壤活性有机碳含量，这与土壤的耕作扰动、气温变化、根系及微生物活动等有很大的关系。计算0～50 cm层次各耕作处理土壤平均活性有机碳的含量，播种期翻耕、旋耕和免耕分别为0.92 g/kg、0.86 g/kg和0.92 g/kg，而收获期翻耕、旋耕和免耕分别为1.39 g/kg、1.03 g/kg和1.33 g/kg，均表现为翻耕＞免耕＞旋耕。免耕在表层促进了土壤活性有机碳的形成，在深层土壤则没有明显的效果。

以翻耕秸秆还田为对照，分别计算冬小麦播种期和收获期不同耕作措施下土壤碳库管

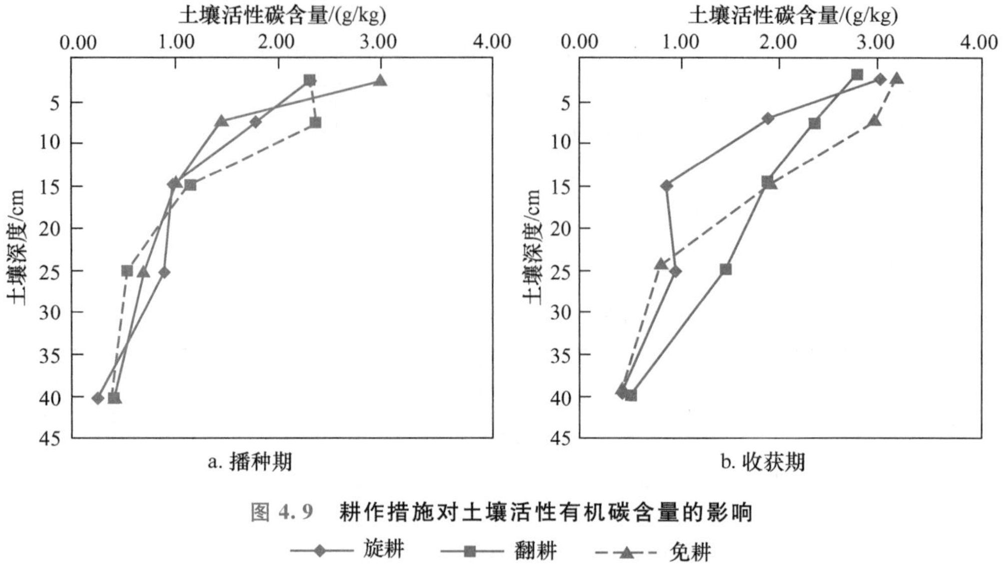

图 4.9 耕作措施对土壤活性有机碳含量的影响

理指数结果见表 4.13 和表 4.14。表层 0～5 cm，免耕在播种期和收获期土壤碳库活度、活度指数、碳库指数、碳库管理指数等均高于翻耕。在＞5 cm 土壤层次内，各处理碳库指数变化很大。在播种期 5～30 cm 层次的土壤，免耕各项碳库指标均低于翻耕处理，且二者之间差异达到显著水平。在收获期 0～20 cm 的土层，免耕处理碳库管理指数均高于翻耕处理，在 5～20 cm 范围内，土壤碳库管理指数表现为免耕＞翻耕＞旋耕，而在 20～50 cm 范围内，则表现为翻耕高于免耕。在冬小麦播种期和收获期，旋耕碳库管理指数除了在表层 0～5 cm 高于翻耕外，在大于 5 cm 的深层土壤均表现出最低的碳库管理指数。

表 4.13 耕作措施对冬小麦田土壤碳库管理指数的影响(播种期)

土层/cm	处理	碳库活度(*A*)	活度指数(*AI*)	碳库指数(*CPI*)	碳库管理指数(*CPMI*)
0～5	翻耕	0.24a	1.00b	1.00a	100.00b
	旋耕	0.21a	1.05b	1.08a	113.30b
	免耕	0.29a	1.28a	1.10a	140.91a
5～10	翻耕	0.24a	1.00a	1.00a	100.00a
	旋耕	0.17b	0.74b	0.99a	73.41b
	免耕	0.14b	0.55b	1.00a	54.95b
10～20	翻耕	0.14a	1.00b	1.00a	100.00a
	旋耕	0.14a	1.08b	0.87b	96.77b
	免耕	0.17a	1.27b	0.80b	99.24b
20～30	翻耕	0.09b	1.00a	1.00a	100.00a
	旋耕	0.19a	1.07a	0.91a	97.73b
	免耕	0.14a	1.04a	0.91a	94.96b
30～50	翻耕	0.08b	1.00b	1.00a	100.00a
	旋耕	0.06b	0.70c	0.85b	59.59b
	免耕	0.11a	1.53a	0.78b	117.09a

注：a，b，c 代表 LSD($p<0.05$)水平差异显著性。

表 4.14 耕作措施对冬小麦田土壤碳库管理指数的影响(收获期)

土层/cm	处理	碳库活度(A)	活度指数(AI)	碳库指数(CPI)	碳库管理指数($CPMI$)
0～5	翻耕	0.24a	1.00a	1.00b	100.00a
	旋耕	0.26a	1.11a	1.01b	112.99a
	免耕	0.26a	1.12a	1.07a	120.39a
5～10	翻耕	0.21a	1.00ab	1.00a	100.00a
	旋耕	0.17b	0.85b	0.92a	78.57b
	免耕	0.26a	1.29a	1.03a	133.38a
10～20	翻耕	0.22b	1.00b	1.00a	100.00a
	旋耕	0.11c	0.54b	0.81b	44.56b
	免耕	0.34a	1.61a	0.71b	115.12a
20～30	翻耕	0.32a	1.00a	1.00a	100.00a
	旋耕	0.21a	0.86a	0.92b	78.14b
	免耕	0.19a	0.76a	0.83b	61.97b
30～50	翻耕	0.13a	1.00a	1.00a	100.00a
	旋耕	0.11a	0.89a	0.88b	79.71b
	免耕	0.12a	0.98a	0.81b	80.09b

注：a,b,c 代表 LSD($p<0.05$)水平差异显著性。

综上所述，不管在冬小麦播种期还是在收获期，免耕在表层 0～5 cm 碳库各项指标均表现为最高，而在>5 cm 层次，特别是在 20～50 cm 土壤层次内，翻耕的碳库管理指数要高于免耕和旋耕。因此，免耕有利于提高表层土壤碳库的活力，而翻耕则对改善土壤深层碳库质量作出了贡献。

4.4.3 土壤碳氮比

土壤碳氮比可用来反映农田土壤有机碳和全氮的耦合关系，是衡量土壤碳氮养分平衡状况、描述土壤质量的重要指标之一(许泉等，2006)。本研究中不同耕作措施对土壤碳氮比具有一定的影响(图 4.10)。不同耕作措施土壤碳氮比在土壤剖面中分布较均匀，土壤碳氮比随着土壤深度的增加呈现一定幅度的波动。播种期各处理碳氮比翻耕为 8.73～9.55、旋耕为 9.36～11.50、免耕为 7.80～10.38。播种期 0～5 cm 土层免耕土壤碳氮比较翻耕和旋耕高 10.5%和 1.1%，但差异未达到显著水平($p<0.05$)。在 5 cm 土壤层次以下，免耕土壤碳氮比均小于旋耕。5～30 cm 土壤层次内，各处理土壤碳氮比的表现为旋耕>免耕>翻耕，而在 30～50 cm 土壤层次内，各处理土壤碳氮比表现为翻耕>旋耕>免耕，翻耕、旋耕较免耕高 22.4%和 19.9%，且翻耕、旋耕与免耕之间差异达到显著水平($p<0.05$)。在播种期以旋耕处理下土壤碳氮比最高，翻耕最低，免耕与旋耕在 0～10 cm 范围内土壤碳氮比较接近，而在 10～50 cm 范围内则差异较大。翻耕在 0～50 cm 范围内土壤碳氮比变化幅度最小，这可能是由于翻耕的耕作深度以及翻耕处理下根系下扎较深有关。

冬小麦收获期各处理土壤碳氮比平均值分别为，翻耕 10.20、旋耕 10.18、免耕 10.68，较播种期(翻耕 9.14、旋耕 9.97、免耕 8.74)有一定程度的增加,其中免耕增加幅度最大,达到 22.2%。表层 0~5 cm 各处理土壤碳氮比以免耕最高,翻耕居中,旋耕最低,免耕较翻耕、旋耕高 10.35%和 15.77%。免耕在表层 0~10 cm 和 30~50 cm 土壤碳氮比表现最高,且各处理变化趋势均为免耕>翻耕>旋耕,而在 10~30 cm 土壤层次,免耕土壤碳氮比最低,翻耕和旋耕土壤碳氮比则较接近,方差分析显示 10~30 cm 土层翻耕、旋耕与免耕达到显著性差异($p<0.05$)。

综上所述,免耕有利于提高表层 0~5 cm 土壤碳氮比,翻耕和旋耕则有利于提高土壤深层土壤碳氮比。冬小麦收获期各处理土壤碳氮比均高于播种期,其中秸秆还田起到了重要作用,由于各处理秸秆还田量的差异[翻耕、旋耕和免耕玉米秸秆还田量分别为9 200 Mg/(hm^2 · 年)、9 200 Mg/(hm^2 · 年)和 8 500 Mg/(hm^2 · 年)],播种期免耕土壤碳氮比平均值低于翻耕和旋耕,而免耕碳氮比在收获期土壤表层 0~10 cm 最高,这可能是因为免耕土壤微生物活动较活跃,对土壤氮素进行了充分的利用和转化。

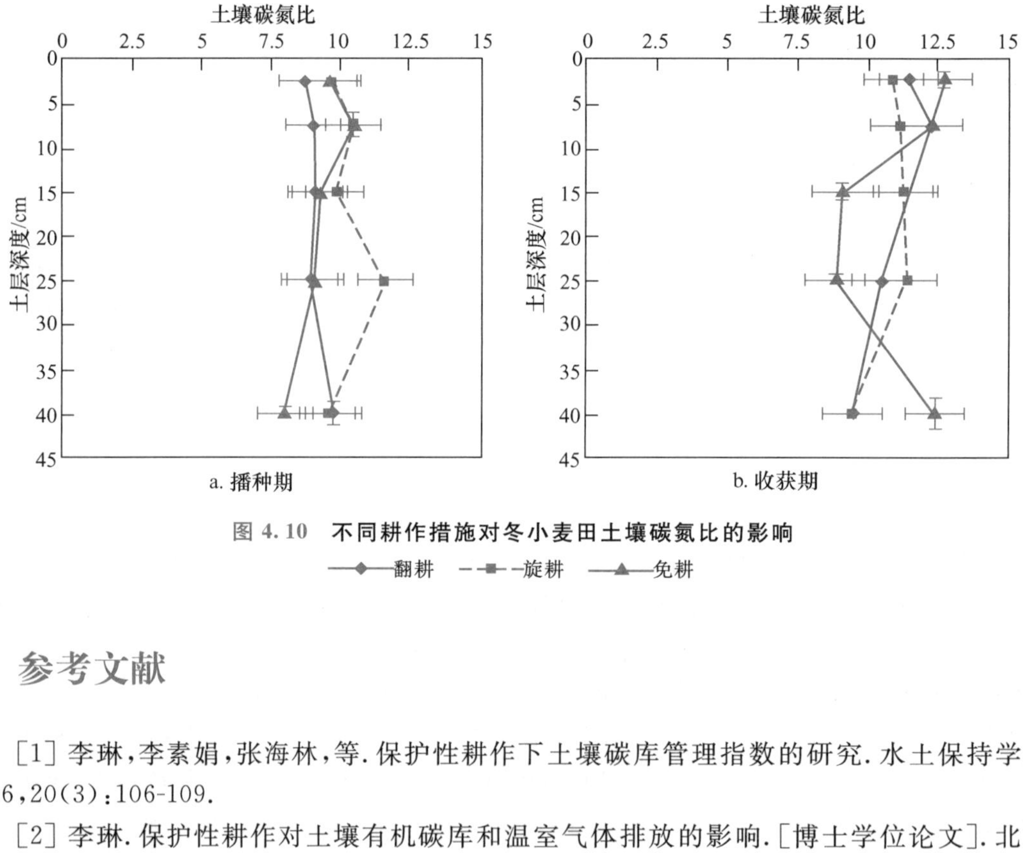

图 4.10 不同耕作措施对冬小麦田土壤碳氮比的影响

参考文献

[1] 李琳,李素娟,张海林,等.保护性耕作下土壤碳库管理指数的研究.水土保持学报,2006,20(3):106-109.

[2] 李琳.保护性耕作对土壤有机碳库和温室气体排放的影响.[博士学位论文].北京:中国农业大学,2006.

[3] 陈继康.华北平原不同耕作方式冬小麦田土壤生态效应研究.[硕士学位论文].北京:中国农业大学,2009.

[4] 韩宾,孔凡磊,张海林,等.耕作方式转变对小麦/玉米两熟农田土壤固碳能力的影响[J].应用生态学报,2010,21(1):91-98.

[5] 李涛,潘志华,安萍莉,等.北方农牧交错带(武川县)土壤微生物生物量分布及层化

比率研究. 水土保持学报,2006,20:99-102.

[6] He Z L,Wu J,O'Donnell A G,*et al*. Seasonal responses in microbial biomass carbon,phosphorus and sulphur in soils under pasture. Biology & Fertility of Soils,1997,24:421-428.

[7] 王芸,李增嘉,韩宾,等. 保护性耕作对土壤微生物量及活性的影响. 生态学报,2007,27(8):3384-3390.

[8] 樊丽琴,南志标,沈禹颖,等. 保护性耕作对黄土高原小麦田土壤微生物碳的影响. 草原与草坪. 2005,4:51-56.

[9] 汤树德. 作物秸秆直接还田的土壤生物学效应. 土壤学报,1980,17(2):172-181.

[10] Maria S, Bo S, Tomas R. Effects of reduced tillage and liming on microbial activity and soil properties in a weakly-structured soil. Applied Soil Ecology. 2000,14:135-145.

第5章

保护性耕作土壤温室气体减排效应

温室气体排放所引起的气候变暖已成为全世界瞩目环境问题。目前主要的 3 种温室气体是 CO_2、CH_4 和 N_2O，农业活动对这 3 种气体的排放与吸收具有重要的影响。影响农田温室气体排放的因素有很多，包括温度、水分、有机质、肥料使用、耕作方式等。耕作措施不仅能改变土壤的理化性状，而且可以改变土壤微生物活性等，致使不同耕作措施下，农田土壤呼吸存在显著差异。

本章系统分析了华北麦玉两熟制下保护性耕作温室气体的排放特征，为农田温室气体减排提供指导。

5.1　耕作初期农田温室气体排放特征

土壤耕作是农业生产过程中的重要环节，耕作对土壤温室气体排放的影响是多方面的。大量的研究也表明，由于土壤耕作使农田土壤结构等理化性状发生变化，对农田温室气体排放有重大影响，尤其耕作初期对土壤温室气体排放影响最大。

5.1.1　CO_2

耕作方式对耕作初期农田 CO_2 气体排放具有显著的影响，如图 5.1 所示。通过计算可知，3 种耕作方式在土壤耕作 8 h 后 CO_2 排放量开始增加，耕作后 12 h 达到峰值，最高排放速率表现为旋耕＞翻耕＞免耕。其中旋耕与翻耕的排放高峰明显大于免耕。耕作初期 72 h 内 3 种耕作方式下总的排放量表现为旋耕＞翻耕＞免耕，排放量分别为 31.99 g/m^2、46.34 g/m^2、18.59 g/m^2。方差分析表明耕作当天，3 种耕作方式排放速率差异达显著水平。

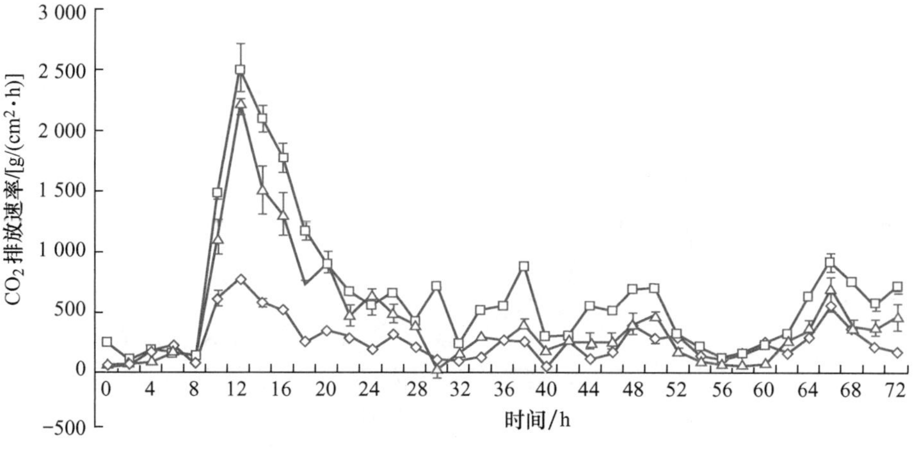

图 5.1 耕作初期不同耕作方式农田 CO_2 排放变化规律

—△— 翻耕 —□— 旋耕 —◇— 秸秆直立免耕

3 种耕作方式在耕作当天土壤 CO_2 排放总量显著增加，而之后 2 d 内的排放量减少，且第二天与第三天的排放量之间差异较小（图 5.2）。其中旋耕明显高于其他两个处理，免耕最低。耕作当天 3 种处理土壤 CO_2 排放总量分别为：20.18 g/m^2、17.90 g/m^2、7.77 g/m^2。

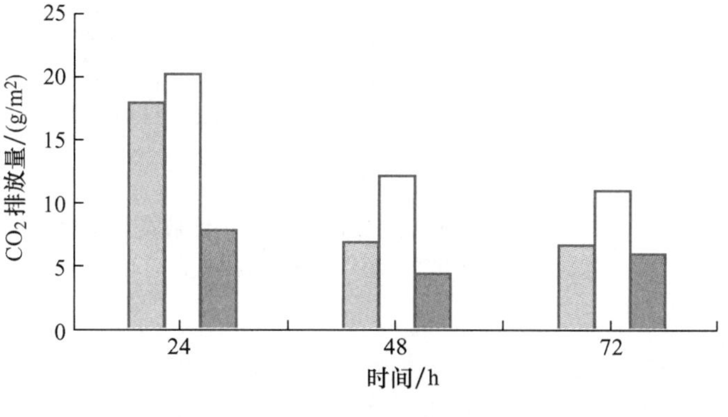

图 5.2 耕作初期不同耕作方式对农田 CO_2 排放量的影响

□翻耕 □旋耕 ■秸秆直立免耕

翻耕秸秆还田与翻耕秸秆不还田两种处理在耕作初期的农田土壤呼吸具有相似的变化规律（图 5.3），即呈现先急剧增加、后下降、最后趋于平缓的规律。耕作后 12 h，两种处理的土壤呼吸峰值分别为：2 370.471 mg/(m^2 · h)（翻耕秸秆还田）和 2 208.979 mg/(m^2 · h)（翻耕秸秆不还田），秸秆还田显著增加土壤呼吸排放，之后逐渐下降。在整个耕作初期翻耕秸秆不还田处理条件下农田土壤呼吸要显著高于翻耕秸秆还田。方差分析结果显示，两种处理耕作初期除排放高峰外，在其他时期无显著性差异。

在耕作当天土壤 CO_2 排放总量显著增加，而之后 2 d 内的排放减少，且第二天与第三天的排放量之间差异较小。耕作当天两种处理土壤 CO_2 排放总量分别为：20.61 g/m^2 和 17.90 g/m^2，秸秆还田条件下土壤 CO_2 的排放总量显著高于秸秆不还田（图 5.4）。

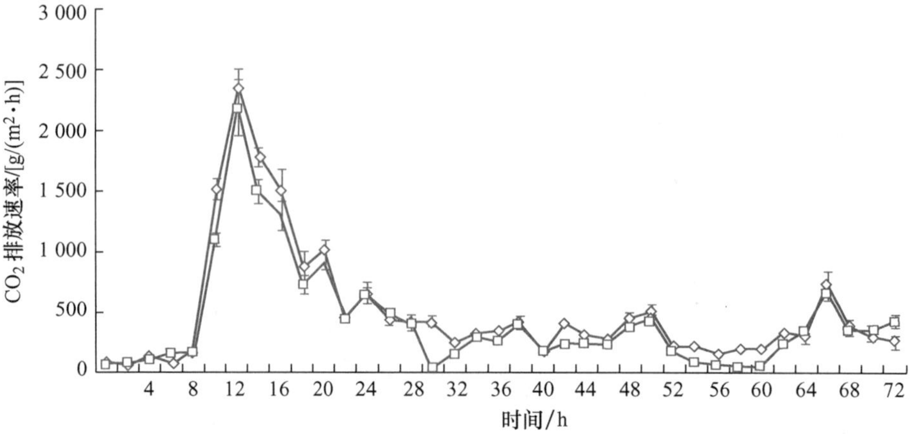

图 5.3 耕作初期不同耕作方式农田 CO_2 排放变化规律

—◇— 翻耕秸秆还田 —□— 翻耕秸秆不还田

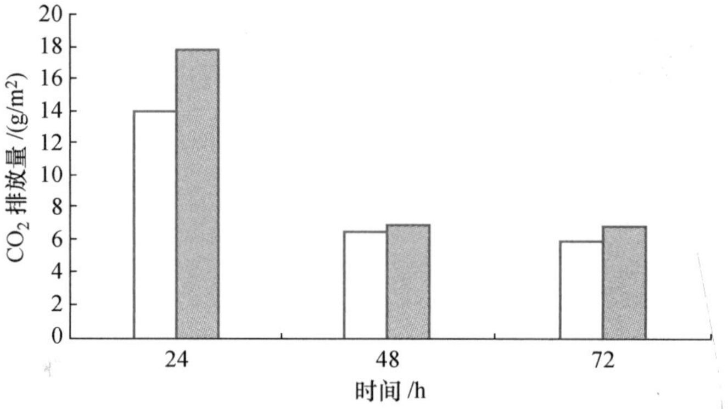

图 5.4 耕作初期秸秆还田对农田 CO_2 排放量的影响

□翻耕秸秆不还田 ▨翻耕秸秆还田

5.1.2 N_2O

由图 5.5 可知耕作初期 3 种耕作方式下农田土壤 N_2O 排放具有相似的排放规律，总体上呈现波动性变化，正负排放均有出现，其中正排放均出现在排放当天的下午，而负排放出现在凌晨。土壤耕作后 16 h 出现排放高峰，之后变化较为平缓。通过方差分析 3 种耕作方式下 N_2O 排放之间并无显著性差异。说明土壤耕作对农田土壤 N_2O 的排放无显著影响。

从农田 N_2O 排放总量上看(图 5.6)，3 种耕作方式在耕作初期的排放总量分别为翻耕 3.83 g/m²，旋耕 10.27 g/m²，免耕 10.55 g/m²。免耕最高，翻耕最低。3 种处理在耕作当天 N_2O 排放量较高，之后明显下降。耕作后 48 h 内免耕处理 N_2O 排放显著高于另外两个处理，施肥成为主要影响因素。由于免耕施肥时肥料集中条施，肥料与土壤未充分混合，加速了肥料的挥发，从而增加了 N_2O 的排放；相比翻耕处理，由于肥料伴随土壤翻耕，肥料进入土壤与土壤紧密接触，延缓了肥料的挥发，进而提高了肥料的利用效率。旋耕处理由于只对 0～5 cm 层次进行土壤耕作，对肥料挥发的影响介于翻耕与免耕之间。

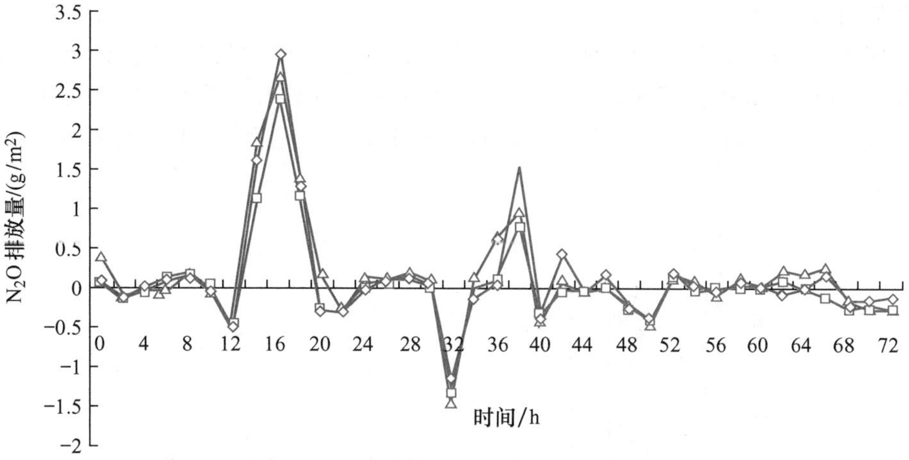

图 5.5 耕作初期不同耕作方式农田 N_2O 排放变化规律

—△— 翻耕 —□— 旋耕 —◇— 秸秆直立免耕

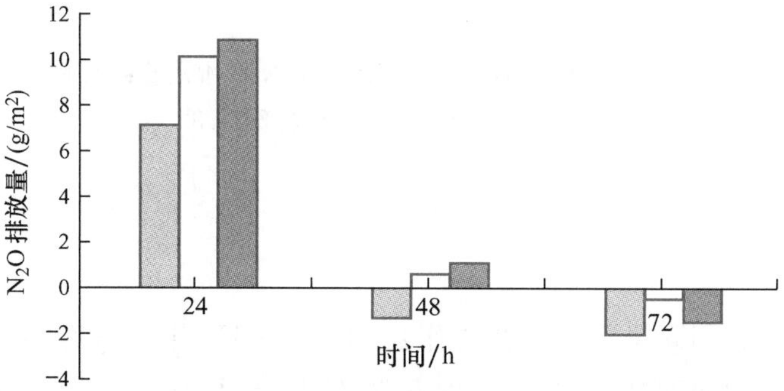

图 5.6 耕作初期不同耕作方式对农田 N_2O 排放量的影响

▨翻耕 □旋耕 ■秸秆直立免耕

耕作初期，翻耕秸秆还田与翻耕秸秆不还田对农田 N_2O 排放具有相似的变化规律，总体上呈现波动性变化，正负排放均有出现，其中正排放出现在排放当天的下午，而负排放出现在凌晨(图 5.7)。土壤耕作后 16 h 出现排放高峰，之后变化较为平缓。方差分析表明两

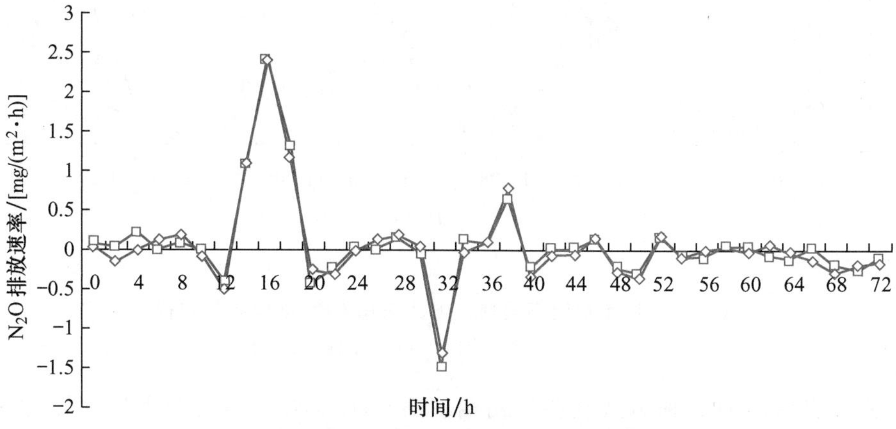

图 5.7 耕作初期秸秆还田对农田 N_2O 排放的影响

—◇— 翻耕秸秆还田 —□— 翻耕秸秆不还田

者不具有显著性差异。

从农田 N_2O 排放总量上看(图 5.8),耕作方式在耕作初期的排放总量分别为翻耕秸秆还田 3.83 g/m^2,翻耕秸秆不还田 4.01 g/m^2,两种处理在耕作初期农田 N_2O 排放量较为接近,且排放量较小。耕作后 24 h 内排放量明显高于后期。耕作 24 h 后排放呈现负排放,表现为农田的"汇"。

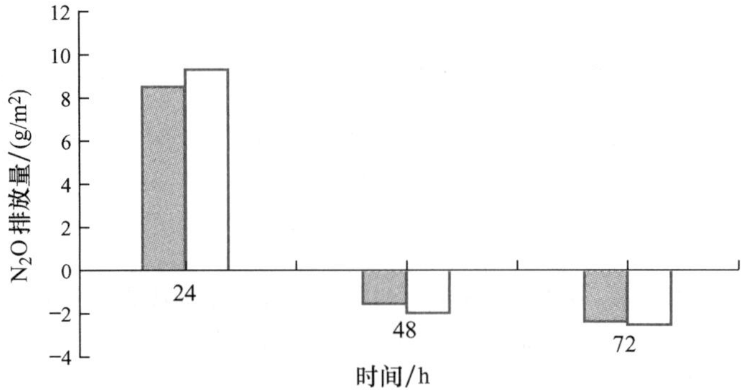

图 5.8 耕作初期秸秆还田对农田 N_2O 排放量的影响

□翻耕秸秆还田 □翻耕秸秆不还田

5.1.3 CH_4

由图 5.9 可看出,不同耕作方式在耕作初期农田 CH_4 排放具有相似的变化规律,均为正排放,总体上表现为周期性变化,变化周期为 24 h,每天 18:00—20:00 为排放高峰,之后逐渐下降,清晨 6:00—8:00 为排放低谷。

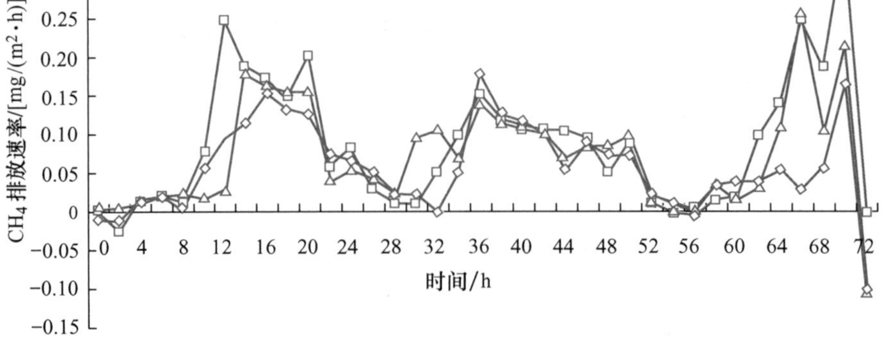

图 5.9 耕作初期不同耕作方式农田 CH_4 排放变化规律

—□— 翻耕 —△— 旋耕 —◇— 秸秆直立免耕

方差分析表明,3 种耕作方式在耕作初期农田 CH_4 排放之间无显著性差异,说明耕作初期耕作方式对农田 CH_4 排放无显著影响(图 5.10)。

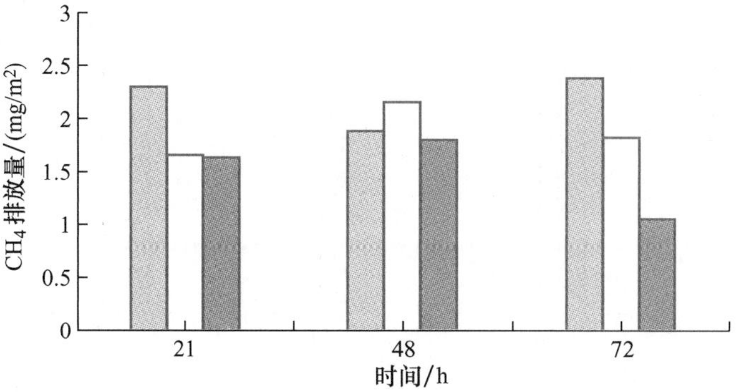

图 5.10 耕作初期不同耕作方式对农田 CH_4 排放量的影响

翻耕 旋耕 秸秆直立免耕

耕作初期翻耕秸秆还田与翻耕秸秆不还田对农田 CH_4 排放具有相似的变化规律，总体上呈现波动性变化，且为正排放，每天 18:00—20:00 为排放高峰，之后逐渐下降。每日清晨 6:00—8:00 为排放低谷(图 5.11)。

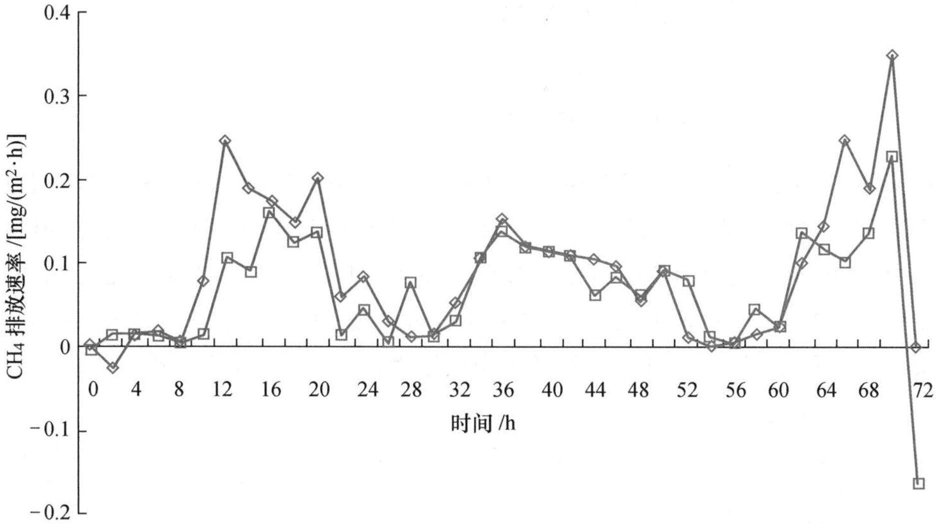

图 5.11 耕作初期秸秆还田对农田 CH_4 排放的影响

—◇— 翻耕秸秆还田 —□— 翻耕秸秆不还田

方差分析表明二者不具有显著性差异(图 5.12)。从农田 CH_4 排放总量上看，耕作初期的排放总量分别为：翻耕秸秆还田 6.59 g/m^2，翻耕秸秆不还田 5.01 g/m^2，两种处理在耕作初期农田 CH_4 排放量较为接近，且排放量较小。耕作后 3 d 内的排放量相比并无明显变化，说明土壤耕作对农田土壤 CH_4 排放并无显著影响。

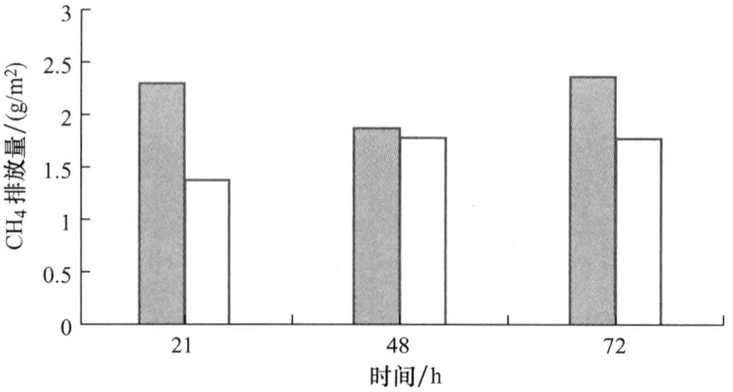

图 5.12 耕作初期秸秆还田对农田 CH_4 排放量的影响

■翻耕秸秆还田 □翻耕秸秆不还田

5.2 保护性耕作下温室气体排放特征

5.2.1 冬小麦田温室气体排放特征

5.2.1.1 冬小麦田 CO_2 排放通量动态

农田 CO_2 排放通量在冬小麦季各处理间具有基本相同的变化趋势，即 CO_2 的排放呈先下降后升高再下降的趋势(图 5.13)。各处理 CO_2 排放的最低和最高值均分别出现于 1 月 30 日冬小麦越冬期、4 月 10 日冬小麦拔节期。在 10 月 10 日冬小麦播种后 CO_2 排放量较高。从 10 月下旬冬小麦幼苗期到 11 月初冬小麦分蘖期，土壤 CO_2 排放急剧下降，之后下降趋势变缓。此阶段由于地温较低，土壤微生物代谢缓慢，土壤呼吸速率较小。由于土壤温度

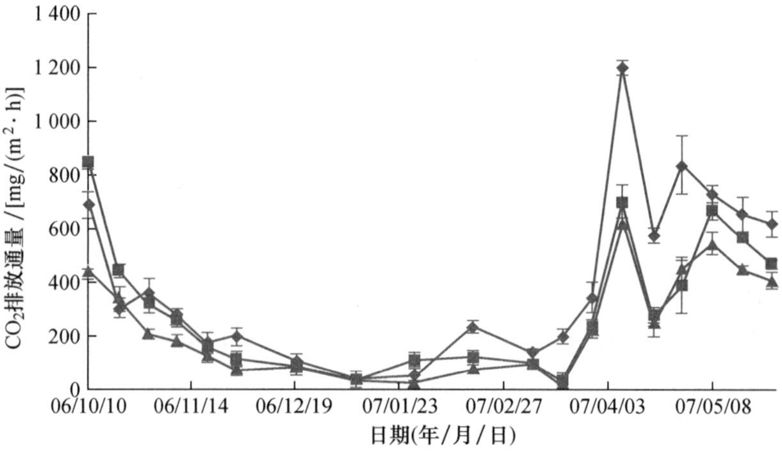

图 5.13 不同耕作措施对冬小麦生长季农田 CO_2 排放通量的影响

—◆— 翻耕 —■— 旋耕 —▲— 秸秆直立免耕

的逐步降低，导致 CO_2 排放通量逐渐下降，1 月 30 日冬小麦越冬期排放达到最低值。从 1 月 30 日冬小麦越冬期至 4 月 10 日冬小麦拔节期，随着土壤温度的逐渐回升，CO_2 排放通量逐渐上升，4 月 10 日冬小麦拔节期出现小的排放高峰。从 4 月 10 日冬小麦拔节期至 6 月 30 日夏玉米幼苗期 CO_2 排放通量并没有随温度的上升而增加，此阶段土壤水分成为主要的影响因素。耕作措施对农田 CO_2 的排放有一定的影响，翻耕秸秆还田和旋耕秸秆还田 CO_2 排放通量在整个测定期表现不一致，从 10 月 10 日冬小麦播种至 10 月 30 日表现为旋耕秸秆还田＞翻耕秸秆还田，其余时期则相反。对整个小麦生育期各处理 CO_2 排放通量进行平均，表现为翻耕秸秆还田＞旋耕秸秆还田＞秸秆直立免耕，分别为 339.81 mg/(m^2 · h)、254.76 mg/(m^2 · h)和 203.22 mg/(m^2 · h)，即旋耕秸秆还田和秸秆直立免耕分别比翻耕秸秆还田降低了 25.02%和 40.18%，秸秆直立免耕与翻耕秸秆还田、旋耕秸秆还田差异达显著水平。

农田 CO_2 排放通量在冬小麦季两种处理间具有基本相同的变化趋势，即 CO_2 的排放呈先下降后升高再下降的趋势(图 5.14)。1 月 30 日冬小麦越冬期排放达到最低值。从 1 月 30 日冬小麦越冬期至 4 月 10 日冬小麦拔节期，随着土壤温度的逐渐回升，CO_2 排放通量逐渐上升，4 月 10 日冬小麦拔节期出现小的排放高峰。秸秆对农田 CO_2 的排放有一定的影响，对整个小麦生育期各处理 CO_2 排放通量进行平均，表现为翻耕秸秆还田＞翻耕秸秆不还田，分别为 412.69 mg/(m^2 · h)和 315.15 mg/(m^2 · h)，即翻耕秸秆还田比翻耕秸秆不还田增加了 23.64%，两种处理差异达到显著水平。从各生育期间的排放量看，冬小麦生育前期 CO_2 排放量差异不大。从冬小麦返青期开始至收获，土壤呼吸逐渐增加，至冬小麦拔节期两种处理排放总量最高。此时期土壤温度逐渐上升，土壤微生物活性升高，作物根系的生长，致使此时土壤呼吸速率达到最高值。从全生育期 CO_2 排放总量上看，秸秆还田致使排放明显增高，整个生育期两种处理条件下排放总量分别为：1 423.058 g/m^2 和1 875.78 g/m^2。冬小麦整个生育期秸秆还田条件下 CO_2 排放总量增加 452.72 g/m^2。

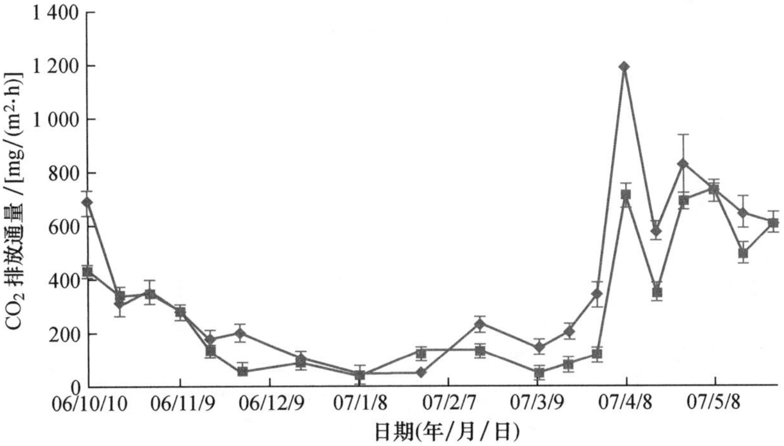

图 5.14 冬小麦季秸秆还田对 CO_2 排放的影响

—◆— 翻耕秸秆还田 —■— 翻耕秸秆不还田

5.2.1.2 冬小麦田 N_2O 排放通量动态

在冬小麦生育期，随着时间的推移，4 种耕作处理 N_2O 排放通量表现为相同的变化趋势，即先下降后上升再下降(图 5.15)。排放的最低值均出现在 3 月中旬，且呈负排放。从 3 月后期开始，排放逐渐上升，至 4 月中旬达到排放高峰。耕作措施对土壤 N_2O 排放通量有一定的影响，耕作当天表现为翻耕＞旋耕＞免耕，这种结果主要是耕作措施造成的。小麦生育期土壤 N_2O 排放总量表现为旋耕＞翻耕＞免耕，分别是 134.47 mg/m^2、113.65 mg/m^2 和 69.50 mg/m^2。在小麦生育期秸秆不还田处理下除 11 月 29 日、12 月 19 日、12 月 8 日出现 3 个负值，其余均为正值。其中，旋耕和免耕比翻耕分别降低了 15.47% 和 48.41%。

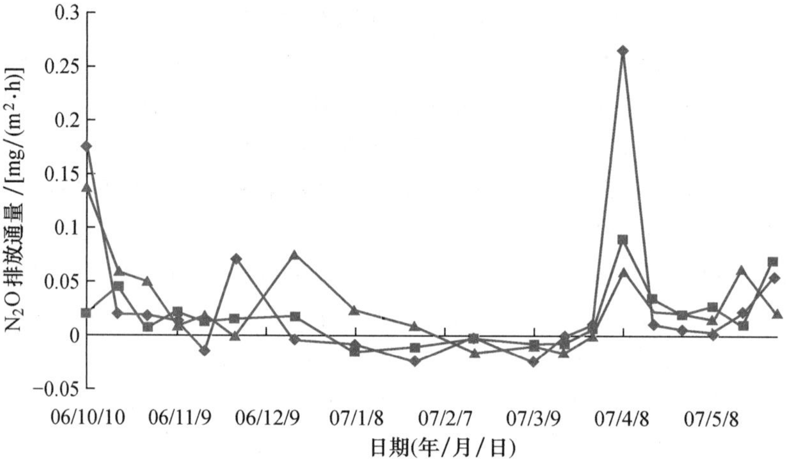

图 5.15 不同耕作措施对冬小麦生长季农田 N_2O 排放通量的影响

—◆— 翻耕 —▲— 旋耕 —■— 秸秆直立免耕

而对于秸秆还田来说，N_2O 排放通量变化趋势与秸秆不还田处理相同，前期基本上呈负值，而后期呈波浪状正值增加趋势(图 5.16)。在整个生育期，除个别时期外基本上都表现为秸秆还田 N_2O 排放通量高于秸秆不还田。小麦生育期土壤 N_2O 排放量表现为秸秆还田＞秸秆不还田，分别是 113.65 mg/m^2 和 82.23 mg/m^2。

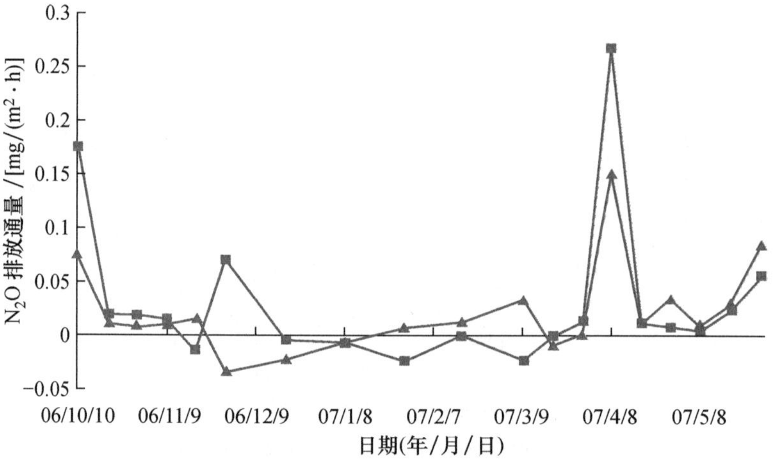

图 5.16 冬小麦季秸秆还田对土壤 N_2O 排放的影响

—■— 翻耕秸秆还田 —▲— 翻耕秸秆不还田

5.2.1.3 冬小麦田 CH_4 排放通量动态

在华北平原，冬小麦田 CH_4 排放通量并不具有明显的变化规律，3 个处理下均存在正负排放现象，其中正排放表现为土壤是大气 CH_4 的源，负排放表现为土壤为大气 CH_4 的汇。从排放总量上可看出，翻耕秸秆还田为正排放，表现为大气 CH_4 的源；而旋耕秸秆还田与免耕秸秆还田下土壤 CH_4 排放通量主要表现为 CH_4 的汇。不同耕作措施对 CH_4 排放通量影响很大，翻耕与旋耕条件下 CH_4 具有较为相似的波动性变化，同时于 2 月 17 日出现排放高峰；免耕条件下除个别时期外土壤基本上都表现为大气 CH_4 的汇，且 CH_4 排放变化与翻耕秸秆还田、旋耕秸秆还田相比较为平缓。各处理下小麦田的排放总量表现为翻耕秸秆还田＞旋耕秸秆还田＞免耕秸秆还田，分别是 240.46 mg/m^2、－10.92 mg/m^2 和－246.84 mg/m^2（图 5.17）。

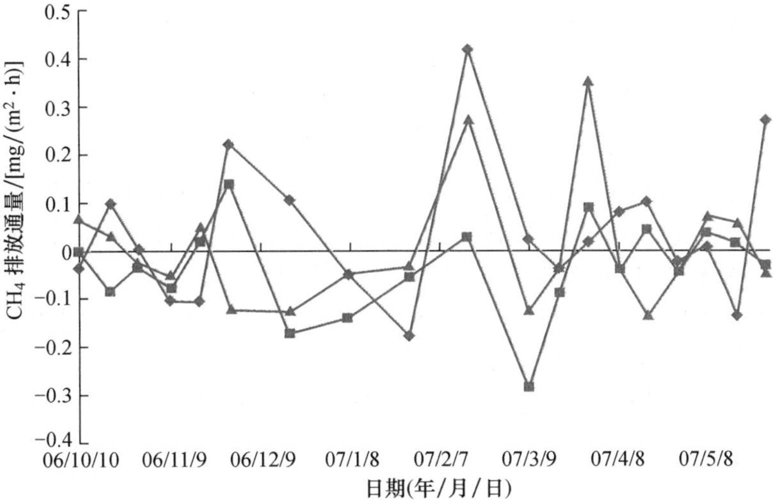

图 5.17 不同耕作措施对冬小麦生长季农田 CH_4 排放通量的影响

—◆— 翻耕 —▲— 旋耕 —■— 免耕

秸秆是否还田对 CH_4 排放通量存在一定的影响（图 5.18）。在整个小麦生育期，翻耕秸秆还田和翻耕秸秆不还田的 CH_4 排放具有较为相似的排放规律，均表现为波动性变化；二者均分别于 1 月中旬、2 月中下旬出现排放最低值与最高值。小麦生育期土壤 CH_4 排放量表现为秸秆还田＞秸秆不还田，分别是 240.46 mg/m^2 和 52.94 mg/m^2。

5.2.2 夏玉米田温室气体排放特征

5.2.2.1 夏玉米田 CO_2 排放通量动态

玉米生育期各处理并无耕作方式上的差异，此处的不同耕作措施指的是冬小麦季各处理在耕作上的不同，文中的秸秆还田亦指的是冬小麦秸秆还田，而整个玉米生育期间各处理均为小麦秸秆还田免耕。因此玉米农田气体排放的差异的产生，主要是上季作物在耕作处理不同而产生的后续影响。

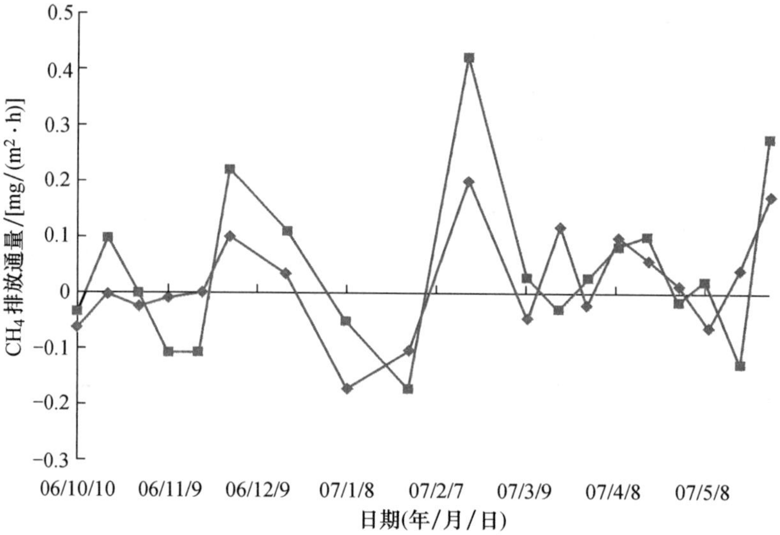

图 5.18　冬小麦季秸秆还田对土壤 CH_4 排放的影响

整个玉米生长季各处理 CO_2 排放通量的变化趋势基本相同，即均呈现先升高后降低，最后再升高的趋势(图 5.19)。但耕作措施对夏玉米农田 CO_2 排放存在显著影响。在整个测定期前期表现为翻耕最高，免耕最低，后期 3 个处理差异不大，从 6 月中旬至 8 月底，翻耕、旋耕 CO_2 排放要显著高于免耕。对整个玉米生育期内各处理 CO_2 排放通量进行平均，表现为翻耕＞旋耕＞免耕，分别为 1 716.10 mg/(m² · h)，1 520.81 mg/(m² · h)和 1 166.03 mg/(m² · h)，即旋耕和免耕分别比翻耕降低了 8.41%和 27.37%。

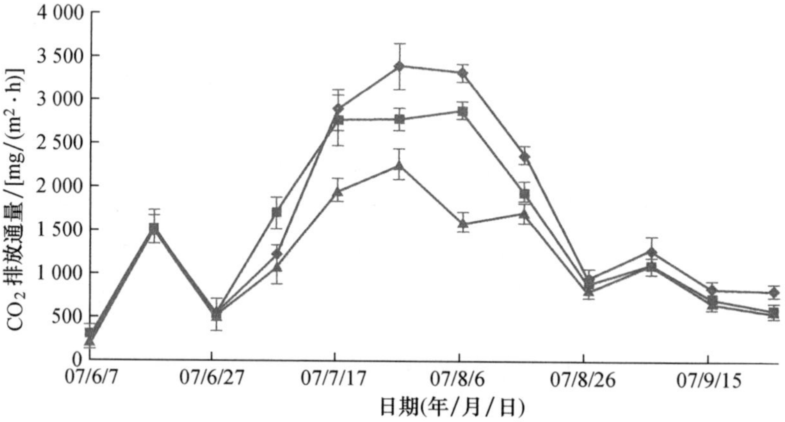

图 5.19　不同耕作措施对玉米生长季农田 CO_2 排放的影响

秸秆还田对玉米季土壤 CO_2 排放通量有一定的影响(图 5.20)。在玉米生长前期以及后期，秸秆还田下土壤 CO_2 排放通量较高，而玉米生长旺盛期则相反。对整个玉米生育期两个处理下 CO_2 排放通量进行平均，两者差异不大。对整个玉米生育期两处理 CO_2 排放通量进行平均，也表现为翻耕秸秆还田＞翻耕秸秆不还田，秸秆不还田比秸秆还田降低了 8.5％。

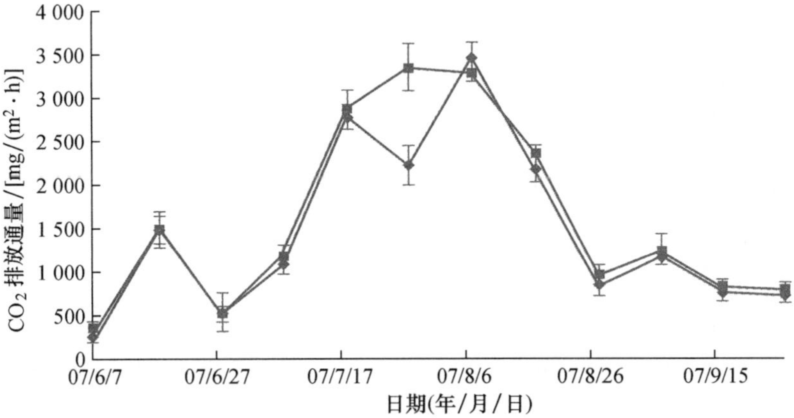

图 5.20 秸秆还田对玉米季土壤 CO_2 排放的影响

—◆— 翻耕秸秆不还田 —■— 翻耕秸秆还田

5.2.2.2 夏玉米田 N_2O 排放通量动态

3 种处理下的排放高峰出现在 7 月 30 日和小麦播种后，表现为翻耕＞旋耕＞免耕，这是由于 7 月 14 日施肥和小麦播种时施肥以及耕作措施造成的；除 7 月 30 日出现排放高峰以外，玉米生育期其他时间 3 种耕作处理土壤 N_2O 排放通量基本上比较平稳，两次施肥均没有对其排放通量造成影响。在玉米生长旺盛期表现为翻耕排放通量最高，而在玉米生长早期与晚期则表现为旋耕排放通量最高。玉米田土壤 N_2O 排放量表现为翻耕＞旋耕＞免耕，分别是 0.87 g/m²、0.43 g/m² 和 0.16 g/m²，其中旋耕和免耕比翻耕分别降低了 49.7％和 81.74％（图 5.21）。

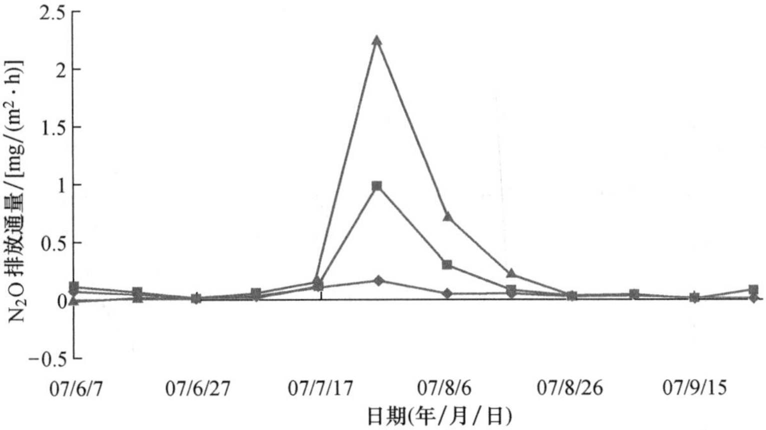

图 5.21 不同耕作措施对玉米生长季农田 N_2O 排放通量的影响

—◆— 翻耕 —■— 旋耕 —▲— 秸秆直立免耕

无论秸秆是否还田，玉米田 N_2O 排放通量具有相同的变化趋势，即排放高峰出现在 7 月 30 日和小麦播种后（图 5.22）。但是，秸秆是否还田对 N_2O 排放通量存在一定的影响，在整个玉米生育期除 7 月 30 日排放高峰以外，其他部分都表现为秸秆不还田较高。对整个玉米生育期排放式进行计算，两个处理差异不显著，秸秆还田和秸秆不还田下土壤 N_2O 排放通量分别是0.87 g/m² 和 0.74 g/m²。

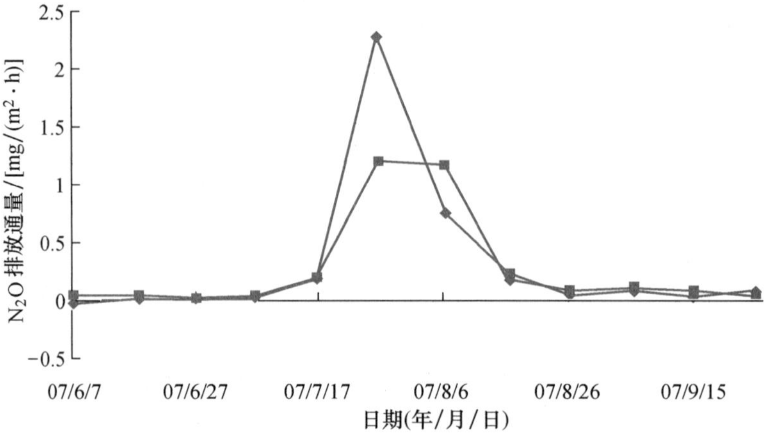

图 5.22 玉米季秸秆还田对土壤 N_2O 排放的影响

—◆— 翻耕秸秆还田 —■— 翻耕秸秆不还田

5.2.2.3 夏玉米田 CH_4 排放通量动态

在华北平原玉米田 CH_4 排放通量并不具有明显的变化规律(图 5.23)，3 个处理 CH_4 排放通量均有正负排放现象。3 种处理下从 6 月中旬开始直至玉米收获均呈现负排放，表现为大气的汇。各处理下玉米田的排放量表现为免耕＞旋耕＞翻耕，分别是－108.25 mg/m²、－110.51 mg/m² 和－162.25 mg/m²。

秸秆是否还田对 CH_4 排放通量影响不大(图 5.24)。整个玉米生育期土壤 CH_4 平均排放量表现为秸秆不还田＞秸秆还田，秸秆不还田处理排放量为－14.15 mg/m²，秸秆还田排

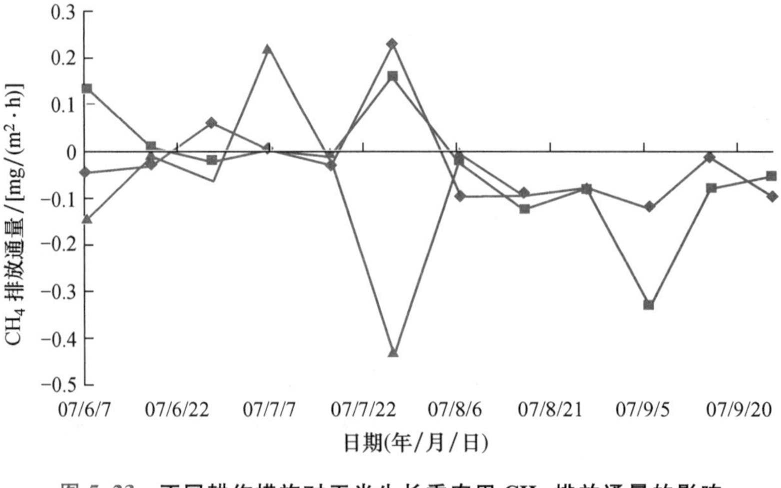

图 5.23 不同耕作措施对玉米生长季农田 CH_4 排放通量的影响

—◆— 翻耕 —■— 旋耕 —▲— 秸秆直立免耕

放量为－162.25 mg/m²。

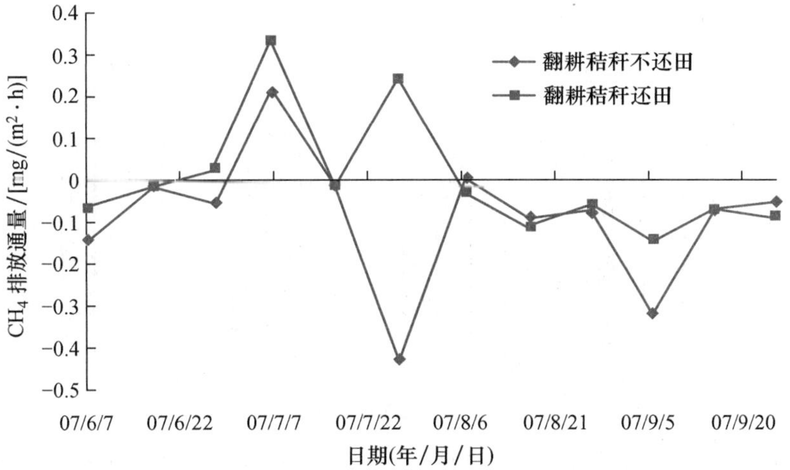

图 5.24 玉米季秸秆还田对土壤 CH_4 排放的影响

—◆— 翻耕秸秆不还田 —■— 翻耕秸秆还田

5.3 耕作措施对农田 CO_2 排放影响因素分析

土壤温度、水分是农田 CO_2 排放的主要影响因素。冬小麦生育前期，小麦的根系生物量较小，土壤呼吸以微生物呼吸为主，此阶段土壤温度成为主要限制因素。农田 CO_2 排放高峰分别出现在小麦拔节期、玉米拔节期。此时农田土壤温度较高，土壤水分含量适中，利于土壤微生物的生长，加快土壤有机质的分解，从而导致农田 CO_2 排放的增加。尤其是进入夏季以后，由于土壤水分限制土壤微生物的代谢合成过程，此时土壤温度并非影响土壤呼吸的唯一因素，而是与土壤水分含量在内的多种因素共同影响土壤 CO_2 排放。

5.3.1 耕作措施对农田土壤温度、水分的影响

各处理土层温度具有相似的变化趋势，即先下降后上升再下降。2 月中下旬冬小麦越冬期末各处理土层温度达到最低值，翻耕、旋耕、免耕 3 个处理最低温度分别为－1.31℃、－0.69℃、－1.96℃，免耕最低；7 月中旬玉米拔节期达到最高值，翻耕、旋耕、免耕 3 个处理最高温度分别为 26.12℃、26.42℃、26.31℃，免耕最高。不同耕作措施对农田土壤温度变化的影响大致分为 3 个阶段：从 10 月 19 日冬小麦播种至次年 4 月底冬小麦拔节期，此阶段 3 种处理下的各土层温度变化为旋耕＞翻耕＞免耕。由于免耕农田秸秆覆盖，致使免耕土壤温度低于另外两个处理。从 4 月底至 7 月初，由于免耕农田作物覆盖度较差，此阶段免耕农田各土层温度最高，从 7 月初夏玉米苗期至玉米收获，翻耕＞旋耕＞免耕。

由图 5.25 可知，不同耕作措施对农田各层土壤温度变化存在显著影响。各处理下全年平均地温随着土壤层次的加深而升高。翻耕条件下各层土壤温度均最低；4 个层次下旋耕

温度最高。从耕作深度看,3 种处理下土层温度旋耕>免耕>翻耕。

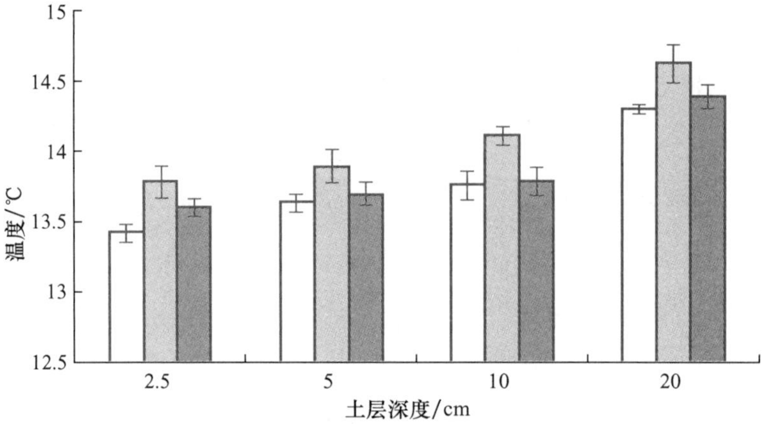

图 5.25 不同耕作处理对 2.5 cm、5 cm、10 cm、20 cm 土层全年平均温度变化的影响

□ 翻耕 □ 旋耕 ■ 秸秆直立免耕

土壤各层次水分含量的变化受降雨与农田灌溉影响较大。由图 5.26 可知,3 种处理下农田土壤水分含量变化具有相似的变化趋势,整个冬小麦生育期土壤水分大体上呈先升高后降低的趋势,在 6、7 月份各层次水分含量均较低。玉米生育期水分变化呈波动性变化。由于免耕农田秸秆覆盖,起到保水保墒的作用,使得免耕处理下的土壤水分含量要明显高于翻耕与旋耕,这主要体现在冬小麦生育期间,由于玉米生育期各处理秸秆覆盖一致使得各处理之间水分差异较小,尤其是 5~10 cm、10~20 cm 两个层次。

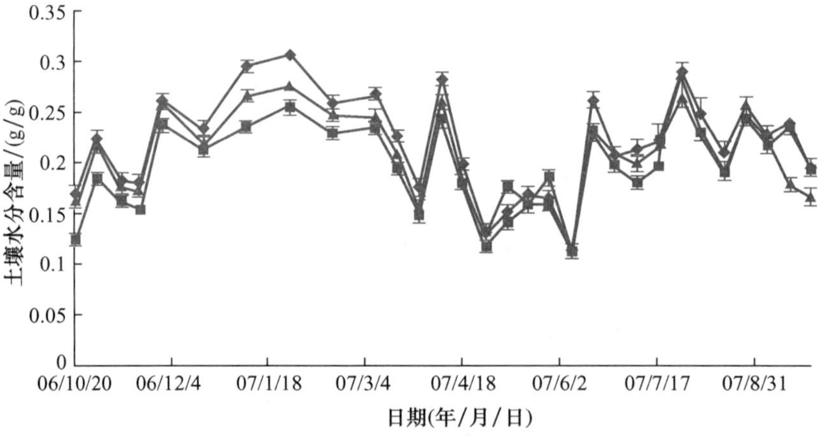

图 5.26 不同耕作处理分别对 0~20 cm 耕层土壤平均水分含量变化的影响

—■— 翻耕 —▲— 旋耕 —◆— 秸秆直立免耕

土壤水分含量随着土层深度的加深而增加,不同耕作方式对农田土壤水分含量存在较大的影响,各层次均表现为免耕>旋耕>翻耕(图 5.27)。

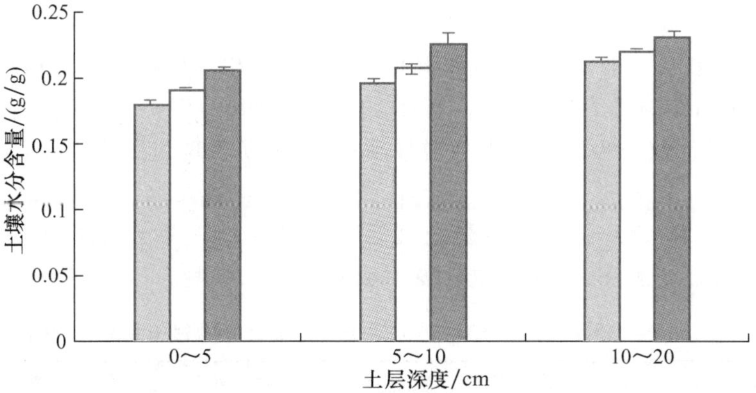

图 5.27　不同耕作处理分别对 0～5 cm、5～10 cm、10～20 cm 土层全年平均水分含量变化的影响

□ 翻耕　□ 旋耕　■ 秸秆直立免耕

5.3.2　农田土壤温度、水分变化对 CO_2 排放的影响

5.3.2.1　麦田 CO_2 排放通量与土壤温度的关系

本研究利用铜—康铜热电偶对不同层次的土温进行连续自动采集，在此基础上分析了各层次温度与不同耕作措施下 CO_2 排放通量的相关性。从表 5.1 可以看出各处理 CO_2 排放通量与土壤各层温度呈显著或极显著正相关，其中翻耕下呈极显著正相关。翻耕 CO_2 排放通量与10 cm土温相关性较高，旋耕和免耕则均与 20 cm 土温相关性较高，相关系数分别为 0.722、0.625 和 0.645；旋耕和免耕 CO_2 排放通量与 10 cm 土温相关性也很高，分别为 0.624 和 0.643，同 20 cm 土温与 CO_2 排放通量的相关系数很接近。因此，翻耕下可以用 10 cm 土温模拟 CO_2 排放通量，而旋耕和免耕下则可以用 10 cm 和 20 cm 土温模拟 CO_2 排放通量。

表 5.1　不同耕作措施下 CO_2 排放通量与土壤温度的相关系数(小麦田)

处　理	土　层　深　度			
	2.5 cm	5 cm	10 cm	20 cm
翻耕	0.712**	0.713**	0.722**	0.711**
旋耕	0.595*	0.596*	0.624*	0.625*
秸秆直立免耕	0.608*	0.635*	0.643*	0.645*

注：* 表示 $p<0.05$ 水平相关，** 表示 $p<0.01$ 水平相关，$n=13$。

5.3.2.2　玉米田 CO_2 排放通量与土壤温度的关系

从表 5.2 可以看出各处理 CO_2 排放通量与土壤温度关系不一致，其中翻耕 CO_2 排放通量与土温均呈正相关，与 2.5 cm 土温相关达到显著水平，为 0.781；而旋耕下 CO_2 排放通量与土壤温度相关性有正有负，且都不显著；免耕下 CO_2 排放通量与土壤温度相关性都达到了显著正相关，其中与 20 cm 土温相关性最高为 0.797。从不同耕作措施下 2.5 cm 土温动态变化可以看出，从 6 月 10 日土壤温度逐渐增加，其中翻耕在 7 月 10 日达到最高值为 26.09℃，旋耕和免耕在 7 月 30 日达到最高值，以后翻耕和旋耕温度开始降低并在 10 月 10 日达最低，而免耕则在降低的过程中于 10 月 10 日有所回升，但幅度不高。在整个玉米生育期，2.5 cm 土壤温度前期和后期均以免耕最高；而在中期表现为翻耕最高，但 3 个处理下土壤温度相差都不大。这表明 3 个处理下土壤 CO_2 排放通量大致与土壤温度的变化规律一致，翻耕和免耕下土壤 CO_2 排放通量受土壤温度影响更大一些，而旋耕土壤 CO_2 排放通量在玉米生育期受温度影响不大，可能受土壤水分影响更大一些。

表 5.2　不同耕作措施下 CO_2 排放通量与土壤温度的相关系数(玉米田)

处　理	土　层　深　度			
	2.5 cm	5 cm	10 cm	20 cm
翻耕秸秆还田	0.781*	0.723	0.680	0.655
旋耕秸秆还田	0.020	−0.006	0.029	0.074
秸秆直立免耕	0.786*	0.780*	0.770*	0.797*

注：* 表示 $p<0.05$ 水平相关；$n=6$。

5.3.2.3　麦玉两熟周年 CO_2 排放通量与土壤温度的关系

对不同耕作措施下的 CO_2 排放与地温的相关分析表明，各处理 CO_2 排放通量与土壤各层温度呈极显著正相关。

许多学者对气体排放与土壤温度之间的相关性进行了研究，认为土壤呼吸与土壤温度之间可通过指数方程与二次方程进行模拟。本研究通过两种方程进行土壤呼吸模拟(表 5.3、表 5.4)。

从土壤 CO_2 排放通量与 5 cm、10 cm、20 cm 层次地温关系模拟中可看出，指数方程相应的 R^2 要高于二次方程，指数方程模拟要优于二次方程。可能由于不同层次土壤水分含量存在一定的差异，从而影响土壤呼吸与地温之间的模拟，表现为翻耕条件下土壤 CO_2 排放通量与 10 cm 地温模拟要好于 5 cm 和 20 cm；旋耕、免耕条件下土壤 CO_2 排放通量与 20 cm 层次地温模拟要好于 5 cm 和 10 cm 处。

表 5.3　不同耕作措施下 CO_2 排放通量与土壤各层温度相关性分析

处　理	土　层　深　度			
	2.5 cm	5 cm	10 cm	20 cm
翻耕	0.708**	0.712**	0.716**	0.713**
旋耕	0.745**	0.748**	0.752**	0.758**
秸秆直立免耕	0.778**	0.788**	0.795**	0.798**

注：$n=31$，* $p<0.05$；** $p<0.01$。

表 5.4 不同耕作措施下 CO_2 排放通量与 5 cm、10 cm、20 cm 地温关系的模拟

土层深度/cm	处理	指数方程	R^2	二次方程	R^2
5	翻耕	$Y=121.319e^{0.108T}$	0.754	$Y=242.775-47.86T+4.922T^2$	0.629
	旋耕	$Y=85.094e^{0.116T}$	0.796	$Y=194.665-50.384T+4.640T^2$	0.701
	秸秆直立免耕	$Y=50.601e^{0.129T}$	0.820	$Y=120.965-23.334T+2.826T^2$	0.714
10	翻耕	$Y=115.266e^{0.11T}$	0.759	$Y=264.913-55.883T+5.263T^2$	0.644
	旋耕	$Y=77.2e^{0.12T}$	0.804	$Y=224.236-60.056T+5.036T^2$	0.718
	秸秆直立免耕	$Y=63.747e^{0.12T}$	0.824	$Y=103.283-16.616T+2.635T^2$	0.730
20	翻耕	$Y=99.507e^{0.116T}$	0.758	$Y=312.248-70.442T+5.816T^2$	0.650
	旋耕	$Y=70.815e^{0.125T}$	0.808	$Y=248.505-63.674T+5.184T^2$	0.724
	秸秆直立免耕	$Y=52.381e^{0.129T}$	0.833	$Y=130.859-27.904T+3.086T^2$	0.747

5.3.2.4 麦玉两熟周年 CO_2 排放通量与土壤温度、含水量的关系

在整个冬小麦、夏玉米生育期，土壤温度与土壤 CO_2 排放通量之间具有相似变化趋势（图 5.28），同时也可看出当温度<10℃时土壤水分与土壤 CO_2 排放通量之间不具有明显的相关性，温度>10℃时土壤含水量与土壤 CO_2 排放通量之间具有相似的变化趋势。造成这种现象的原因是，冬小麦生育前期，小麦的根系生物量较小，土壤呼吸以微生物呼吸为主，此阶段土壤温度成为主要限制因素；随着温度的升高，小麦根系快速生长，根际呼吸占土壤呼吸的比例也逐渐增加。农田 CO_2 排放高峰分别出现在小麦拔节期、玉米拔节期，这与前人研究结果基本一致。此时良好的光照条件与丰富的降雨，使得农田土壤温度较高，土壤水分含

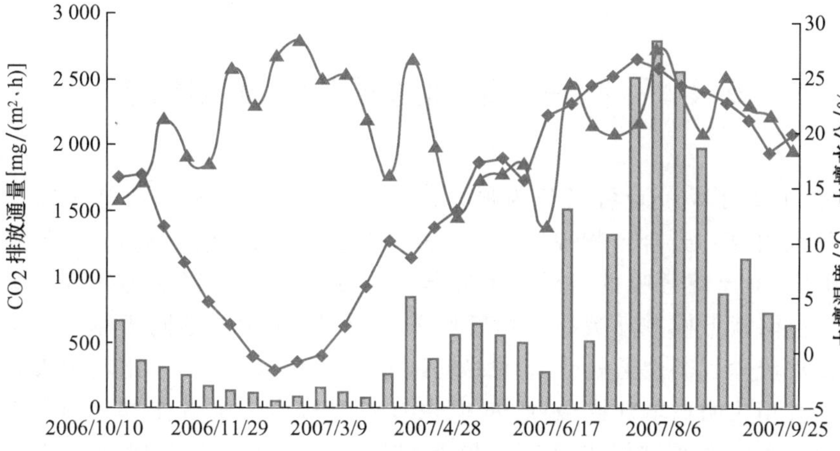

图 5.28 全部处理平均 CO_2 排放通量和平均地温、土壤水分含量的季节变化规律

□气体排放通量 ◆土壤温度 ▲土壤水分

量适中，利于土壤微生物的生长，加快土壤有机质的分解，从而导致农田 CO_2 排放的增加。尤其是进入夏季以后，由于土壤水分限制了土壤微生物的代谢合成过程，此时土壤温度并非影响土壤呼吸的唯一的因素，而与土壤水分含量在内的多种因素共同影响土壤 CO_2 排放通量。

通过相关性分析可看出(表 5.5)，虽然各处理全年土壤 CO_2 排放通量与全年土壤水分变化之间不具有较好的相关性，但当温度升高到 10℃以上时，各处理 0～5 cm 层次的土壤水分含量与土壤 CO_2 排放通量均呈显著的正相关，这说明 0～5 cm 表层土壤水分含量对土壤 CO_2 排放通量的影响较大，而下层土壤水分对土壤 CO_2 排放通量的影响依次减弱。当土层温度高于 10℃时，通过对各处理下 0～5 cm 土层相应时期土壤 CO_2 排放通量与水分含量进行回归分析，结果表明当土壤温度高于 10℃时，翻耕与旋耕农田土壤 CO_2 排放通量与土壤水分之间可以通过指数方程进行模拟；而免耕农田土壤 CO_2 释放量与土壤水分之间可以通过 3 次方程进行模拟。模拟方程分别为：翻耕：$Y=154.025e^{0.105M}$，$R^2=0.596$；旋耕：$Y=122.292e^{0.103M}$，$R^2=0.422$；免耕：$Y=2\,393.439-440.304M+27.274M^2-0.452M^3$，$R^2=0.506$。3 种处理下的模拟方程分别反映土壤水分含量对土壤 CO_2 排放通量变化影响达 59.6%，42.2%，50.6%。余下部分可能由土壤温度、土壤理化性质、植物根系和土壤微生物的因子来影响。

表 5.5　不同耕作措施下 CO_2 排放通量与土壤含水量的相关性分析

处理	温度<10℃			温度>10℃			全年平均温度		
	0～5 cm	5～10 cm	10～20 cm	0～5 cm	5～10 cm	10～20 cm	0～5 cm	5～10 cm	10～20 cm
翻耕	0.349	0.762*	−0.537	0.701**	0.605**	0.478*	0.479**	0.249	0.199
旋耕	0.27	0.011	−0.391	0.581*	0.418	0.253	0.335	−0.203	−0.158
秸秆直立免耕	0.004	0.106	−0.569*	0.680**	0.419	0.565*	0.212	0.228	0.231

注：* 表示 $p<0.05$ 水平相关；** 表示 $p<0.01$ 水平相关，$n=31$。

5.4　不同耕作措施对根系呼吸的影响

一般认为，土壤呼吸(Rt)可以分为根系的自养呼吸(Rrh)和土壤微生物的异养呼吸(Rs)。根系呼吸由植物光合产物控制，异养呼吸则由土壤有机质控制。它们各自呼吸所利用的碳源不同，对土壤呼吸的贡献也有差异。在农田系统中以往的研究多集中于某种作物或单一环境因素下根系呼吸在土壤呼吸所占比例，而对于不同耕作方式对根系呼吸的影响研究相对较少。李俊通过计算华北地区农田净初级生产力，比较后发现传统耕作方式与多年免耕相比明显增加碳吸收量，但也有研究认为传统耕作方式与免耕农田之间并无明显差别。本研究通过根去除法测量不同耕作方式下根系呼吸所占土壤呼吸的比例，计算不同耕作方式下农田系统碳汇强度。说明不同耕作方式下农田土壤呼吸组分构成及其土壤固碳能力的强弱，为建立合理耕作制度，提高华北地区农田土壤固碳潜力提供基础理论依据。

5.4.1 麦田 CO_2 排放动态变化

5.4.1.1 不同耕作方式下冬小麦田 CO_2 排放动态变化

为讨论不同耕作方式对农田碳汇强弱的影响，于 2007 年在各处理基础上设置相应裸地，同时利用静态箱法测量其 CO_2 排放量。

冬小麦生育期不同耕作方式下麦田 CO_2 排放具有相似的变化趋势，即 CO_2 的排放呈先下降后升高的趋势(图 5.29)。由于土壤耕作的影响，冬小麦播种后 CO_2 排放量较高。从冬小麦幼苗期 10 月下旬到冬小麦分蘖期 11 月初，土壤 CO_2 排放急剧下降。此阶段 CO_2 的排放与温度的变化表现出较强的同步性，随着温度的降低，土壤微生物代谢缓慢，土壤呼吸速率较小，在冬小麦越冬期排放达到最低值。从冬小麦越冬期至冬小麦拔节期，随着土壤温度的逐渐回升，CO_2 排放通量逐渐上升，至冬小麦拔节期出现小的排放高峰。冬小麦拔节期至冬小麦收获 CO_2 排放通量变化较为稳定。

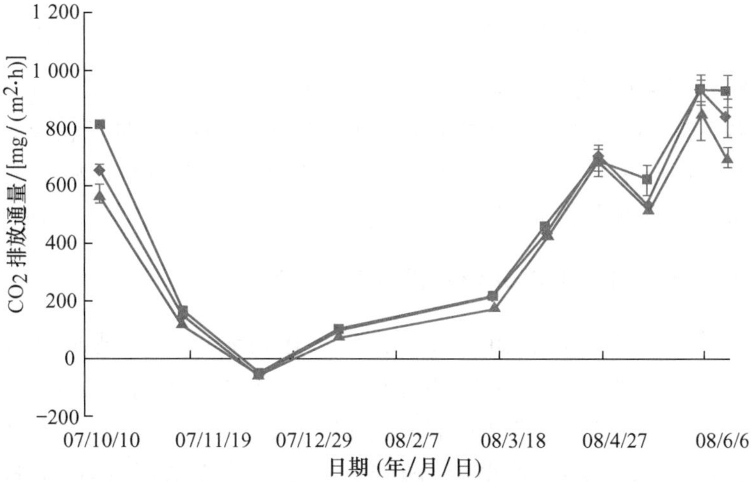

图 5.29 不同耕作方式农田冬小麦存在条件下土壤 CO_2 排放动态变化

—■— 翻耕 —◆— 旋耕 —▲— 免耕

耕作方式对农田 CO_2 的排放有一定的影响，免耕条件下土壤紧实，与空气接触面积较小，加之秸秆覆盖，土壤温度较低，使得土壤呼吸较弱；翻耕比旋耕对耕层为强烈，土壤温度和水分变化显著，使得翻耕下土壤呼吸排放量较高。对整个小麦生育期各处理 CO_2 排放通量进行平均，分别为 483.30 mg/(m^2 · h)，440.47 mg/(m^2 · h)和 390.96 mg/(m^2 · h)，表现为翻耕＞旋耕＞免耕，旋耕和免耕分别比翻耕降低了 11.14%和 18.02%。

不同耕作方式下裸地农田 CO_2 排放也具有相似的变化规律(图 5.30)，即呈现先降低后升高的变化趋势，3 种处理 CO_2 排放量最低值出现在越冬期。由于受耕作措施的影响，CO_2 在耕作初期排放量较高，随着时间的推移，排放逐渐降低，这主要是由于土壤温度的降低和土壤中易分解有机碳量的减少，导致 3 种处理条件下农田 CO_2 排放量逐渐降低。春季土壤温度逐渐升高，土壤 CO_2 排放略有增加，翻耕与旋耕裸地情况下，CO_2 排放增加量较为明显，免耕条件下 CO_2 排放较为稳定。小麦生长季相应裸地处理 CO_2 排放通量，翻耕、旋耕、免耕分别为 356.44 mg/(m^2·h)，345.31 mg/(m^2·h)和 248.34 mg/(m^2·h)，即旋耕和免耕分别比翻耕降低了 28.55%和 30.70%。

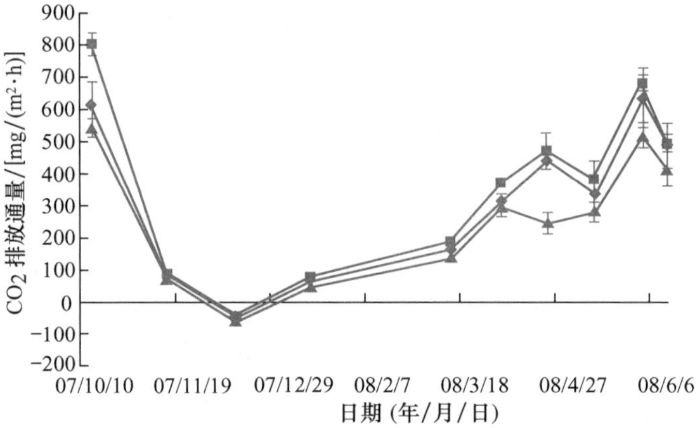

图 5.30　不同耕作方式下裸地土壤 CO_2 排放变化规律

—■— 翻耕裸地　—◆— 旋耕裸地　—▲— 免耕裸地

与麦田土壤总土壤呼吸量相比，不同耕作方式下裸地农田 CO_2 排放显著降低。麦田由于根系的存在，显著增加了土壤 CO_2 的排放，且在冬小麦的拔节期至收获阶段表现最为突出。从 CO_2 排放平均速率上比较，整个冬小麦生育期间裸地农田与种植小麦相比，翻耕 CO_2 排放降低了 30.51%，旋耕降低了 11.24%，免耕降低 28.08%。

5.4.1.2　秸秆还田对冬小麦田 CO_2 排放变化的影响

冬小麦生育期间，翻耕秸秆还田与翻耕秸秆不还田农田 CO_2 排放具有相似的变化趋势，即 CO_2 的排放呈先下降后升高的趋势(图 5.31)。由于土壤耕作的影响，冬小麦播种后 CO_2 排放量较高。从冬小麦幼苗期 10 月下旬到冬小麦分蘖期 11 月初，土壤 CO_2 排放急剧下降。从冬小麦越冬期至冬小麦拔节期，随着土壤温度的逐渐回升，CO_2 排放通量逐渐上升，至冬小麦拔节期出现小的排放高峰。冬小麦拔节期至冬小麦收获 CO_2 排放通量变化较为稳定。

对整个小麦生育期各处理 CO_2 排放通量进行平均，翻耕秸秆还田与翻耕秸秆不还田农田 CO_2 排放速率分别为 483.30 mg/(m^2·h)和 469.47 mg/(m^2·h)，表现为翻耕秸秆还田＞翻耕秸秆不还田。

翻耕秸秆还田与翻耕秸秆不还田农田两个处理相应裸地农田 CO_2 排放也具有相似的变化规律(图 5.32)，即呈现先降低后升高的变化趋势，两种处理 CO_2 排放量最低值出现在越冬期。由于受耕作措施的影响，CO_2 在耕作初期排放量较高，随着时间的推移，排放逐渐降低。翻耕秸秆还田与翻耕秸秆不还田农田两个处理小麦生长季相应裸地处理 CO_2 排放通量分别为 356.44 mg/(m^2·h)和 345.31 mg/(m^2·h)。

与麦田土壤总土壤呼吸量相比，翻耕秸秆还田与翻耕秸秆不还田农田两个处理相应裸地农田 CO_2 排放显著降低。麦田由于根系的存在，显著增加了土壤 CO_2 的排放，其中在冬

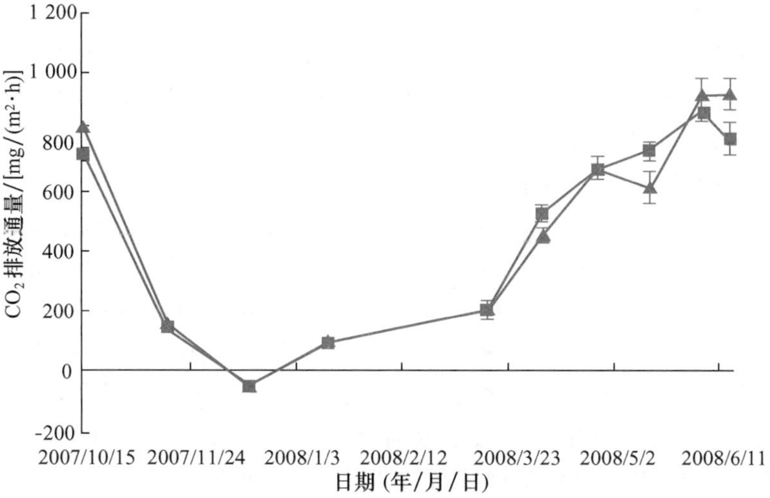

图 5.31　秸秆还田对农田冬小麦存在条件下土壤 CO_2 排放的影响

—■— 翻耕秸秆不还田　—▲— 翻耕秸秆还田

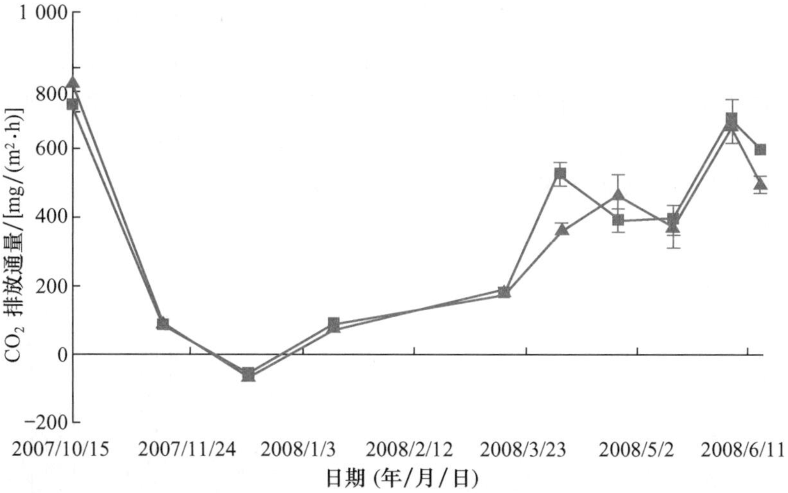

图 5.32　秸秆还田对裸地土壤 CO_2 排放变化规律的影响

—■— 翻耕秸秆不还田裸地　—▲— 翻耕秸秆还田裸地

小麦的拔节期至收获阶段，表现最为突出。从 CO_2 排放平均速率上比较，整个冬小麦生育期间裸地农田与种植小麦相比，翻耕秸秆还田 CO_2 排放降低了 24.11%，翻耕秸秆还田 CO_2 排放降低了 28.65%。

5.4.1.3　生物因素对根系呼吸的影响

土壤呼吸与农田作物的生物量之间具有密切的关系，由于农田作物的地上部生物量直接影响农田作物的叶面积指数，叶面积指数是衡量植被覆盖度的一个指标，不仅与植被类型有关，而且反映了植被的生物生产力状况。叶面积指数大小可以直接影响到植被覆盖下土壤的微气候，也是影响植被碳固定的重要因素。研究发现，日平均土壤 CO_2 通量与叶面积指数和生物量的年变化趋势一致，而且有很好的正相关关系。叶面积指数的季节性变化会导致土壤 CO_2 通量模式的变化。选取 20 d 的日平均土壤 CO_2 通量值和同时测量的叶面积指数值进行线性回归后发现有显著的相关性。根系呼吸在土壤总呼吸中占有很大的比例，死根及根系分泌物也可以直接影响土壤中有机质的含量。从而影响土壤的物理化学性质，而且土壤呼吸和根系生物量之间呈正相关。

由图 5.33、图 5.34 可以看出，不同耕作方式对农田作物的地上、地下生物量具有显著性影响。4 种处理下冬小麦农田作物生物量呈"S"形变化趋势，越冬期作物的生物量最低，成熟期达到最高。4 种处理中农田作物地上、地下生物量表现为，免耕最低，翻耕最高。从不同耕作措施的产量效果比较，深耕播种是传统的耕作方式，在保证小麦高产方面仍然存在一定的优势。由于旋耕时将切碎的玉米秸秆与表土 15 cm 土壤均匀混合，与传统的深耕播种相比，秸秆和表土的覆盖层切断了土壤中毛细管水的上升，因而小麦播种后可防止土壤水分散失、延长小麦生长期，基本可以维持较高的产量。免耕棵间蒸发小，土壤储水比翻耕高，有利于农田节水。但免耕碎秆掺杂到土壤中，或覆盖物过多，导致种子播种深度不一致、分布不均，影响出苗。残茬秸秆覆盖导致开春时段土壤温度降低，对冬小麦春季生长不利，延迟生育期。并且，免耕方式下小麦根系不发达，主要集中在土壤表层，不利于利用深层土壤养分，不仅导致作物肥料利用率低，而且导致免耕处理下农田作物的生物量最低。翻耕秸秆还田与翻耕秸秆不还田两种处理方式下两个处理作物生物量之间较为接近，但翻耕秸秆还田情况下农田作物的生物量略高于翻耕秸秆不还田，秸秆还田对农田土壤起到保墒作用，对作物的生长更为有利。作物生物量在对农田土壤呼吸影响方面，作物的根生物量对作物的根系呼吸的影响较为明显，从而间接的影响土壤总呼吸量。

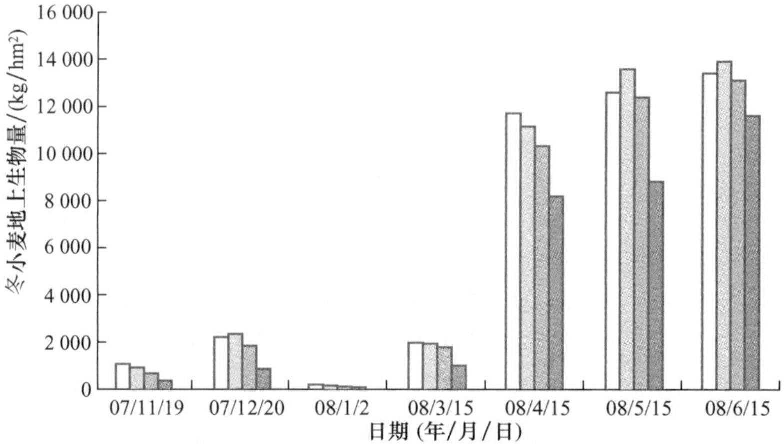

图 5.33　不同耕作措施对小麦农田作物地上生物量的影响

□ 翻耕秸秆不还田　□ 翻耕秸秆还田　■ 旋耕　■ 免耕

对根系呼吸作用影响较大的气候因子主要包括温度和降水。目前，对于降水的研究较少，更多的则是通过降水对土壤水分的间接影响来研究对根系呼吸作用的影响。根系不仅将植物地上部分固着于土壤中，并通过吸收土壤中的水分和养分供给植物生长和维持生命活动所需的物质和能量，因此作物根系活性是根系呼吸重要影响因素之一。由图 5.35 可

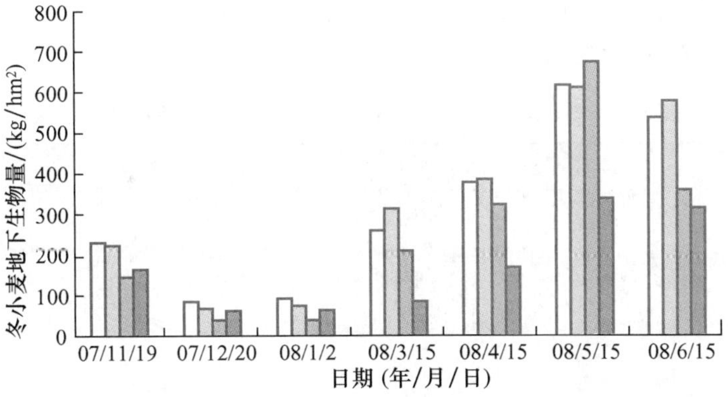

图 5.34 不同耕作措施对小麦农田作物地下生物量的影响

□ 翻耕秸秆不还田 □ 翻耕秸秆还田 ▥ 旋耕 ■ 免耕

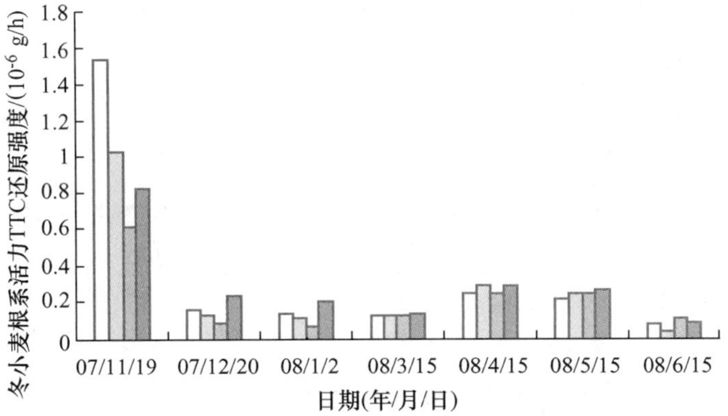

图 5.35 不同耕作措施对麦田作物根系活性的影响

□ 翻耕秸秆不还田 □ 翻耕秸秆还田 ▥ 旋耕 ■ 免耕

知,4 种处理下农田作物根系活性呈先下降再上升再下降的变化趋势。除耕作初期免耕低于翻耕外,其余各生育期免耕处理下作物根系活性均高于其他处理,尤其是冬小麦越冬期最为明显。旋耕处理下农田作物根系活性最低。通过相关性分析,农田土壤呼吸量与作物根系活性之间具有显著正相关关系。

从各处理下作物生物量与根活性综合来看,虽然翻耕处理总体根系生物量最大,免耕最低,但免耕处理小麦根系主要分布在土壤表层,在 20 cm 以上免耕处理根干物质量最大,而在 20 cm 以下翻耕处理和旋耕处理根系分布明显高于免耕处理,此外免耕处理下冬小麦根系活性明显较高,由于表层根系对根系呼吸起主要作用,因此导致免耕条件下农田作物的根系呼吸明显高于其他 3 个处理。翻耕与旋耕处理下,无论根生物量与根活性均较接近,导致两种处理下农田的根系呼吸量较接近。

5.4.1.4 冬小麦田土壤呼吸组分区分

由方差结果可看出,不同耕作处理下冬小麦生育期间除越冬期以外,农田土壤呼吸排放量之间存在显著性差异。12 月与 1 月的农田土壤 CO_2 排放通量各处理差异显著,但由于 12

月的排放速率为负值，1月的排放速率为正值且排放通量较小，二者平均导致越冬期各处理排放总量之间差异不显著(表5.6)。

表5.6 冬小麦生育期不同耕作方式下农田土壤呼吸排放量 g/m²

处理	各生育期					全生育期
	苗期-分蘖期(10月15日至12月15日)	越冬期(12月15日至1月15日)	返青期(1月15日至3月15日)	拔节期(3月15日至4月15日)	灌浆期(4月15日至6月15日)	
A						
翻耕秸秆不还田	342.73a	13.35a	213.84a	584.79c	1 109.23c	2 045.56c
翻耕秸秆还田	388.01a	15.20a	220.15b	512.90c	904.50b	2 040.77c
旋耕	320.45b	16.15a	222.10b	486.44b	838.50b	1 883.64b
免耕	272.56c	8.13a	181.94a	447.40a	764.94a	1 674.98a
B(裸地)						
翻耕秸秆不还田	294.32b	5.52a	179.31b	469.89c	596.47b	1 545.5b
翻耕秸秆还田	328.67c	5.27a	184.94a	395.84b	591.70b	1 506.44c
旋耕	255.24b	5.51a	158.36b	348.94c	551.23c	1 319.30b
免耕	231.65a	1.38a	125.08a	281.80a	424.69a	1 064.61a

注：A为作物存在下农田土壤呼吸排放量，B为相应裸地农田土壤矿化CO_2释放量；表中小写字母a、b、c表示同列数据在0.05水平上差异显著性。

利用麦田土壤呼吸(Rt)值减去相应处理裸地土壤呼吸值(Rs)，得到相应各处理农田根系呼吸(Rm)。结果表明，Rm占总土壤呼吸的比例各处理分别为翻耕秸秆不还田24.44%、翻耕秸秆还田26.18%、旋耕秸秆还田29.96%、免耕秸秆还田36.44%。4种处理条件下，冬小麦各生育时期作物存在对土壤呼吸的贡献率波动在15%～85%。其中拔节期至收获贡献率平均波动在30%～45%之间，此阶段作物生长迅速，且土壤温度逐渐升高，使得植株根系活性提高，故此根系呼吸增强。此外，冬小麦越冬期根系呼吸所占比例最高，平均波动在65%～80%，此时土壤温度较低，土壤微生物活性下降，土壤有机质矿化速率降至最低。

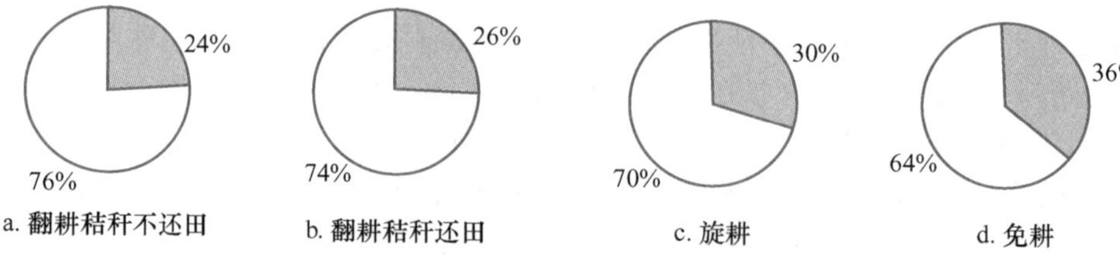

图5.36 不同耕作方式对农田根系呼吸比例的影响

4种耕作方式中，免耕农田土壤呼吸中根系呼吸比重较高，而该条件下土壤微生物呼吸较低；整个冬小麦生育期免耕条件下微生物矿化分解的土壤有机质最少，而翻耕最多。秸秆覆盖条件下免耕土壤温度在冬小麦生长前期要低于翻耕、旋耕，由于温度上的差异导致土壤微生物活性不同，从而影响土壤微生物矿化有机质的速度。翻耕秸秆还田与翻耕秸秆不还田两种情况下农田作物根系呼吸的比较，二者较为接近，但秸秆还田的情况下根系呼吸的比例越高，通过方差分析，表明二者之间不存在显著性差异，说明翻耕处理下秸秆是否还田对农田作物的根系呼吸无显著性影响。

5.4.2 玉米田 CO_2 排放动态变化

5.4.2.1 不同耕作方式下玉米田 CO_2 排放动态变化

玉米季不同耕作方式下农田土壤 CO_2 排放通量的变化趋势基本相同，均呈现先升高后降低的趋势(图 5.37)。但耕作措施对夏玉米农田 CO_2 排放存在显著影响。在整个测定期前期表现为翻耕最高，免耕最低，后期 3 个处理差异不大，从 6 月中旬至 8 月底，翻耕、旋耕 CO_2 排放要显著高于免耕。对整个玉米生育期内各处理下 CO_2 排放通量进行平均，平均值表现为翻耕＞旋耕＞免耕，分别为 941.25 mg/(m^2·h)、818.23 mg/(m^2·h) 和 645.75 mg/(m^2·h)，即旋耕和免耕分别比翻耕降低了 13.06%和 21.08%。

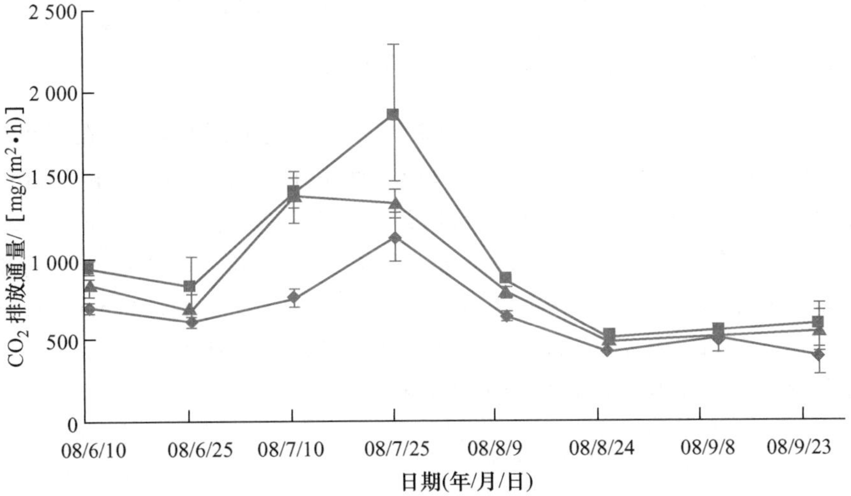

图 5.37 不同耕作方式农田玉米存在条件下土壤 CO_2 排放动态变化

—■— 翻耕 —▲— 旋耕 —◆— 免耕

玉米季不同耕作方式下裸地农田 CO_2 排放也具有相似的变化规律(图 5.38)，即呈现先升高后降低的变化趋势，3 种处理 CO_2 排放量最低值出现在 8 月底玉米灌浆期。进入 7 月份以后，随着气温升高、降水增加，相应土壤微生物活性达到最高，相应土壤 CO_2 排放量也相应增加。此时各处理相应裸地土壤 CO_2 的排放主要由土壤微生物的种类、数量以及土壤有机质含量来决定。玉米生长季相应裸地处理 CO_2 排放通量翻耕、旋耕、免耕分别为 529.80 mg/(m^2·h)、470.72 mg/(m^2·h)和 395.45 mg/(m^2·h)，即旋耕和免耕分别比翻耕降低了 11.15%和 15.99%。

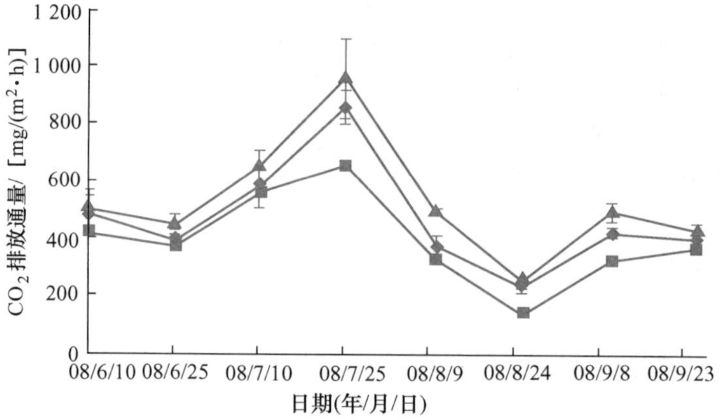

图 5.38　不同耕作方式下裸地土壤 CO_2 排放变化规律

翻耕裸地　旋耕裸地　免耕裸地

与玉米田土壤总土壤呼吸量相比，不同耕作方式下裸地农田 CO_2 排放显著降低。玉米田由于根系的存在，显著增加了土壤 CO_2 的排放，其中在 7 月底玉米开花期至收获阶段，表现最为突出。从 CO_2 排放平均速率上比较，整个玉米生育期间裸地农田与种植玉米相比，翻耕 CO_2 排放降低了 44.01%，旋耕降低了 35.25%，免耕降低 27.10%。

5.4.2.2　秸秆还田对玉米田 CO_2 排放变化的影响

秸秆还田对玉米生长季农田土壤 CO_2 排放通量有一定的影响，其中在玉米生长前期以及后期，秸秆还田条件下土壤 CO_2 排放通量较高，而玉米生长旺盛期则相反(图 5.39)。对整个玉米生育期两个处理下 CO_2 排放通量进行平均，平均值差异不大。黄斌(2006)的实验也认为秸秆是否还田对土壤呼吸造成的差异主要在小麦生长阶段。整个生育期两处理下 CO_2 排放通量进行平均，平均值也分别为 847.30 mg/(m² · h)，941.70 mg/(m² · h)。表现为翻耕秸秆还田＞翻耕秸秆不还田，秸秆不还田比秸秆还田降低了 9.5%。这个结果与贾金生(2003)在华北平原典型夏玉米田的研究结果相近。

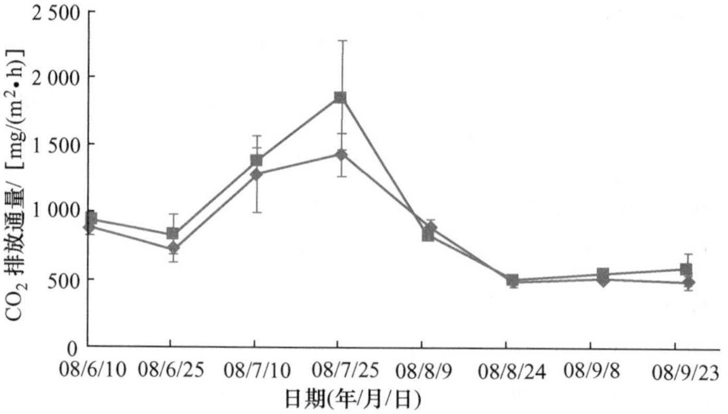

图 5.39　不同耕作方式农田玉米存在条件下土壤 CO_2 排放动态变化

翻耕秸秆不还田　翻耕秸秆还田

玉米季不同耕作方式下裸地农田CO_2排放也具有相似的变化规律，即呈现先升高后降低的变化趋势。玉米生长期间不同处理CO_2排放通量的动态变化如图5.40所示。不种玉米的裸地对照处理CO_2排放通量在整个试验过程中呈波动式递减，这是由于翻耕对土壤产生强烈扰动，促进了土壤有机质的分解，在前期释放较多的CO_2，但随着时间的推移，可供分解的土壤活性有机碳不断减少，导致CO_2排放通量逐步降低。玉米生长季相应裸地处理CO_2排放通量翻耕秸秆还田、翻耕秸秆不还田分别为529.80 mg/(m^2 · h)和526.45 mg/(m^2 · h)。

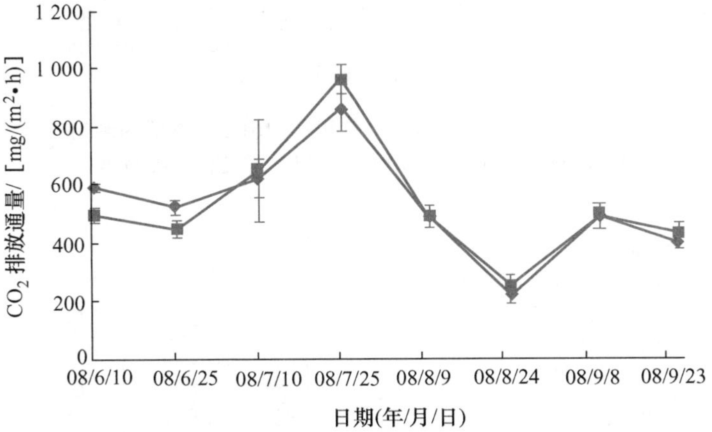

图5.40 不同耕作方式农田玉米存在条件下土壤CO_2排放动态变化

—◆— 翻耕秸秆不还田裸地 —■— 翻耕秸秆还田裸地

与玉米田土壤总土壤呼吸量相比，不同耕作方式下裸地农田CO_2排放显著降低。玉米存在的情况下，土壤CO_2排放通量随着玉米地上部分生物量增加而提高，在拔节—灌浆期达到最大值。此外，由于秸秆还田增加了土壤有机质含量，为微生物分解提供了丰富的碳源。从CO_2排放平均速率上比较，整个玉米生育期间裸地农田与种植玉米相比，翻耕秸秆还田CO_2排放降低了44.01%，翻耕不秸秆还田排放降低了38.14%。

5.4.2.3 生物因素对玉米根系呼吸的影响

各处理下玉米地上部生物量呈现逐渐增加变化。不同耕作方式对玉米的生物量具有一定的影响，其中翻耕处理生物量最高、免耕最低。玉米生育期间农田温度、水分均达到较高的水平，此时限制作物生长的因素与各处理下土壤的理化性状有关。从各处理下作物根生物量变化可看出，免耕处理下根生物量最低，翻耕最高。由于耕作方式上的差异，免耕处理土壤紧实，根系难以下扎，限制了根系生长，影响了根系的物质吸收，从而限制了地上部的生长；而翻耕处理下作物根系发达，从而提高了作物的生物量。

由图5.41、图5.42可知，不同耕作方式对农田作物的地下部生物量具有显著性影响。所以处理的根系生物量随生育期都表现为逐渐递增。翻耕条件下农田根生物量最高，免耕最低。

不同耕作方式下玉米根系活力整体上呈现先下降再升高再下降的变化趋势(图5.43)，各处理间存在一定差异，玉米苗期由于免耕条件下土壤水分含量较高，使得免耕处理下根系

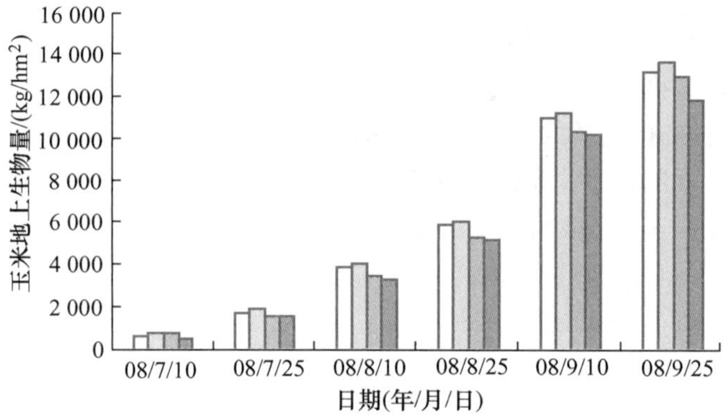

图 5.41 不同耕作方式对玉米农田作物地上生物量的影响

□ 翻耕秸秆不还田 □ 翻耕秸秆还田 ■ 旋耕 ■ 免耕

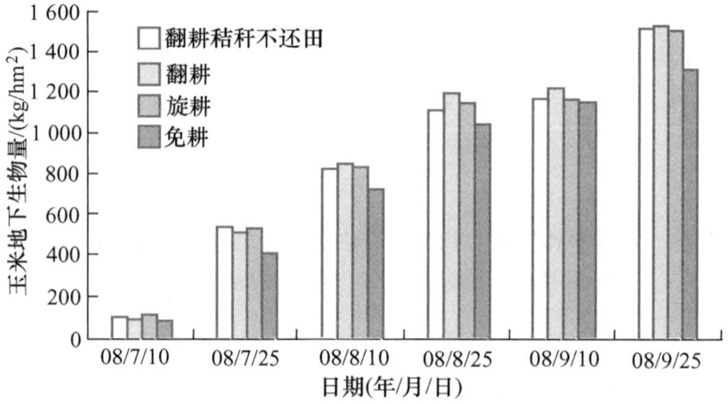

图 5.42 不同耕作方式对玉米农田作物地下生物量的影响

□ 翻耕秸秆不还田 □ 翻耕秸秆还田 ■ 旋耕 ■ 免耕

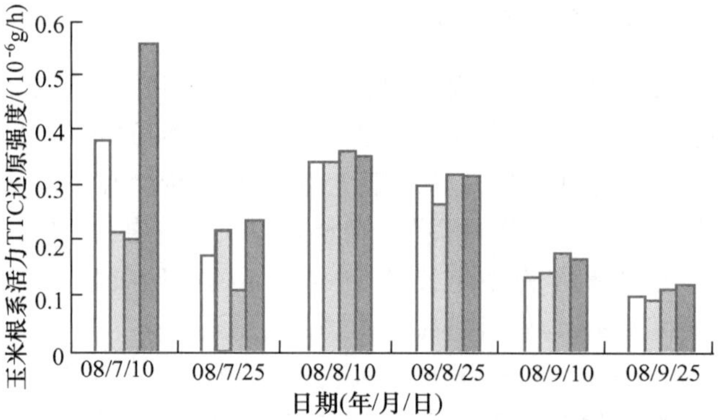

图 5.43 不同耕作方式对农田作物根系活性的影响

□ 翻耕秸秆不还田 □ 翻耕秸秆还田 ■ 旋耕 ■ 免耕

活力高于其他处理，进入玉米籽粒成熟期后，旋耕处理下玉米根系活性最高，玉米收获时各处理之间根系活力较为接近，此时活力最低。通过对玉米根系活力与土壤呼吸之间进行相关性分析，二者之间具有较好的正相关性。

从玉米生长期间的土壤呼吸速率变化中综合分析可以看出，在植物-土壤系统中，土壤呼吸速率与玉米生长发育相一致，土壤呼吸速率先随玉米生长时间延长而增加，到一定时期达到最大，然后随生长时间延长而下降。这说明，玉米生长期间土壤呼吸的物质基础来源于玉米的同化产物，当玉米生长旺盛时，地下的呼吸作用也比较强烈。因此，在玉米生长期间，土壤呼吸也可以反映玉米的生长状况。植物生长所需要的矿物质营养和水分是靠根系从土壤中吸收的，而根系吸收养分和水分则需要消耗代谢产物，这部分能量则由植物地上部分的同化产物提供，所以植物生长与土壤呼吸是相互协调统一的。

5.4.2.4 玉米农田土壤呼吸组分区分

玉米生育期根系呼吸占总土壤呼吸的比例各处理分别为翻耕秸秆不还田 38.44%、翻耕秸秆还田 44.18%、旋耕秸秆还田 42.16%、免耕秸秆还田 39.44%。不同处理下农田土壤呼吸作用中根系呼吸作用所占比例的季节变化呈单峰型，玉米生长初期(6 月 10 日)根系呼吸作用占土壤呼吸作用的比例约为 39.1%；随着玉米根系生物量的增加，其所占比例逐渐增大，8 月中旬根系呼吸作用占土壤呼吸作用的比例大约为 51.2%；玉米生长后期其所占比例缓慢下降，9 月下旬达到 32.6%。整个玉米生长季中根系呼吸作用占土壤呼吸作用的比例大约为 41.6% ，玉米生长初期和末期根系呼吸作用小于土壤微生物呼吸作用，玉米生长中期根系呼吸作用大于土壤微生物呼吸作用。7 月末玉米根系呼吸作用占土壤呼吸作用的比例最高，这不仅归因于土壤温度的升高，还与根系呼吸作用增强有关。在玉米生长旺季，较强的光合作用为根系提高较多的营养物质，刺激了根系生长，从而促进了根系呼吸作用。Pochette 等发现，用同位素法和用根去除法测得的根系呼吸在 45%左右，没有明显差异。韩广轩测量玉米生长季中，根系呼吸作用占土壤呼吸作用的比例在 43.1%～63.6%之间波动，均值为 54.5%。实验结果略低于该结论，其主要原因与不同地区的气候、土壤等条件有关，另外忽略了激发效应(植物生长对土壤有机质分解的激发效应有正有负)。

由方差结果可看出，不同耕作处理下玉米生育期间农田土壤呼吸排放量之间存在显著性差异(表 5.7)。

不同耕作方式中，翻耕农田土壤呼吸中根系呼吸比重较高，免耕最低。玉米生育期 3 种耕作方式下农田玉米地下部生物量翻耕最高，免耕最低。玉米生育期农田土壤温度与水分达到全年最高，此时农田土壤微生物活性也达到最高，因此影响土壤根系呼吸的主要因素为作物根生物量大小，而土壤湿度、土壤有机质、全氮和碳氮比对土壤呼吸作用空间异质性的影响并不显著。虽然翻耕秸秆还田条件下农田根系呼吸比例要高于翻耕秸秆不还田，但相应裸地土壤 CO_2 排放量通过方差分析表明，两者不存在显著性差异，说明翻耕条件下秸秆还田对农田根系呼吸无显著的影响。

表 5.7 冬小麦生育期不同耕作方式下农田土壤呼吸排放量 g/m²

	处理	各生育时期				全生育期
		苗期（5月25日至6月10日）	拔节期（6月10日至6月25日）	喇叭口期（6月25日至7月25日）	成熟期（7月25日至9月25日）	
A	翻耕秸秆不还田	291.69b	287.91a	1 272.44b	872.06b	872.06b
	翻耕秸秆还田	277.94b	314.59a	1 478.67c	913.58c	913.58c
	旋耕	243.58a	270.90b	1 234.16b	843.56b	843.56b
	免耕	219.08a	233.29c	900.42a	714.84a	714.84a
B	翻耕秸秆不还田裸地	176.36b	199.37b	718.39b	585.45c	585.45c
	翻耕秸秆还田裸地	155.24c	169.07b	750.13c	610.05c	610.05c
	旋耕裸地	146.57b	156.67a	657.44b	537.20b	537.20b
	免耕裸地	123.62a	140.19a	563.37a	430.27a	430.27a

注：A 为作物存在下农田土壤呼吸排放量，B 为相应裸地农田土壤矿化 CO_2 释放量；表中小写字母 a、b、c 表示同列数据在 0.05 水平上差异显著性。

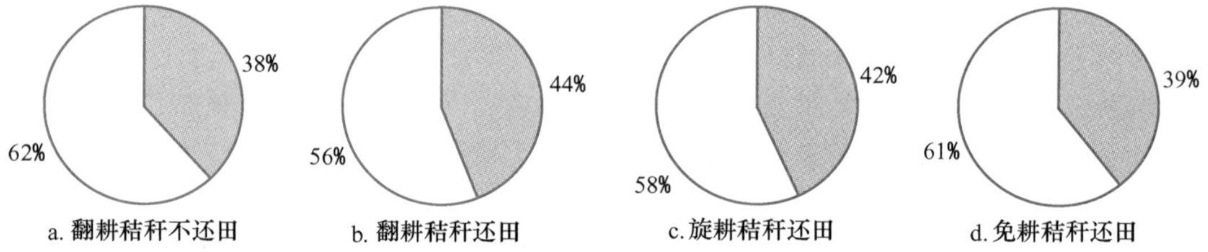

图 5.44 不同耕作方式对农田根系呼吸比例的影响

□根系呼吸 ■土壤矿化

参考文献

[1]李玉宁，王关玉，李伟. 土壤呼吸作用和全球碳循环. 地学前缘，2002，9 (2)：351-356.

[2]张宇. 华北麦玉两熟区农田温室气体排放及碳平衡研究.[硕士学位论文]. 北京：中国农业大学，2009.

[3]李琳，张海林，陈阜，等. 不同耕作措施下冬小麦生长季 CO_2 排放通量及其与土壤温度关系的研究. 应用生态学报，2007，18(11).

[4]Ellert B H,Janzen H H. Short-term influence of tillage on CO_2 fluxes from a semi-arid soil on the Canadian Prairies. Soil and Tillage Research,1999,50：21-32.

[5]Reicosky D C, Dugas WA, Torbert HA. Tillage-induced soil carbon dioxide loss from different cropping systems. Soil and Tillage Research,1997, 41：105-118.

[6]Rochette P, Flanagan L B, Gregorich E G. Separating soil respiration into plant and soil components using analyses of the natural abundance of carbon. Soil Science Society of America Journal, 1999, 63：1207-1213.

[7]Rodhe H. Comparison of the contribution of various gases to the greenhouse effect. Science,1990,248:1217-1219.

[8]蔡艳，丁维新，蔡祖聪. 土壤-玉米系统中土壤呼吸强度及各组分贡献. 生态学报，2006，26：4273-4280.

[9]陈述悦，李俊，陆佩玲. 华北平原麦田土壤呼吸特征. 应用生态学报，2004，15(9)：1552-1560.

[10]封克，殷士学. 影响氧化亚氮形成与排放的土壤因素. 土壤学进展，1995，23(6)：35-40.

[11]高秀文. 华北高产粮区土壤温室气体排放及碳氮平衡研究.[硕士学位论文]. 北京：中国农业大学，2003.

[12]高志岭. 冬小麦/夏玉米轮作体系农田土壤 N_2O 排放和 CH_4 吸收特征.[博士学位论文]. 北京：中国农业大学，2004.

[13]李琳. 保护性耕作对土壤有机碳库和温室气体排放的影响.[博士学位论文]. 北京：中国农业大学，2006.

[14]王效科，庄亚辉，李长生，中国农田土壤 N_2O 排放通量分布格局研究. 生态学报，2001，21(8)：1225-1232.

第6章

保护性耕作农田固碳减排效应模拟与评价

国内外研究发现，传统耕作的农田碳吸收量比多年免耕农田要低。由于免耕法减少耕作次数，农田土壤耕层紧实度比较适宜，降低了土壤有机质的矿化率，利于减少土壤碳的损失。但也有研究表明，传统耕作和少耕的农田 CO_2 的生态系统净交换量相差不大，免耕对农田的碳通量的影响一般需多年才能体现。

本章分析了保护性耕作下农田系统碳平衡和温室气体排放，并采用 DNDC 模型模拟研究农田土壤碳的动态变化，为农田固碳减排提供指导。

6.1 保护性耕作农田系统碳平衡

不同耕作方式对农田碳平衡具有显著的影响。华北地区冬小麦生长季各耕作处理均表现为大气 CO_2 排放的“汇”。虽然冬小麦整个生育期间农田土壤 CO_2 总的排放量表现为翻耕＞旋耕＞免耕，但从碳平衡计算结果看，3 种耕作方式下碳汇强弱表现为免耕＞旋耕＞翻耕。翻耕秸秆还田条件下农田碳汇强度大于翻耕秸秆不还田。玉米整个生育期间 3 种耕作方式下碳汇强弱表现为，免耕＞旋耕＞翻耕。翻耕秸秆还田条件下农田碳汇强度大于翻耕秸秆不还田。虽然玉米生长季农田土壤 CO_2 排放量较高，但玉米植株固定大气碳量更高，故此玉米生长季各耕作处理下农田碳汇强度略高于冬小麦生长季。从全年看，华北地区全年各耕作处理均表现为大气 CO_2 排放的“汇”。虽然全年土壤 CO_2 总的排放量表现为翻耕＞旋耕＞免耕，但从碳平衡计算结果看，4 种耕作方式下碳汇强弱表现为，免耕＞旋耕＞翻耕。

农田碳平衡研究多采用净生态系统生产力（NEP）来表示生态系统碳平衡，它代表大气 CO_2 进入生态系统的净光合量。NEP 为正值时，表示系统是大气 CO_2 的吸收“汇”；反之为大气 CO_2 的排放“源”。碳平衡计算公式为：NEP＝NPP－Rs。其中 NPP 为作物地上部生物量与地下部生物量的总和，作物地上部组织和根的碳含量取45%，土壤微生物异养呼吸碳释放量(Rs)为3种耕作方式下相应裸地在整个冬小麦生育期间农田CO_2的排放量。

华北平原农田3种温室气体中以CO_2为主，CH_4和N_2O为辅，各处理下CO_2温室效应占3种气体中温室效应的95%～100%，其中小麦田温室效应更是以CO_2为主，占小麦田总温室效应的95.81%～100%；玉米田CO_2为总温室效应的96.82%～100%。全年麦玉两熟区各处理下农田温室气体主要以小麦和玉米田CO_2温室效应为主。全年农田温室效应中玉米季农田的温室气体排放的温室效应所占比例最高，平均为75%～80%。

6.1.1 冬小麦农田系统碳平衡

不同耕作方式下农田碳平衡计算结果见表6.1。由计算结果可看出，该地区冬小麦生长季4种耕作处理均表现为大气CO_2排放的"汇"。虽然冬小麦整个生育期间秸秆还田的农田土壤CO_2总的排放量表现为翻耕＞旋耕＞免耕，但从碳平衡计算结果看，不同耕作方式下碳汇强弱表现为免耕＞旋耕＞翻耕。翻耕秸秆还田条件下农田碳汇强度大于翻耕秸秆不还田。

表6.1 不同耕作方式下冬小麦季农田碳平衡

项目	翻耕秸秆不还田	翻耕秸秆还田	旋耕	免耕
地上部生物量/(kg/hm^2)	14 676.19	13 579.52	12 936.20	11 524.56
地下部生物量/(kg/hm^2)	637.180 7	597.17	378.42	332.34
净初级生产力 NPP/(kg/hm^2)	15 313.37	14 176.69	13 314.62	11 856.90
净初级生产力 NPP/($kg\ C/hm^2$)	6 406.033	6 379.51	5 991.58	5 335.61
土壤碳释放总量 Rs/($kg\ C/hm^2$)	4 213.783	4 116.10	3 614.68	2 898.72
净生态系统生产力 NEP/($kg\ C/hm^2$)	2 192.251	2 271.038	2 393.49	2 432.11
NPP/Rs	1.52	1.55	1.66	1.83

由计算结果可看出，该地区冬小麦生长季4种耕作处理均表现为大气CO_2排放的"汇"。虽然冬小麦整个生育期间秸秆还田的农田土壤CO_2总的排放量表现为翻耕＞旋耕＞免耕，但从碳平衡计算结果看，4种耕作方式下碳汇强弱表现为免耕＞旋耕＞翻耕。翻耕秸秆还田与旋耕秸秆还田、免耕秸秆还田相比，虽然其产量水平较高，但由于耕作对土壤搅动最强烈，增加了土壤碳释放量，因此碳汇强度较弱。旋耕与免耕相比，由于免耕对土壤的破坏较少，加之秸秆覆盖，降低了土壤碳释放总量，致使该处理农田成为大气CO_2排放的"汇"，而旋耕无论是产量还是农田土壤碳的释放量均处在翻耕、免耕二者之间，故此碳汇强度也处于二者之间。

6.1.2 玉米农田系统碳平衡

不同耕作方式下玉米农田碳平衡计算结果见表6.2。由计算结果可看出，该地区夏玉米生育季4种耕作处理均表现为大气CO_2排放的"汇"。虽然玉米整个生育期秸秆还田的农田土壤CO_2总的排放量表现为翻耕＞旋耕＞免耕，但从碳平衡计算结果看，不同耕作方式下碳汇强弱表现为免耕>旋耕>翻耕。翻耕秸秆还田条件下，农田碳汇强度大于翻耕秸秆不还田。

表 6.2　不同耕作方式下夏玉米季农田碳平衡

项　目	翻耕秸秆不还田	翻耕秸秆还田	旋耕	免耕
地上部生物量/(kg/hm^2)	13 148.57	13 627.13	12 924.13	11 849.87
地下部生物量/(kg/hm^2)	1 517.25	1 524.81	1 504.86	1 317.75
净初级生产力 NPP/(kg/hm^2)	14 665.82	15 151.91	14 428.96	13 167.62
净初级生产力 NPP/($kg\ C/hm^2$)	6 599.62	6 818.36	6 493.03	5 925.42
土壤碳释放总量 Rs/($kg\ C/hm^2$)	4 127.43	4 126.58	3 659.79	3 056.25
净生态系统生产力 NEP /($kg\ C/hm^2$)	2 472.18	2 691.77	2 833.23	2 869.16
NPP/Rs	1.60	1.65	1.77	1.94

由计算结果可看出，该地区夏玉米生育季 4 种耕作处理均表现为大气 CO_2 排放的“汇”。虽然玉米整个生育期间秸秆还田的农田土壤 CO_2 总的排放量表现为翻耕>旋耕>免耕，但从碳平衡计算结果看，不同耕作措施下碳汇强弱表现为免耕>旋耕>翻耕。免耕秸秆还田条件下，农田玉米生物量总量与土壤碳释放总量均明显低于其他几个处理，其中土壤碳释放总量的减少起到主要作用，从而导致农田总的净生态系统生产力最高，也说明玉米生育期免耕处理农田碳汇强度较高。无论秸秆是否还田，翻耕处理下农田土壤碳释放量明显增加，虽然翻耕处理下玉米的产量最高，综合计算可以看出翻耕处理农田的碳汇强度仍很低。由此可看出，传统耕作方式在粮食产量上虽然存在一定的优势，但是在农田碳平衡方面仍然不如免耕。

6.1.3　麦玉两熟农田系统碳平衡

不同耕作方式下全年农田碳平衡计算结果见表 6.3。由计算结果可看出该地区全年 4 种耕作处理均表现为大气 CO_2 排放的“汇”。

表 6.3　不同耕作方式下全年农田碳平衡

项　目	翻耕秸秆不还田	翻耕秸秆还田	旋耕	免耕
地上部生物量/(kg/hm^2)	27 824.76	27 206.62	25 860.30	23 374.43
地下部生物量/(kg/hm^2)	2 154.43	2 121.98	1 883.28	1 650.09
净初级生产力 NPP/(kg/hm^2)	29 979.19	29 328.60	27 743.58	25 024.52
净初级生产力 NPP/($kg\ C/hm^2$)	13 490.64	13 197.87	12 484.61	11 261.03
土壤碳释放总量 Rs/($kg\ C/hm^2$)	8 341.22	8 242.69	7 274.48	5 954.98
净生态系统生产力 NEP/($kg\ C/hm^2$)	5 149.42	4 955.18	5 210.13	5 306.05
NPP/Rs	1.62	1.60	1.72	1.89

由计算结果可看出，该地区全年 4 种耕作处理均表现为大气 CO_2 排放的“汇”。虽然全年秸秆还田的农田土壤 CO_2 总的排放量表现为翻耕>旋耕>免耕，但从碳平衡计算结果看，不同耕作方式下碳汇强弱表现为免耕>旋耕>翻耕。

通过比较可以看出，玉米季农田的碳汇强度要强于冬小麦田。虽然玉米季土壤碳释放总量要高于冬小麦季，但玉米生育期各处理净初级生产力却明显高于冬小麦生长季。免耕条件下，农田玉米生物量总量与土壤碳释放总量均明显低于其他几个处理，其中土壤碳释放总量的减少起到主要作用，从而导致农田总的净生态系统生产力最高。无论秸秆是否还田翻耕处理下农田土壤碳释放量明显增加，虽然翻耕处理下玉米的产量最高，综合计算可以看出翻耕处理农田的碳汇强度仍很低。由此说明，传统耕作方式在粮食产量上虽然存在一定的优势，但是在农田碳平衡方面仍然不如免耕方式。

华北平原降水多集中于夏季，此时期玉米生长较快，吸收 CO_2 也较多。冬小麦阶段限制其碳吸收的主要因素为冬小麦春季温度，如果春季回暖早，冬小麦长势良好，碳吸收时间便会延长，反之则影响碳的吸收量。通过计算我们发现，传统耕作的农田碳的碳汇强度要低于免耕农田，免耕耕作方式减少农机具进地次数，农田耕层紧实度比较适宜，降低了土壤有机质的矿化速率，不仅有利于有机质的积累，也减少了土壤碳的损失。

6.1.4 麦玉两熟农田系统固碳能力

由表 6.4 可以看出，翻耕秸秆还田处理每年因燃油消耗引起的碳排放比对照高 4 710 kg C/hm^2)，其原因在于翻耕秸秆还田处理多了田间秸秆粉碎作业环节；少、免耕由于减少了田间机械作业次数，导致其燃油消耗相应降低；旋耕秸秆还田处理将传统耕作的 1 次翻耕、1 次旋耕改为 2 次旋耕，其燃油消耗造成的年碳排放比同样秸秆还田的翻耕处理低 419%；免耕秸秆还田处理利用免耕播种机一次性完成秸秆粉碎、播种、镇压等作业，其田间机械作业引起的年碳排放总量仅为 12 916 kg C/hm^2，比翻耕秸秆还田处理低4 815%，比缺少秸秆还田作业的处理低 7 419 kg C/hm^2，但由于免耕播种出苗率较低，为保证田间群体数量需相应提高免耕秸秆还田处理的播量，导致免耕秸秆还田处理因小麦种子投入引起的年碳排放比其余处理高1 017 kg C/hm^2。综合各项农田投入引起的年碳排放，同样秸秆还田条件下由翻耕改为免耕或旋耕，每年可分别减少碳排放量11 112 kg C/hm^2 和1 212 kg C/hm^2；传统耕作方式转为保护性耕作方式（免耕秸秆还田），每年可减少碳排放量6 413 kg C/hm^2。

表 6.4 小麦—玉米两熟农田每年源于农田投入的碳排放

项目	翻耕秸秆不还田		翻耕秸秆还田		旋耕		免耕	
	物质消耗/(kg/hm^2)	碳排放/(kg C/hm^2)	物质消耗/(kg/hm^2)	碳排放/(kg C/hm^2)	物质消耗/(kg/hm^2)	碳排放/(kg C/hm^2)	物质消耗/(kg/hm^2)	碳排放/(kg C/hm^2)
燃油消耗								
翻地	37.8	50.9	37.8	50.9	0	0	0	0
旋地	28.7	38.6	28.7	38.6	57.4	77.3	0	0
秸秆粉碎	0	0	43.4	58.4	43.4	58.4	0	0
秸秆清除	8.5	11.4	0	0	0	0	0	0
小麦播种	9	12.1	9	12.1	9	12.1	28.3	38.1
其他	68	91.5	68	91.5	68	91.5	68	91.5

续表 6.4

项目	翻耕秸秆不还田		翻耕秸秆还田		旋耕		免耕	
	物质消耗/ (kg/hm^2)	碳排放/ ($kg\ C/hm^2$)	物质消耗/ (kg/hm^2)	碳排放/ ($kg\ C/hm^2$)	物质消耗/ (kg/hm^2)	碳排放/ ($kg\ C/hm^2$)	物质消耗/ (kg/hm^2)	碳排放/ ($kg\ C/hm^2$)
农资投入								
小麦种子	165	18.2	165	18.2	165	18.2	262.5	28.9
其他	735	505.4	735	505.4	735	505.4	735	505.4
总碳释放量	—	728.2	—	775.1	—	762.9	—	663.9

注:其他燃油消耗包括玉米播种1 115 kg、小麦灌溉（3 次）共2 710 kg、玉米灌溉(1 次）910 kg、收获 2 015 kg;其他农资投入包括小麦季除草剂 115 kg、农药 215 kg、氮肥(纯 N) 28 114 kg、磷肥 (P_2O_5) 13 810 kg、钾肥 (K_2O) 9 715 kg,玉米季除草剂 217 kg、农药 115 kg、氮肥（纯 N ）15 714 kg、种子 5 215 kg。

传统耕作方式(翻耕秸秆不还田)下,由于土壤有机碳量的减少,加上每年农田投入会引起一定量的碳排放,其农田净碳释放量为 1 095 kg/(hm^2 · 年),表现为 CO_2 排放“源”;而采用秸秆还田以及少、免耕等保护性耕作措施后,可转变为“碳汇”;采用保护性耕作措施的耕作方式中,以旋耕秸秆还田方式的固碳能力最强,达 1 011.1 kg/(hm^2 · 年)(表 6.5)。耕作方式转变后,翻耕秸秆还田、旋耕秸秆还田、免耕秸秆还田 3 种耕作方式下的农田固碳能力比传统耕作方式分别提高 1 710.6 kg/(hm^2 · 年)、2 106.2 kg/(hm^2 · 年)和 1 424.2 kg/(hm^2 · 年)。

表 6.5 耕作方式转变对研究区农田固碳能力的影响 kg/(hm^2 · 年)

翻耕秸秆不还田		翻耕秸秆还田		旋耕		免耕	
绝对释放	相对释放	绝对释放	相对释放	绝对释放	相对释放	绝对释放	相对释放
1 095	—	−615.5	−1 710.6	−1 011.1	−2 106.2	−329.1	−1 424.2

6.2 保护性耕作对温室气体减排贡献评估

自 20 世纪 80 年代以来,华北地区气温升高、降水减少,干旱化日趋严重。屠其璞等在研究我国近百年来气候变化区域特征时指出,我国平均气温的线性趋势为 0.76℃/100 年,北半球陆地则为 0.64℃/100 年,而华北地区则达到了 1.10℃/100 年,仅次于我国的东北地区。专家预测在未来的 30 年中,中国大陆冬季温度将会呈现出不断上升趋势,华北是中国大陆增温最显著、增温幅度最大的地区,到 2030 年华北地区冬季的增温幅度相对多年平均(1961—1990 年)将上升 2.5℃左右。

6.2.1 保护性耕作下农田温室气体排放量和综合温室效应分析

表 6.6 和表 6.7 是根据冬小麦田排放的 CH_4、N_2O 和 CO_2 量,将 CH_4、N_2O 排放量换算成 CO_2 当量,即摩尔 CO_2 为 1,CH_4 为 32,N_2O-N 为 150,计算了不同保护性耕作下土壤排放温室气体可能导致的相对温室效应。结果表明,华北平原农田 3 种温室气体中以 CO_2 为

主,CH_4 和 N_2O 为辅,各处理下 CO_2 温室效应占 3 种气体中温室效应的 95%~100%之间,其中冬小麦田温室效应更是以 CO_2 为主,占小麦田总温室效应的 97.11%~100%;玉米田 CO_2 为总温室效应的 95.97%~97.17%,N_2O 占 2.80%~3.42%。

表 6.6 耕作措施对冬小麦田综合温室效应的影响

处理	温室气体排放量			相对温室效应			总效应
	CO_2/(g/m²)	CH_4/(mg/m²)	N_2O/(mg/m²)	CO_2	CH_4	N_2O	
翻耕秸秆不还田	1 847.51	98.04	109.12	41.99(97.81%)	0.20	0.74	42.93
翻耕秸秆还田	1 996.18	−70.39	0.72	45.37(100.30%)	−0.14	0.00	45.23
旋耕	1 960.45	−65.69	−5.91	44.56(100.439%)	−0.13	−0.04	44.38
免耕	1 106.24	47.43	95.70	25.14(97.11%)	0.09	0.65	25.89

表 6.7 耕作措施对玉米田综合温室效应的影响

处理	温室气体排放量			相对温室效应			总效应
	CO_2/(g/m²)	CH_4/(mg/m²)	N_2O/(mg/m²)	CO_2	CH_4	N_2O	
翻耕秸秆不还田	2 020.27	9.45	193.36	45.92 (97.17%)	0.02	1.32 (2.80%)	47.25
翻耕秸秆还田	1 886.61	−24.58	201.35	42.88 (97.01%)	−0.05	1.37 (3.11%)	44.20
旋耕	1 395.89	100.10	165.87	31.72 (95.97%)	0.20	1.13 (3.42%)	33.06
免耕	1 586.50	−22.51	177.05	36.06 (96.88%)	−0.05	1.21 (3.24%)	37.22

冬小麦田 CH_4 排放量在翻耕秸秆还田和旋耕秸秆还田下为负值,表现为土壤吸收氧化 CH_4;而免耕和翻耕秸秆不还田 CH_4 排放量为正值,表现为释放 CH_4;同时旋耕下也表现为吸收 N_2O。CO_2 排放量以翻耕秸秆还田最高,免耕最低;N_2O 排放量以翻耕秸秆不还田最高,免耕和翻耕秸秆还田次之,旋耕吸收 N_2O;CH_4 排放量以翻耕秸秆不还田最高,免耕次之,翻耕秸秆还田和旋耕最低。综合温室效应以翻耕秸秆还田最高为 45.23,旋耕和翻耕秸秆不还田次之,综合温室效应分别为 44.38 和 42.93,免耕为 25.89,免耕比翻耕秸秆还田降低了 43.48%。

玉米田各处理土壤均表现为大气 CO_2 和 N_2O 的汇,而翻耕秸秆还田和免耕下 CH_4 为负值,表现为土壤氧化 CH_4,旋耕和翻耕秸秆不还田则释放 CH_4。CO_2 以翻耕秸秆不还田最高,旋耕和免耕较低;N_2O 以翻耕秸秆还田最高,翻耕秸秆不还田和旋耕次之,免耕最低;CH_4 排放量以旋耕最高,翻耕秸秆不还田次之,翻耕秸秆还田和免耕最低。综合温室效应以翻耕秸秆不还田最高为 47.25,翻耕秸秆还田次之,综合温室效应为 44.20,免耕和旋耕最低,分别为 37.22 和 33.06,免耕和旋耕分别比翻耕秸秆不还田降低了 21.42%和 30.27%。

表 6.8 是不同耕作措施下农田土壤排放温室气体可能导致的相对温室效应。结果表明,各处理下以翻耕秸秆不还田总温室效应最高,为 89.15,其次是翻耕秸秆还田,这是因为秸秆还田虽然提高了 CO_2 温室效应,但是降低了 N_2O 和 CH_4 的温室效应,导致秸秆还田农

田综合温室效应比秸秆不还田有所降低。就 3 种耕作方式来讲，CO_2 温室效应以免耕最低，CH_4 以翻耕最低，N_2O 以旋耕最低，但是总温室效应以翻耕最高，旋耕次之，免耕最低，与 CO_2 的大小规律一致，这主要是因为 CO_2 的温室效应较高，占总温室效应的 97%以上，而 N_2O 只占总温室效应的 1.5%～2.5%，CH_4 更低。

表 6.8　耕作措施对小麦—玉米周年综合温室效应的影响

处理	温室气体排放量			相对温室效应			总效应
	CO_2/(g/m²)	CH_4/(mg/m²)	N_2O/(mg/m²)	CO_2	CH_4	N_2O	
翻耕秸秆不还田	3 867.78	107.49	302.48	87.91 (97.88%)	0.22	1.69 (1.88%)	89.81
翻耕秸秆还田	3 882.79	−94.97	202.07	88.25 (98.68%)	−0.19	1.37 (1.54%)	89.43
旋耕	3 356.34	34.41	159.96	76.28 (98.48%)	0.07	1.11 (1.43%)	77.47
免耕	2 692.74	24.92	272.75	61.20 (97.50%)	0.04	1.54 (2.45%)	62.78

表 6.9 是各处理下农田年温室效应的比例。可以看出，麦玉两熟区各处理下农田温室气体主要以小麦田和玉米田 CO_2 温室效应为主。其中两个翻耕处理小麦田和玉米田 CO_2 温室效应基本上是各 1/2，翻耕秸秆不还田小麦田和玉米田 CO_2 温室效应分别占全年温室效应的 46.75%和 51.13%，而翻耕秸秆还田下小麦田和玉米田分别占全年温室效应的 50.73%和 47.95%，这可能与小麦生育期翻耕秸秆还田处理下有大量的玉米秸秆还田有关。3 种不同耕作处理中，旋耕下小麦田和玉米田分别占全年温室效应的 57.54%和 40.96%，免耕下小麦田和玉米田分别占全年温室效应的 39.84%和 57.15%。因此，旋耕应注意进一步减少麦田温室效应，而免耕则应注意减少玉米田温室效应。

表 6.9　耕作措施下小麦—玉米周年农田温室效应的比例　　%

处　理	小麦田			玉米田		
	CO_2	CH_4	N_2O	CO_2	CH_4	N_2O
翻耕秸秆不还田	46.75	0.22	0.82	51.13	0.02	1.47
翻耕秸秆还田	50.73	−0.16	0.00	47.95	−0.06	1.53
旋耕秸秆还田	57.52	−0.17	−0.05	40.94	0.26	1.46
免耕秸秆还田	40.04	0.14	1.04	57.44	−0.08	1.93

表 6.10 忽略 CH_4 和 N_2O 的年排放量，计算了各处理下农田 CO_2 和 C 的年排放量。从表中可以看出，秸秆还田和耕作方式对碳年释放量有很大的影响，其中翻耕秸秆不还田和免耕秸秆还田下玉米田 CO_2 排放量比小麦田多，但翻耕秸秆还田和旋耕秸秆还田则相反；这可能与翻耕和旋耕有利于秸秆腐解有关。就秸秆是否还田来讲，秸秆还田提高了小麦田 CO_2 排放量，但降低了玉米田的 CO_2 排放量，但是秸秆还田增加了土壤全年的碳排放量，其中秸秆不还田下为 10 548.49 kg C/(hm² · 年)，秸秆还田下为 10 589.43 kg C/(hm² · 年)，秸秆还田比不还田提高了 0.39%。就 3 种不同耕作方式来讲，免耕显著降低了小麦田土壤

碳排放量，旋耕则降低了玉米田土壤碳排放量，但是全年碳排放量以免耕最低，为 7 343.84 kg C/(hm^2·年)；旋耕次之，为 9 153.65 kg C/(hm^2·年)；翻耕最高，为 10 589.43 kg C/(hm^2·年)。旋耕和免耕分别比翻耕降低了 13.56%和 30.65%。如果将翻耕分别转为旋耕和免耕，则每年每公顷能分别减少 1 435.78 kg C 和 3 245.59 kg C。

表 6.10 不同耕作措施下冬小麦—玉米田土壤碳排放量

项　目	翻耕秸秆不还田	翻耕	旋耕	免耕
小麦田土壤 CO_2 释放/[kg CO_2/(hm^2·年)]	18 475.10	19 961.80	19 604.50	11 062.40
玉米田土壤 CO_2 释放/[kg CO_2/(hm^2·年)]	20 202.70	18 866.10	13 958.90	15 865.00
农田土壤 CO_2 总释放/[kg CO_2/(hm^2·年)]	38 677.80	38 827.90	33 563.40	26 927.40
小麦田土壤碳释放/[kg C/(hm^2·年)]	5 038.66	5 444.13	5 346.68	3 017.02
玉米田土壤碳释放/[kg C/(hm^2·年)]	5 509.83	5 145.30	3 806.97	4 326.82
农田土壤碳总释放/[kg C/(hm^2·年)]	10 548.49	10 589.43	9 153.65	7 343.84

国内实验一般认为农田 CO_2 年排放量在 1 725～2 540 g/m^{2}之间，戴万宏等(2004)等认为黄土高原麦玉两熟区土壤年 CO_2 排放量为 1 353～1 769 g/m^2，黄斌(2004)等认为华北平原麦田 CO_2 排放量为 15 695～20 159 kg/(hm^2·年)，玉米田为 18 646～20 976 kg/(hm^2·年)，年平均为 34 943～41 134 kg/(hm^2·年)。陈素英和胡春胜(1997)认为太行山前平原土壤呼吸量深耕＋深松为 1 788 g/(m^2·年)，少耕＋深松为 1 667 g/(m^2·年)，深耕＋不深松为 1 629 g/(m^2·年)。华北地区实行少免耕可以减少 CO_2 排放量 5 264～11 901 kg/hm^2。

6.2.2 保护性耕作下农田系统碳排放量

国内外多年的研究结果表明，保护性耕作可以减少土壤有机碳的损失，增强土壤碳汇，加以秸秆还田更能持续地减少 CO_2 的释放，但这些研究往往忽略了实施农业耕作管理措施过程中制造和运输农田物资耗能(一般换算成 CO_2 当量)的减少导致的碳减排作用。国外有学者认为，对农田生态系统净碳排放的评价若不考虑能耗引起的 CO_2 向大气的排放量则是不完全的。2002 年，美国橡树岭国家生态实验室将农田投入换算成能量，并进一步折算出每项投入造成的碳释放系数，提出了衡量新耕作管理措施下农田生态系统对大气 CO_2 排放贡献大小的方程，即相对净碳释放方程。国内对农田投入碳释放的研究很少，仅稍微涉及，没有相关的定量计算。本研究通过保护性耕作定位试验，系统研究不同耕作方式下麦玉两熟区农田生态系统碳排放量，评价少免耕的减排和固碳潜力，旨在为计算我国减少温室气体排放潜力和选择合适的固碳耕作措施提供数据资料和理论依据。

参照美国橡树岭国家生态实验室的 West 和 Post(2002)提出的方法，将肥料、灌溉、机械、农药、种子等各项农田投入换算成能量，并进一步折算出每项投入造成的碳释放系数。折算方法是求出各项农资在生产和运输过程中的耗能和耗电，机械投入还包括维修过程中的耗能，把能耗量和电耗量都折算成燃料投入量，最后将农田投入量和燃料导致的碳释放量对应即得到碳释放系数。燃料的碳释放包括燃料自身燃烧释放的碳，以及生产和运输燃料过程中的碳释放。目前，我国限于资料及研究人员的专业背景，还没有形成一套统一适用的工业能折算系数，大大影响了研究资料的准确性、可比性和使用价值。本章在计算农业投入、制造和运输农业物资过程中所消耗的能量，并将其换算成 CO_2 当量时，部分借鉴的是美国橡树岭国家生态实验室的统计数据。

2006 年冬小麦、夏玉米生长季的机械、化肥、除草剂、农药、种子及灌溉投入，以及各项农田投入造成的碳释放量，见表 6.11 和表 6.12。柴油的碳释放包括自身燃烧的碳释放加上生产和运输中的碳释放，除草剂、农药、肥料、种子投入的碳释放均包括在生产和运输过程中的碳释放。根据美国橡树岭国家生态实验室得出的碳折算系数可得各项农资的碳释放：柴油为 0.96 kg C/hm^2；农药为 4.93 kg C/hm^2；N 和 P_2O_5 分别为 0.09 kg C/hm^2 和 0.02 kg C/hm^2；冬小麦种子为 0.11 kg C/hm^2，玉米种子为 1.05 kg C/hm^2。灌溉按灌溉系统的水泵耗燃料计算，小麦灌溉六次共耗柴油 27.00 kg/hm^2，造成碳释放 25.79 kg C/hm^2，玉米灌溉一次共耗柴油 9.00 kg/hm^2，造成碳释放 8.60 kg C/hm^2。

表 6.11 小麦生长季农田物质投入量及碳排放量

项 目	翻耕秸秆不还田		翻耕秸秆还田		旋耕		免耕	
	kg/hm^2	kg C/hm^2	kg/hm^2	kg C/hm^2	kg/hm^2	kg C/hm^2	kg/hm^2	kg C/hm^2
机械耗柴油								
翻地	25.50	24.36	25.50	24.36	0.00	0.00	0.00	0.00
旋地	19.13	18.27	19.13	18.27	38.25	36.54	0.00	0.00
秸秆粉碎	0.00	0.00	43.35	41.41	43.35	41.41	0.00	0.00
播种	9.00	8.60	9.00	8.60	9.00	8.60	38.25	36.54
收获	12.00	11.46	12.00	11.46	12.00	11.46	12.00	11.46
合计	62.69		104.09		98.00		48.00	
其他农资投入								
农药	25.88	127.61	25.88	127.61	25.88	127.61	25.88	127.61
N	281.42	24.15	281.42	24.15	281.42	24.15	281.42	24.15
P_2O_5	138.00	2.28	138.00	2.28	138.00	2.28	138.00	2.28
灌溉	27.00	25.79	27.00	25.79	27.00	25.79	27.00	25.79
种子	165.00	18.15	165.00	18.15	165.00	18.15	262.50	28.88
合计		197.98		197.98		197.98		208.70
碳释放量	—	260.66	—	302.07	—	295.98	—	256.70

注：翻耕 30 L/hm^2，旋耕 1 次 22.5 L/hm^2，秸秆粉碎 51 L/hm^2，免耕播种 45 L/hm^2，小型播种机播种 10.6 L/hm^2，收获 14.12 L/hm^2；柴油的密度按 0.85 kg/L。

表 6.12 玉米生育期农田物质投入量及碳排放量

项 目	翻耕秸秆不还田		翻耕秸秆还田		旋耕		免耕	
	kg/hm^2	kg C/hm^2	kg/hm^2	kg C/hm^2	kg/hm^2	kg C/hm^2	kg/hm^2	kg C/hm^2
农药	1.50	7.40	1.50	7.40	1.50	7.40	1.50	7.40
N	157.44	13.51	157.44	13.51	157.44	13.51	157.44	13.51
灌溉	9.00	8.60	9.00	8.60	9.00	8.60	9.00	8.60
种子	52.50	55.13	52.50	55.13	52.50	55.13	52.50	55.13
碳释放量	—	84.63	—	84.63	—	84.63	—	84.63

由表 6.11 和 6.12 可以看出，在华北麦玉两熟区，不同处理下农田投入碳排放量的差异表现在冬小麦生长季，其中又以机械能消耗和种子投入造成的差异为主，免耕下机械能投入碳排放量仅为 48.00 kg C/hm^2，比翻耕秸秆还田减少了 53.89%，但是免耕比其他各处理小麦种子投入多 10.73 kg C/hm^2，而肥料、农药和灌溉并没有引起各处理间的差异；比较小麦和玉米两个生长季农田投入碳排放量可以看出，小麦田高于玉米田，免耕下小麦田农田投入碳排放量仅为 256.70 kg C/hm^2，翻耕秸秆不还田为 260.66 kg C/hm^2，旋耕和翻耕秸秆还田较高分别为 295.98 和 302.07 kg C/hm^2；玉米田则都为 84.63 kg C/hm^2。

从表 6.13 可以看出，华北平原麦玉两熟区农田生态系统碳排放量以免耕最低，为 7 685.17 kg C/hm^2。这主要是因为，免耕条件下无论是农田土壤还是农田投入碳排放量基本上都是最低的。免耕小麦田土壤碳释放比翻耕秸秆还田降低了 44.58%，玉米田土壤碳释放降低了 15.91%，小麦田农田投入碳释量降低了 15.02%，全年农田生态系统碳释量降低了 29.98%。

表 6.13　小麦—玉米不同耕作措施下年农田生态系统碳排放量　　kg C/hm^2

项　　目	翻耕秸秆不还田	翻耕秸秆还田	旋耕	免耕
小麦田土壤碳释放	5 038.66	5 444.13	5 346.68	3 017.02
玉米田土壤碳释放	5 509.83	5 145.30	3 806.97	4 326.82
小麦生长季农田投入碳排放量	260.66	302.07	295.98	256.70
玉米生长季农田投入碳排放量	84.63	84.63	84.63	84.63
农田生态系统碳年排放量	10 893.78	10 976.13	9 534.26	7 685.17

翻耕秸秆不还田和免耕下玉米田土壤碳排放量占全年碳排放量的比例最高，分别达到 50.58%和 56.30%，其次是小麦田土壤碳排放量和小麦生长季农田投入碳排放量。玉米生长季农田投入碳排放量最低分别占全年碳排放量的 0.78%和 0.77%；翻耕秸秆还田和旋耕秸秆还田小麦田土壤碳排放量占全年碳排放量的比例最高，分别达到 49.60%和 56.08%。

6.2.3　河北省麦玉农田保护性耕作对温室气体减排贡献评估

对河北省不同耕作方式下小麦和玉米田 CO_2 年排放规律进行了观测，并得出了 4 种不同处理下小麦和玉米田 CO_2 年排放量（表 6.14），同时利用 2005 年中国统计年鉴有关河北省小麦和玉米的播种面积计算得出 2005 年河北省小麦和玉米农田在各处理下排放量。其中，小麦田以免耕排放最少，玉米田以旋耕排放最少，小麦—玉米田周年综合排放量以免耕最少，仅为 19.59 Tg，比翻耕地降低了 30%。如果河北省小麦和玉米播种面积不改变，并将现有的传统翻耕全部改为旋耕则农田年碳排放量减少 3.83 Tg；将现有的传统翻耕全部改为免耕则农田年碳排放量减少 8.06 Tg。旋耕和免耕分别比翻耕降低 13.60%和 28.97%。

表 6.14 小麦—玉米农田保护性耕作对河北省农田温室气体减排的贡献

项　目	翻耕秸秆不还田	翻耕秸秆还田	旋耕	免耕
小麦田土壤碳释放/[kg C/(hm^2·年)]	5 038.66	5 444.13	5 346.68	3 017.02
玉米田土壤碳释放/[kg C/(hm^2·年)]	5 509.83	5 145.30	3 806.97	4 326.82
小麦生育期农田投入碳排放量/[kg C/(hm^2·年)]	260.66	302.07	295.98	256.70
玉米生育期农田投入碳排放量/[kg C/(hm^2·年)]	84.63	84.63	84.63	84.63
河北省小麦田土壤碳释放/(Tg/年)	12.60	13.66	13.41	7.78
河北省玉米田碳释放/(Tg/年)	14.98	14.00	10.42	11.81
河北省年总碳释放量/(Tg/年)	27.58	27.66	23.83	19.59

注：河北省 2005 年小麦播种面积3 565.65万亩，玉米播种面积4 016.10万亩。

6.3 DNDC 模型对未来华北农田土壤碳库的模拟评价

农业生态系统的土壤碳库是全球碳库中最活跃的一个组成部分，在人类的耕作、施肥、灌溉以及气候变化影响下，不仅数量在迅速变化，而且其作为全球 CO_2 的源汇地位也在不断变化，一方面对区域以及全球带来影响，另一方面也对人类赖以生存的粮食生产带来影响。农田土壤碳储量的核算及固碳潜力的估算是较为复杂的研究领域，一般运用模型模拟的方法对其进行定量研究。

DNDC(Denitrification-Decomposition)模型是由美国 New Hampshire 大学制作并推广起来的。在 1995 年英国洛桑“应用长期观测数据评价土壤有机质模型”国际高级学术会议上被评为优秀土壤有机质模型，是国际上最为成功的模拟生物地球化学循环的模型之一。此模型能够较好的模拟农田土壤中 C、N 循环以及温室气体 CO_2、N_2O、CH_4 等的排放规律，已在多个国家和地区得到应用和验证。该模型由 6 个子模型组成：土壤气候、作物生长、有机质分解、硝化、反硝化和发酵过程。这些子模型共同描述了土壤中 C、N 化合物的产生、分解和转化。模型输入数据包括逐日气象数据、土壤理化生性质、土地利用方式和农田管理。模型以日为单位输出结果，结果全面、详细，适用于对农业生态系统的研究。

采用 DNDC 模型，以河北栾城试验站农田土壤的有机碳为研究对象，模拟了不同耕作措施下土壤有机碳的动态变化。

6.3.1 模型调整与验证

6.3.1.1 模型参数调整

利用中国科学院栾城生态系统实验站的长期定位试验结果对模型参数进行了调整，并以土壤有机碳(SOC)、土壤碳密度(SCD)、土壤呼吸(SR)以及生物量碳(BC)4 个指标对DNDC模型进行了验证。模型中地理状况(试验地经纬、海拔)、气候条件(日最高温、日最低温、日降雨量)、土壤状况(初始有机碳含量、容重、土壤质地、粘粒含量、pH 值、田间持水量、永久萎蔫点、饱和导水率、孔隙度)、农艺措施(播种及收获期、灌溉量及次数、肥料施用量、肥料施用次数、肥料施用深度及施用时间、耕地时间、耕地次数及深度)、作物参数(最高生物量、生物量 C/N 比、积温、固氮系数)均按照实际情况输入;空气中氮平均浓度、大气中 CO_2 浓度年增长率等参照默认值;对模型中 SOC 含量均匀的表层土壤厚度、表层土壤下 SOC 含量降低速率、秸秆还田量等主要参数进行了调整,由于不同耕作方式 SOC 含量均匀的表土层厚度不同,以及表层以下 SOC 下降速率不同,调整了前 2 个参数。在本研究中,玉米秸秆粉碎全量还田,其粒径大小为 0～20 cm。小麦秸秆为平铺全量还田并留茬 0～30 cm。虽同为全量还田,但与模型中默认的全量粉碎还田的概念是不同的,主要区别在于秸秆粉碎粒径及其腐解程度。因此,对秸秆还田量进行调整和校正,翻耕、旋耕和秸秆直立免耕的还田量分别调整为 80%、50%和 40%,以适应华北麦-玉两熟地区,并使模拟结果符合实验的客观状况。

6.3.1.2 模型验证

1. 土壤有机碳验证

秸秆还田条件下,各处理土壤有机碳呈现逐年增长的趋势(图 6.1),0～10 cm 土壤有机碳实测值从 2001 年初的 9.11 g/kg 增长到 2010 年的 15 g/kg 左右。趋势模拟表明,模拟值与实际值间具有较高的相关性($p\leqslant 0.01$),翻耕、旋耕和免耕处理的决定系数分别为 0.975 0、0.970 4和0.939 6。模拟值递增趋势基本与实测值吻合,能够反映农田土壤有机碳实际动态变化情况。

2. 土壤碳密度验证

土壤碳密度是不同土壤层次单位面积土壤碳储量。本研究计算了 2007 年耕层 0～10 cm、10～20 cm 两个土壤层次的碳密度。并与模拟值进行了比较,其决定系数和相对误差分别为 $R^2=0.928\,0$,$M=5.61\%$。在实际生产中,由于耕作机械扰动土壤的程度不同,秸秆粉碎后入土深度亦不相同。因此,出现了翻耕处理土壤碳密度在耕层 0～10 cm、10～20 cm 两个层次间差异较小,而旋耕和免耕处理 0～10 cm 土壤碳密度较高,10～20 cm 土壤碳密度下降剧烈的现象。通过与实测值比较(图 6.2)可发现,模拟趋势充分反映了各处理这种土壤碳密度分布差异。

3. 土壤呼吸验证

土壤呼吸是土壤释放 CO_2 的过程,农田土壤呼吸包括根呼吸、土壤微生物呼吸和土壤动物呼吸。土壤呼吸受土壤温度、土壤湿度、土壤有机质含量以及施肥、灌溉等多种因素影响。从图 6.3 中可发现土壤呼吸实际测定值与模型模拟值有较好的相关性($p\leqslant 0.01$):翻耕、旋耕和免耕处理的决定系数分别达到了0.772 4、0.883 6和0.896 9。小麦越冬期实测值较模拟值稍高,但总体来看整个冬小麦生育期土壤呼吸峰值和谷值基本被模型捕捉到,尤其在 4 月 9 日当日气温较高、土壤呼吸作用显著,出现较高排放峰值。

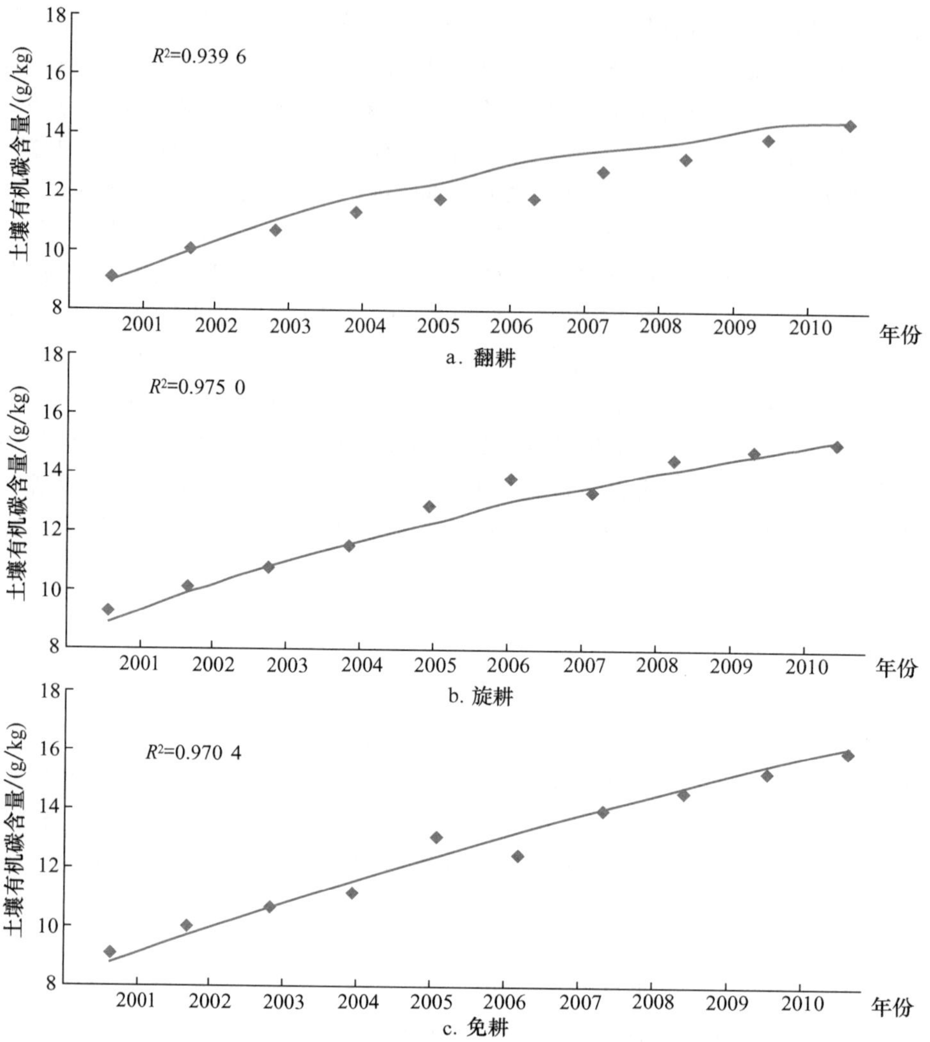

图 6.1　2001—2010 年表层土壤有机碳含量与 DNDC 模拟值比较

——模拟值　◆实际值

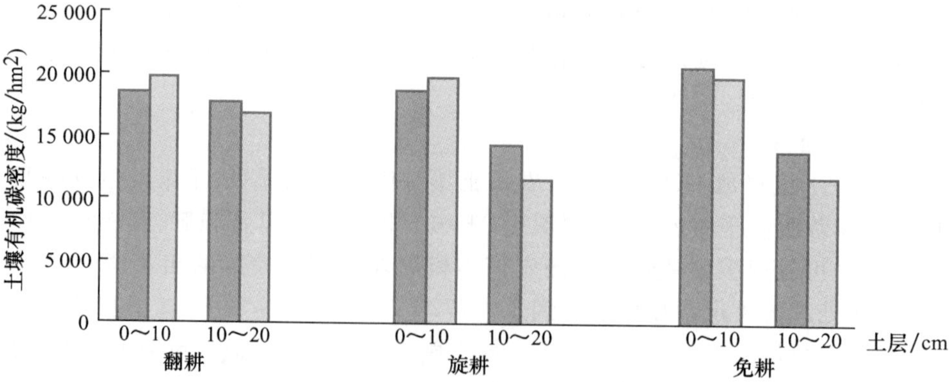

图 6.2　2007 年耕层土壤碳密度与 DNDC 模拟值比较

■模拟值　□实际值

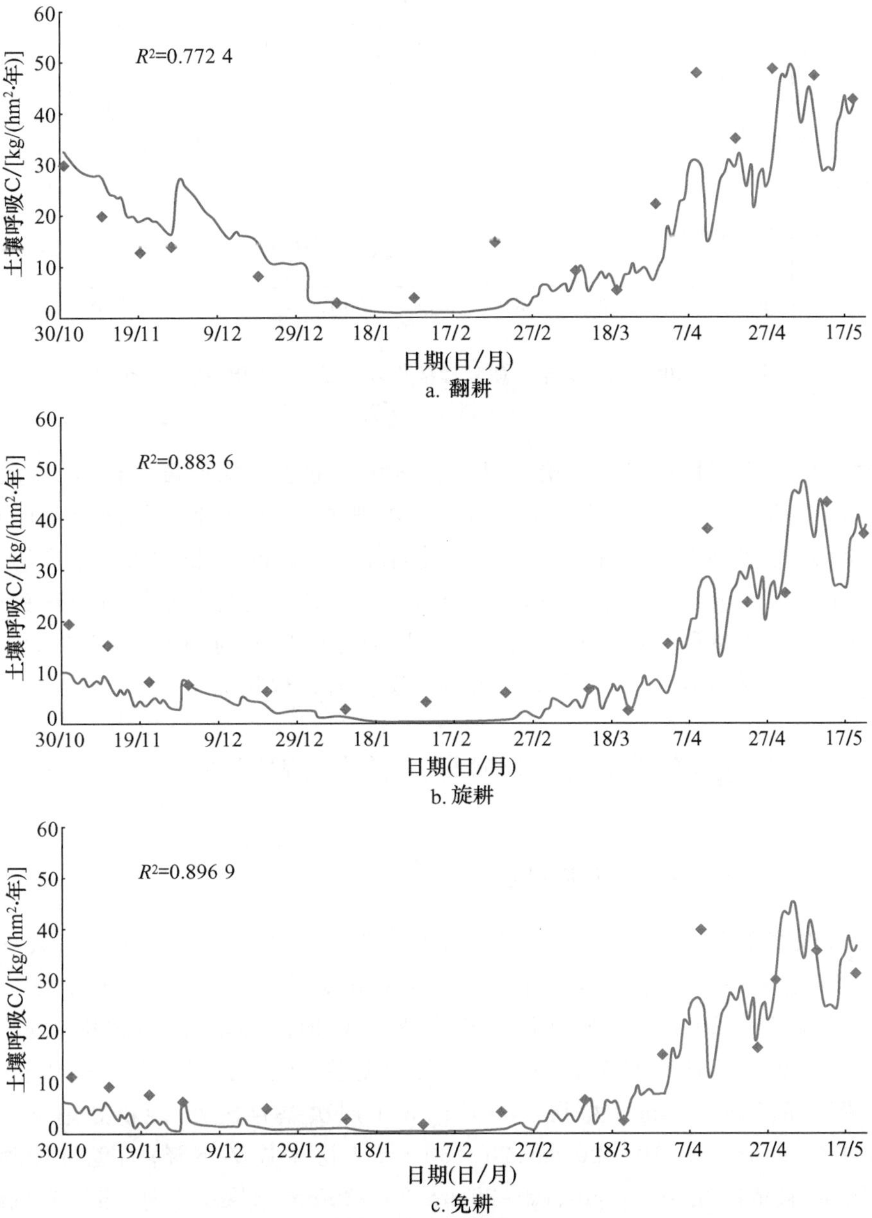

图 6.3　2007—2008 年冬小麦生育期土壤呼吸与 DNDC 模拟值比较

◆ 实际值　— 模拟值

4．生物量碳验证

在生物量碳的模拟中，选取了作物产量作为研究的对象。图 6.4 为旋耕处理 2002—2011 年 10 年冬小麦产量实测值与模拟值的比较：其决定系数为0.737 8，在 $p\leqslant 0.01$ 水平上显著相关。

本研究对模型中的绝大部分参数进行了输入或调整，其中地理状况、气候条件、土壤状况、农艺措施、作物参数等所包含的大量参数均按照实际情况输入，而对模型中土壤有机碳含量均匀的表层土壤厚度、表层土壤以下土壤有机碳含量降低速率、秸秆还田量等主要参数

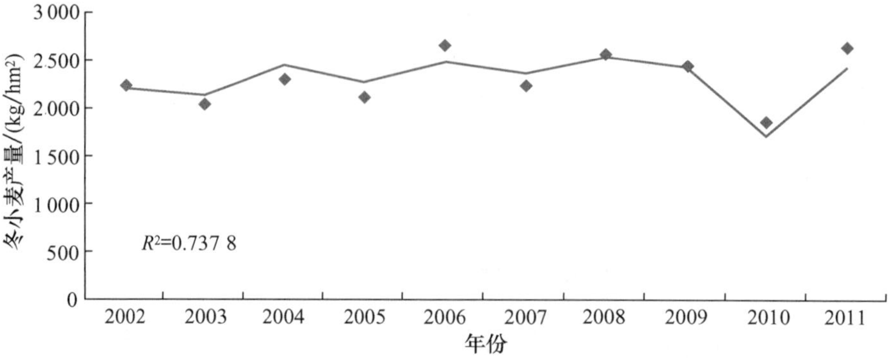

图 6.4 2002—2011 年旋耕处理冬小麦产量与 DNDC 模拟值比较

——模拟值 ◆实际值

进行了调整。由于不同耕作方式土壤有机碳含量均匀的表土层厚度不同，以及表层以下土壤有机碳下降速率不同，调整了前 2 个参数。在本研究中，玉米秸秆粉碎全量还田，其粒径大小为 0～20 cm。小麦秸秆为平铺全量还田并留茬 0～30 cm。虽同为全量还田，但与模型中默认的全量粉碎还田的概念是不同的，主要区别在于秸秆粉碎粒径及其腐解程度。因此，对秸秆还田量进行调整和校正，翻耕、旋耕和免耕的还田量分别调整为 80%、50%和 40%，以适应华北麦—玉两熟地区，并使模拟结果符合实验的客观状况。

6.3.2 麦玉两熟农田土壤有机碳储量现状及固碳潜力

6.3.2.1 农田土壤有机碳储量现状

耕作方式改变了土壤理化生性状，同时由于其动土深度迥异，也改变了各处理土壤中有机碳的分布，但总体特征是各处理在各自耕层中有机碳分布均匀，且随着土壤深度的增加 SOC 减少。图 6.5 为 2007 年玉米收获期各处理 SOC 值。可以看出，翻耕在0～5 cm、5～10 cm、10～20 cm 土层中 SOC 分布均匀，3 个层次无显著性差异，而在 20～30 cm 土壤层次中 SOC 下降明显，20～30 cm 土壤层次与其他 3 个层次差异显著；旋耕处理 0～5 cm、5～10 cm土层中分布均匀，在 10～20 cm、20～30 cm 土层中连续下降；而免耕处理 0～5 cm SOC 含量最高，且依次在 5～10 cm、10～20 cm、20～30 cm 土层中下降，表层有机碳富集，深层有机碳较低，呈现出直线下降的趋势。呈现这种分布特征主要是由于各处理的耕层不同，秸秆还田的深度不同。翻耕处理耕层为 0～20 cm、0～20 cm 土层中秸秆分布均匀，旋耕处理耕层 0～10 cm 秸秆分布均匀，而免耕处理秸秆集中分布在表层，秸秆腐解后使得各层次 SOC 值不同，而产生各处理间这种 SOC 分布特征。

耕作方式对于土壤容重并无较大影响，同一处理各层次年际间变化较小。不同处理土壤容重的差异主要由于免耕土壤扰动程度小，土壤比较紧实使得 0～5 cm、5～10 cm、10～20 cm土壤容重大于免耕和旋耕，而 20～30 cm 土壤容重各处理相近。从图 6.6 中可看出：0～5 cm、5～10 cm 土壤层次中免耕处理均最小，秸秆直立免耕最大；10～20 cm 土层中免耕与旋耕相近，均小于秸秆直立免耕。20～30 cm土层中各处理土壤容重相近，在 1.7 g/cm³ 左右。

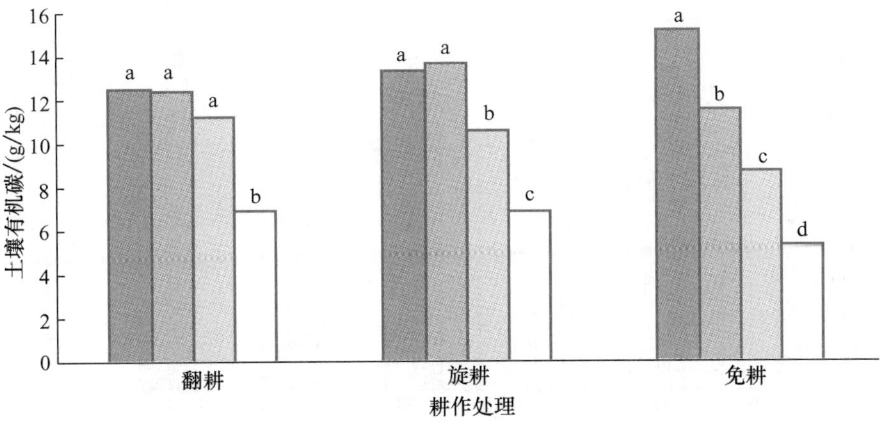

图 6.5 2007 年玉米收获期各处理土壤有机碳分布

■0～5 cm土层 ■5～10 cm土层 ■10～20 cm土层 □20～30 cm土层

注:a、b、c、d 代表 5%水平差异显著性。

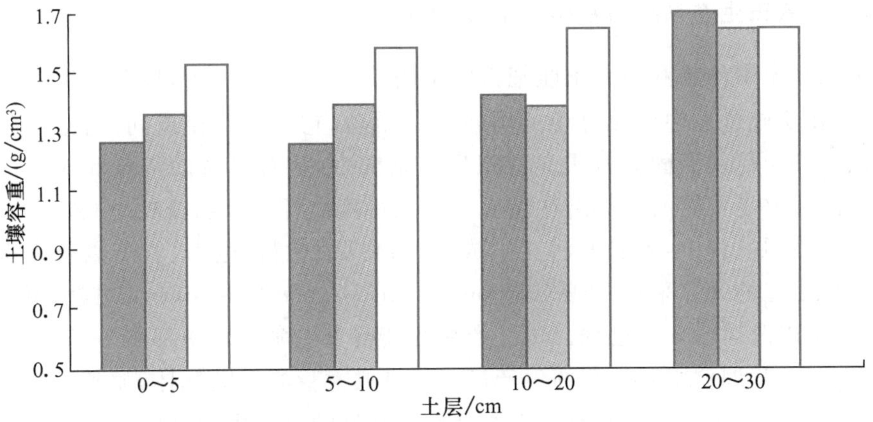

图 6.6 2011 年玉米收获期各处理土壤容重

■翻耕 ■旋耕 □免耕

土壤容重受到耕作措施的影响,翻耕、旋耕处理在其耕层中土壤容重较均匀。而免耕处理在 0～5 cm、5～10 cm、10～20 cm 以及 20～30 cm 土层中出现递增的趋势。主要由于其不动土,使得各层次土壤容重增加。但各处理在深层土壤容重相当。

秸秆还田使得土壤有机碳呈现了逐年增加的趋势,大量研究表明:秸秆还田有利于土壤有机碳、碳储量的增加,是一项重要的固碳减排农艺措施。本研究利用等深度法计算了 2004—2010 年 7 年间土壤碳储量的动态变化趋势(图 6.7):在连续秸秆还田措施下,土壤有机碳储量(SCS)呈逐年增加趋势,翻耕处理 SCS 基本为最大。翻耕处理由 2004 年的 39 182.96 kg/hm^2 增长到 2010 年的 49 348.73 kg/hm^2,增长速率较大。

SCS 主要受 SOC 积累和分解的影响,其大小代表了农田土壤肥力的高低。农田土壤碳储量是一动态变化的过程,受秸秆还田、化肥投入、作物类型等因素的影响,不同时期不同区域 SCS 不尽相同。持续的秸秆还田以及连年的肥料投入等措施使 SCS 逐年增高,增加了土壤 SOC 的同时也增强了农田土壤作为"碳"汇的功能。

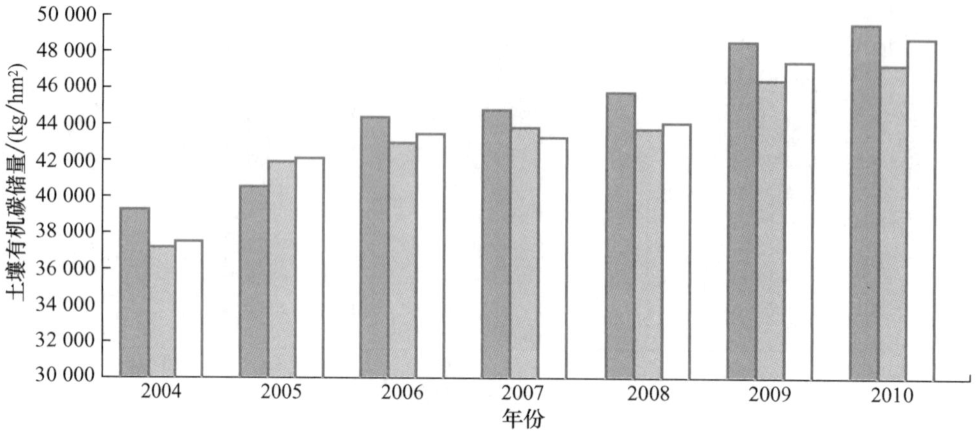

图 6.7 **2004—2010 年土壤有机碳储量**

■翻耕 □旋耕 □免耕

6.3.2.2 农田生态系统潜在碳成本(HCC)

农田生态系统中作物利用太阳能把大气中的 CO_2 固定在体内,以降低大气温室气体浓度,但是人类在实施过程中会无意识的引发某些活动,它们会直接或间接排放温室气体,部分或全部抵消最初行动的固碳效果。农田生态系统中,化石燃料的消耗和农资的投入所引起的温室气体排放是重要的一类潜在碳成本。在粉碎秸秆、整地、播种、中耕、灌溉、施肥、收获到干燥等一系列过程中,主要的潜在碳成本有:化肥、燃料、电力、农药以及人畜力。这些小尺度产品碳足迹的计算采用 LCA(bottom-up Life-Cycle Assessment)方法,其生命周期包括了生产、加工以及运输 3 个过程。每件产品在其整个生命周期中都留下了自身的碳足迹,给环境留下了脚印,如化肥和农药的生产过程要排放大量的温室气体,尤其是 CO_2。生产单位千克尿素要排放 0.84 kg C;同时对土壤操作所燃烧的燃料也会排放 CO_2 于大气中。这些隐藏碳成本不仅客观存在,并且导致农田土壤温室气体排放的加剧,因此计算农田生态系统中潜在碳成本具有一定的意义。表 6.15 为各耕作处理潜在碳成本的碳当量值。

表 6.15 **各耕作处理潜在碳成本** kg C/(hm² · 年)

处理	化肥	燃油	电力	农药	人畜力	总计
翻耕	385.71	141.77a	2.79	24.57	10.00	564.84a
旋耕	385.71	93.92b	2.79	24.57	9.74	516.91b
免耕	385.71	63.72c	2.79	32.40	14.88	499.50c

注:同列英文字母表示在 $p \leqslant 0.05$ 水平上差异性显著。

农田生态系统中整地、播种、中耕、化肥、农药、收获、运输及后加工等过程产生了大量的温室气体排放,同时由于秸秆还田而增加了农田土壤温室气体排放也是很多研究没有核算的,这部分排放相当客观。因此,核算农田土壤 HCC 很有必要,本研究通过对农田土壤 HCC 的核算发现,化肥尤其是 N 肥、燃油动力 2 项占据了 HCC 较大的份额,占 80%以上;除草剂、杀虫剂、菌杀剂、人畜力、电力共同占据不到 20%的部分。从表 6.15 中发现,化学试剂投入的转换系数很大，但是其用量很小，因此这部分的 HCC 占很小部分。人畜力及电力亦是农田生态系统中投入量比较少的部分。合理施肥、减少肥料损失以及少免耕有利于减少农田生态系统中的 HCC，提高农田土壤生态系统的固碳效率。

6.3.2.3 农田土壤净固碳潜力

由于潜在碳成本的存在，农田土壤固碳速率（NSCSR）的计算必须以“净碳固碳量”作为计算的基础，这就要求在固碳速率的计算中减去相应潜在碳成本。土壤净固碳速率的计算参考以下公式，不同耕作处理农田土壤净固碳速率见表 6.16。

表 6.16 不同耕作处理农田土壤年固碳能力

处理	净固碳速率 /[kg C/(hm^2·年)]	固碳速率 /[kg C/(hm^2·年)]	潜在碳成本 /[kg C/(hm^2·年)]	潜在碳成本所占比例/%
翻耕	258.88 a	799.35 a	564.84 a	70.66
旋耕	294.94 a	787.29 a	516.91 b	65.66
免耕	559.95 b	1 027.23 b	499.50 c	48.63

注：同列英文字母表示在 $p \leqslant 0.05$ 水平上差异性显著。

固碳速率为 2008—2010 年的平均值，由模型计算得到。通过比较固碳速率得出：免耕＞翻耕＞旋耕，潜在碳成本：翻耕＞旋耕＞免耕，因此免耕净固碳速率最大，翻耕最小，免耕显著高于旋耕和翻耕（$p \leqslant 0.05$）。潜在碳成本占固碳速率的比例较大。

农田土壤固碳速率应当以净固碳速率来计算和评价。研究认为华北麦玉两熟区农田土壤净固碳速率约为 300 kg/(hm^2·年)，本研究中秸秆直立免耕处理 NSCSR 为 559.95 kg/(hm^2·年)，与一些模拟研究相近。秸秆直立免耕处理其净固碳速率高主要是由于不动土性，使得免耕有一定的土壤结构，减少了农田土壤温室气体排放，固碳速率在各处理中最高。同时由于其 HCC 最少，因此免耕处理农田土壤净固碳速率最高。

6.3.3 麦玉两熟农田土壤有机碳储量及温室气体排放未来趋势

6.3.3.1 土壤有机碳储量未来变化趋势

在良好的土壤特性、适宜的气候条件和合理的田间管理等条件下，保护性耕作会使 SCS 的增长趋势持续 20～50 年，同时农田生态系统土壤有机碳平衡是一长期变化的过程，因此研究这种长期变化趋势是尤为重要的。通过图 6.8 对未来 100 年的模拟发现：各处理在当前农艺措施下表层土壤（0～10 cm）SOC 为增长的趋势。免耕增长幅度最大，由 2001 年的 8.8 g/kg 增加达到 33.7 g/kg；旋耕与翻耕次之、增长幅度最低，旋耕与翻耕达到平衡时均在 20 g/kg 左右。各处理 SOC 在实施耕作措施的前若干年增长剧烈，并在一定年限后达到平衡，翻耕、旋耕在 15 年内呈现剧烈增长趋势，而免耕 SOC 快速增长的趋势要持续近 40 年，并在 60 年后达到稳定。

6.3.3.2 土壤温室气体排放未来变化趋势

模拟了未来 100 年 3 种主要温室气体（CO_2、CH_4 和 N_2O）排放的全球变暖潜势（GWP）

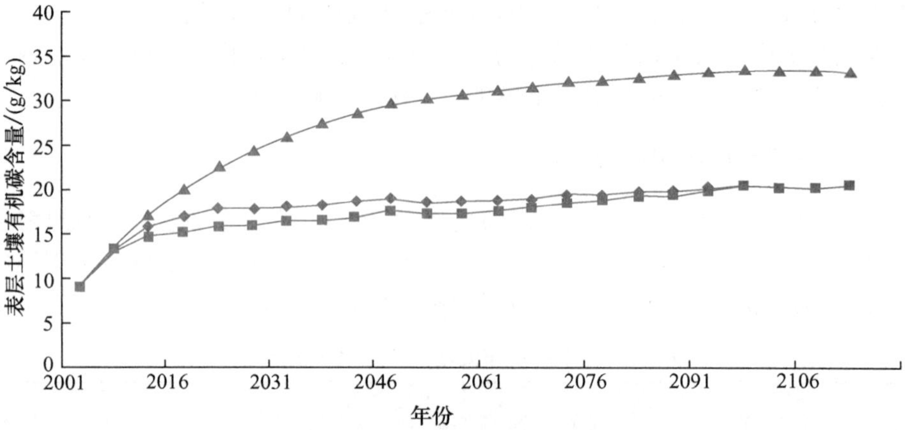

图 6.8　未来 100 年土壤有机碳变化趋势

—◆— 旋耕　—■— 翻耕　—▲— 免耕

特征。由图 6.9 可知，3 种耕作措施中各处理 15 年后排放趋于稳定且较其他处理排放量大；旋耕处理 GWP 小于翻耕，大于免耕，15 年后稳定在2 500 kg/hm²；3 种耕作处理中免耕处理 GWP 最低，达到平衡时仅为2 000 kg/hm²。从 GWP 变化趋势发现：随着时间的推移，各处理 GWP 均为增加趋势，这主要是由于 CO_2 贡献逐年增加造成的，CO_2 的增加又是与 SOC 的不断积累密切相关的。

通过对农田土壤 GWP 的模拟发现，随着时间的推移，各处理 GWP 均为增加趋势，主要是由于各温室气体中 CO_2 贡献逐年增加造成的，SOC 是影响农田土壤 CO_2 排放的最主要因素，同时土壤温度与土壤湿度决定了土壤微生物、动物及作物根系的呼吸作用，因此对农田土壤 CO_2 排放也有影响。SOC 逐年增加使得土壤呼吸加剧，GWP 亦出现随着时间推移而升高。SOC 与 SCS 在前 15 年增长剧烈，这与 GWP 变化趋势一致(图 6.9)。

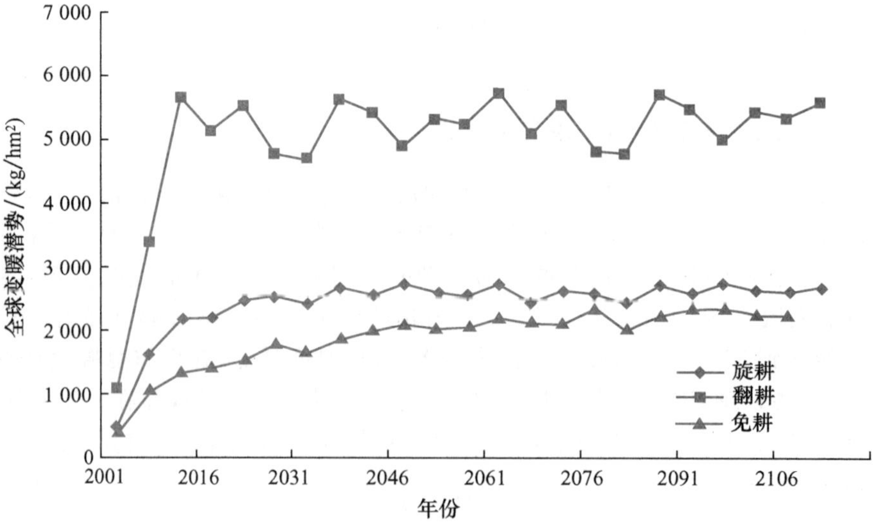

图 6.9　未来 100 年土壤温室气体排放特征

—◆— 旋耕　—■— 翻耕　—▲— 免耕

未来土壤有机碳、碳储量的模拟是通过 DNDC 模型输出的，由于模型只考虑到连年的秸秆还田和化肥投入等农艺措施的实施，而未能模拟出未来土壤的理化生形状，如容重、pH 值、孔隙度、团聚体含量、生物数量、微生物活度等的变化情况，因此模拟结果具有一定的局限性，属于理想状态下土壤碳的发生发展情况。但土壤碳的总体变化趋势是随着时间的推移逐渐增长的，模拟图基本能够代表这种趋势的未来状况。

6.3.4 不同耕作措施固碳减排效益评价

碳足迹作为评价环境影响的指数，不同尺度的计算采用不同的方法。农田生态系统的范围尺度较大，其碳足迹的研究采用 IOA(top-down input-output analysis)方法。

由于潜在碳成本的存在使得净固碳量并不能直观代表某个系统固碳效率的高低，而仅代表了这个系统固碳能力的大小。为了计算不同耕作方式农田土壤碳生产效率的高低，本研究引入碳持续性指数(Is)，并采用 IOA 分析各处理碳生产效率的情况：

$$Is = \left(\frac{C_U + C_F}{C_E + C_T}\right)_t$$

式中，C_U(C uptake)，C_F(C fixation) 代表碳吸收和固定，农业生态系统的碳吸收大部分来自于作物，作物固碳大部分来自于大气，也就是光合作用，因此 C_U 代表了光合固碳量，C_F 代表碳沉积量。C_E(C emission) 为土壤碳排放、淋失与潜在碳成本；C_T(C transport) 是指生物量收获部分，这部分生物量主要用于秸秆焚烧或者谷物消费；t 为年限。

理论上，$C_U + C_F = C_E + C_T$。但由于不同系统对于各项的处理不同，因此这个等式通常会被打破。对于发展中国家的资源型农业来说，一般 $Is<1$；而对于发达国家环境友好型农业来说，$Is>1$，主要是由于控制秸秆焚烧，集约农资投入等措施提高了农业碳生产效率，减少了农业生态系统温室气体排放。

表 6.17 为不同耕作方式碳持续性指数及其组分。免耕处理 Is 为 1.86 其值最大，翻耕处理 Is 值为 1.47 最小。免耕农田生态系统碳固定的效率最大，这种耕作措施下最有利于提高农田土壤碳固定的效率。虽然翻耕的光合固碳量最大，达到 25 058.27 kg/hm^2，但是由于其 C_E 值较高，其动土性强烈，土壤呼吸作用强烈，致使翻耕处理下 Is 值最小。

表 6.17 各处理 Is 值及其组分

处理	C_U	C_F	C_E	C_T	Is
旋耕	24 778.86	—	7 221.52	6 093.9	1.79
翻耕	25 058.27	—	10 371.4	6 222	1.47
免耕	23 060.23	—	6 513.26	5 279.15	1.86

农田生态系统中各组分碳足迹大小不同，光合作用 C_U 所占比例最大，翻耕、旋耕和免耕依次为 25 058.27 kg/ hm^2、24 778.86 kg/ hm^2 和 23 060.23 kg/hm^2；C_E、C_T 次之，C_E 作为碳排放其大小为翻耕＞旋耕＞免耕，免耕的排放最小与翻耕和旋耕有显著差异，这主要是由于土壤呼吸 CO_2 排放少于其他处理而产生的；C_T 为谷物消费，主要作为人畜的食物消费，各处理产量碳为翻耕＞旋耕＞免耕，免耕产量显著小于其他处理。每年大气中的碳沉降量甚

微,C_F 最小,同时它并不会影响结果,因此可以忽略不计。C_E 包含了土壤呼吸、淋失与潜在碳成本,谷物产量用于食用消费,因此置于分母中算作碳排放。

参考文献

[1] Kessavalou A, Mosier A R, Doran J W, *et al*. Fluxes of Carbon Dioxide, Nitrous Oxide, and Methane in Grass Sod and Winter Wheat-Fallow Tillage Management. J Environ Qual, 1998,27: 1094-1104.

[2] Soegaard H, Jensen N O, Boegh E, *et al*. Carbon dioxide exchange over agricultural landscape using eddy correlation and footprint modeling. Agricultural and Forest Meteorology, 2003,114:153-173.

[3] Lundeg ardh H. Carbon dioxide evolution of soil and crop growth. Soil Sci., 1927,23:417-453.

[4] Priora S A, Reicoskyb D C, Reevesa D W, *et al*. Residue and tillage effects on planting implement-induced short-term CO_2 and water loss from a loamy sand soil in Alabama Rapera. Soil and Tillage Research,2000,54:197-199.

[5] 李琳,张海林,陈阜,等.不同耕作措施下冬小麦生长季 CO_2 排放通量及其与土壤温度关系的研究.应用生态学报,2007,18(11):2765-2770.

[6] 张宇,张海林,陈继康,等.耕作措施对华北农田 CO_2 排放影响及水热关系分析.农业工程学报,2009,25(4):47-53.

[7] 黄斌,王敬国,龚元石,等.冬小麦夏玉米农田土壤呼吸与碳平衡的研究.农业环境科学学报,2006,25(1):156-160.

[8] 李俊,于强,孙晓敏,等.华北平原农田生态系统碳交换及其环境调控机制.中国科学 D 辑地球科学,2006,36(增刊Ⅰ):210-230.

[9] 陈述悦,李俊,陆佩玲.华北平原麦田土壤呼吸特征.应用生态学报,2004,15(9):1552-1560.

[10] 李俊,于强,同小娟.农业活动对土壤甲烷汇的影响研究.中国生态农业学报,2003,11(4):27-28.

第7章

保护性耕作土壤轮耕效应

单一的土壤耕作技术不是万能的，仍有一些负效应。国内外大量研究表明，长期采用少、免耕技术也会产生土壤理化性状不良的问题，如表层容重增加、犁底层上移、耕作层变浅、表层土壤有机质增加、下层削弱等，不利于作物的生长发育。土壤轮耕技术通过合理配置土壤耕作技术措施来解决长期少、免耕的负效应，将翻、旋、免等土壤耕作措施进行合理的组合与配置，既考虑到节本增效问题，同时又综合考虑到农田土壤质量改善。土壤综合生产力的提高，是未来我国农业可持续发展的重要支撑技术。

本章系统研究了长期免耕后土壤耕作方式的组合，为华北麦玉两熟区轮耕制度的建立提供指导。

7.1 轮耕对土壤物理性状的影响

为研究土壤轮耕效应，避免长期单一免耕措施的弊病，选择连续5年进行免耕操作的农田，于2008年冬小麦播种前分别设置免耕、旋耕和翻耕3种轮耕处理。试验具体设置见本书绪论中华北保护性耕作试验研究部分。

7.1.1 轮耕对土壤容重的影响

与连续免耕相比，轮耕处理（翻耕、旋耕）耕层土壤容重呈下降趋势，且在小麦冬前分蘖期达到显著水平；分蘖期翻耕、旋耕土壤表层0～5 cm、5～10 cm容重显著低于免耕，0～5 cm和5～10 cm翻耕比免耕分别降低11.7%、13.7%，旋耕比免耕分别降低10.8%、7.9%；免耕、翻耕、旋耕10～20 cm的土壤容重分别为1.55 g/cm^3、1.42 g/cm^3、1.56 g/cm^3，翻耕显著低于免耕、旋耕；开花期容重除翻耕5～10 cm显著低于免耕，各处理在各层次土壤上均差异不显著；到冬小麦收获期,轮耕处理土壤容重与免耕差异进一步缩小,各土层的容重差异均不显著;20~30 cm土壤容重一直都比较稳定,各处理差异不显著(表 7.1)。

表 7.1 轮耕处理后土壤容重的变化 g/cm³

取样时期	处理方式	0~5 cm	5~10 cm	10~20 cm	20~30 cm
	处理前	1.19	1.47	1.57	1.60
冬前分蘖期	免耕	1.20a	1.39a	1.55a	1.56a
2008 年 11 月 20 日	翻耕	1.06b	1.20b	1.42b	1.57a
	旋耕	1.07b	1.28b	1.56a	1.58a
开花期	免耕	1.24a	1.37a	1.54a	1.59a
2009 年 5 月 1 日	翻耕	1.15a	1.26b	1.50a	1.59a
	旋耕	1.18a	1.30ab	1.52a	1.56a
收获期	免耕	1.22a	1.37a	1.52a	1.57a
2009 年 6 月 10 日	翻耕	1.18a	1.32a	1.49a	1.60a
	旋耕	1.20a	1.34a	1.52a	1.56a

注:a,b 代表($p<0.05$)水平差异显著性(LSD)。

从整体上来看,耕层 0~20 cm 土壤容重呈现:免耕>旋耕>翻耕,翻耕、旋耕前期由于土壤受到耕翻、旋耕的作用,土壤疏松,土壤容重较低,但由于翻耕和旋耕深度不同,翻耕影响 0~20 cm 土层的容重,旋耕主要影响 0~10 cm 土层,对深层 20~30 cm 容重无明显影响作用。

7.1.2 轮耕对土壤孔隙的影响

7.1.2.1 轮耕对土壤总孔隙的影响

各处理土壤总孔隙随土壤深度呈降低趋势,与耕作前相比,翻耕显著增加了 0~10 cm 和 10~20 cm 土壤总孔隙度,旋耕处理显著增加了 0~10 cm 的土壤总孔隙度,20~30 cm 土壤耕作前后变化不明显(图 7.1)。0~5 cm 总孔隙表现为旋耕>翻耕>免耕,5~10 cm 的土壤总孔隙度为翻耕>旋耕>免耕,且翻耕、旋耕与免耕在($p<0.05$)水平上差异显著;10~20 cm 表现为翻耕>免耕>旋耕,翻耕土壤总孔隙度 48%,显著高于旋耕、免耕处理;20~30 cm 土层总孔隙度比较稳定,耕作处理对 20~30 cm 土层总孔隙度影响不大。不同轮耕处理对土壤影响深度不同,进而对土壤总孔隙度的影响产生差异,翻耕、旋耕均显著增加了 0~10 cm 土壤总孔隙,同时翻耕耕作深度达到 20 cm 土壤也显著增加了下层 10~20 cm 土壤总孔隙,上述结果表明旋耕对表层 0~10 cm 土壤的碎土作用大,而翻耕对耕层 0~20 cm 土壤的松碎作用更大。

7.1.2.2 轮耕对土壤毛管孔隙的影响

耕作处理显著影响了 0~10 cm 表层土壤毛管孔隙状况,对下层土壤 10~30 cm 的影响小(图 7.2)。与耕作前相比,轮耕处理均提高了 0~5 cm、5~10 cm 土层土壤毛管孔隙,且 0~5 cm 土层与耕作前相比差异显著。3 种轮耕处理 0~5cm、5~10 cm 土层均为翻耕>旋

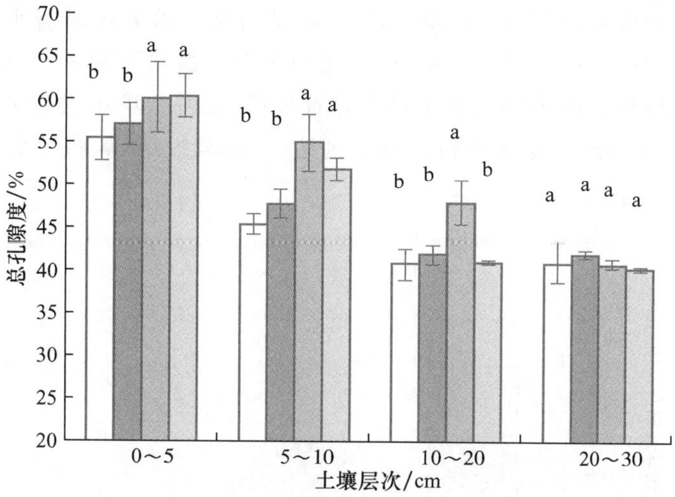

图 7.1 轮耕处理对土壤总孔隙度的影响(11 月 22 日)

□耕作前 ■免耕 ▩翻耕 ▨旋耕

注:a,b 代表 LSD($p<0.05$)水平差异显著性

耕>免耕,且翻耕、旋耕显著提高了 5～10 cm 土层的土壤毛管孔隙,分别比免耕提高 17.9%、15.1%,这与总孔隙度具有类似的变化规律。10～20 cm、20～30 cm 土层毛管孔隙度耕作前后均比较稳定,耕作处理对 10～30 cm 土层毛管孔隙度变化没有显著影响。

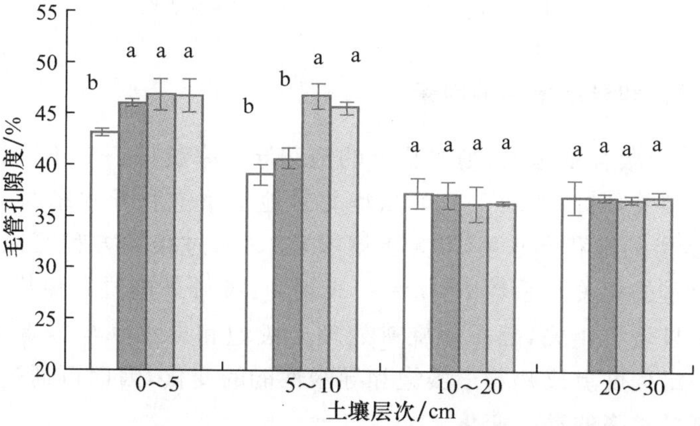

图 7.2 轮耕处理对土壤毛管孔隙度的影响(11 月 22 日)

□耕作前 ■免耕 ▩翻耕 ▨旋耕

注:a,b 代表 LSD($p<0.05$)水平差异显著性

7.1.3 轮耕对土壤饱和导水率的影响及其因素分析

7.1.3.1 轮耕对土壤饱和导水率的影响

在小麦收获期分 0～10 cm、10～20 cm、20～30 cm 3 个层次测定土壤饱和导水率。从图 7.3 可以看出,土壤饱和导水率随土壤层次呈现自上而下减小的趋势,0～10 cm 土层土

壤饱和导水率表现为旋耕＞翻耕＞免耕，翻耕、旋耕与免耕差异达显著水平，分别比免耕提高 60.3%、90.3%；10～20 cm、20～30 cm 土层均表现为翻耕＞旋耕＞免耕，且 10～20 cm 土层翻耕显著高于免耕。这主要是由于耕作导致翻耕、旋耕土壤中大孔隙较多，增强了土壤水分的通透性；20～30 cm 土层土壤耕作难以到达，土壤较板结，从而导水率减小。

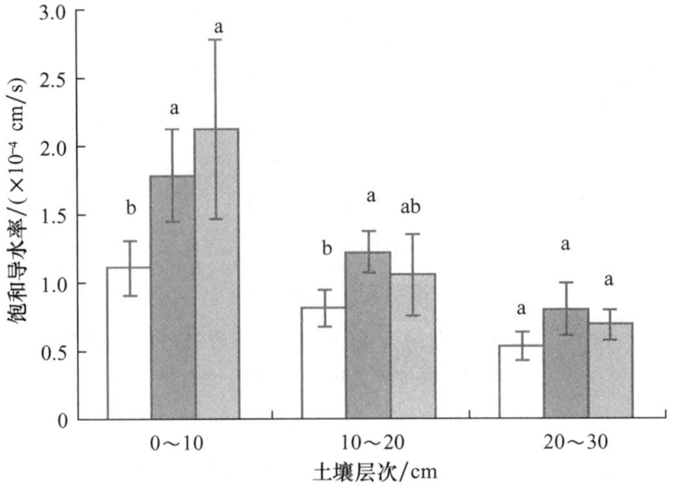

图 7.3 轮耕对土壤饱和导水率的影响

□ 免耕 ■ 翻耕 □ 旋耕

注：a，b 代表 LSD(p＜0.05)水平差异显著性

7.1.3.2 土壤饱和导水率影响因素

一般研究认为，土壤容重越大，则原状土的饱和导水率越低。对不同轮耕处理饱和导水率与容重数据进行相关分析，如表 7.2 可知华北旱地土壤饱和导水率与土壤容重呈显著线性负相关(y 为原状土的饱和导水率，x 为土壤容重)。通过相关方程可以看出，不同处理土壤饱和导水率与容重的相关性系数 R^2 ($n=9$)表现为：翻耕＞旋耕＞免耕。免耕处理土壤饱和导水率与容重呈显著负相关，翻耕和旋耕处理土壤饱和导水率与容重极显著负相关。土壤容重的变化在一定程度上反映着土壤饱和导水性能的变化，因而可通过连续测定容重，来拟合不同轮耕土壤导水率的动态变化。

表 7.2 不同处理土壤饱和导水率与容重的关系

处理	线性方程	R^2
免耕	$y=-2.8901x+5.127$	0.512 7* ($n=9$)
翻耕	$y=-3.3557x+6.0193$	0.849 3** ($n=9$)
旋耕	$y=-4.5768x+7.9577$	0.705 7** ($n=9$)

注：* 表示(p＜0.05)显著水平，* * 表示(p＜0.01)显著水平，$n=9$(LSD)。

长期免耕土壤进行翻耕、旋耕提高了当季冬小麦土壤的渗透性，这与很多免耕增加土壤导水性能的研究结果不同。这主要是由于长期免耕后进行耕翻，显著降低了土壤容重、增加了土壤总孔隙和通透孔隙，当季冬小麦土壤渗透性主要受土壤通透孔隙影响。

7.2 轮耕对土壤碳库的影响

7.2.1 轮作对土壤有机碳的影响

如图 7.4 所示，各处理土壤有机碳含量呈现随土壤深度增加而降低的趋势，且 0～20 cm有机碳随时间呈缓慢增加趋势。0～5 cm 表层土壤有机碳含量表现为免耕＞旋耕＞翻耕，且各处理间在(p＜0.05)水平差异显著；5～10 cm 土层除小麦越冬前表现为免耕＞翻耕外，其余时期均表现为旋耕＞翻耕＞免耕，且旋耕显著高于免耕，翻耕在收获期与免耕差异达显著水平，其他时期差异不显著；10～20 cm 土层有机碳表现为翻耕＞旋耕＞免耕，旋耕在小麦开花前显著高于免耕，除小麦收获期，其余时期翻耕显著高于连续免耕。20～30 cm 土壤有机碳总体表现为翻耕＞旋耕＞免耕，但由于 20～30 cm 土层受耕作的影响较小，处理间差异不显著。

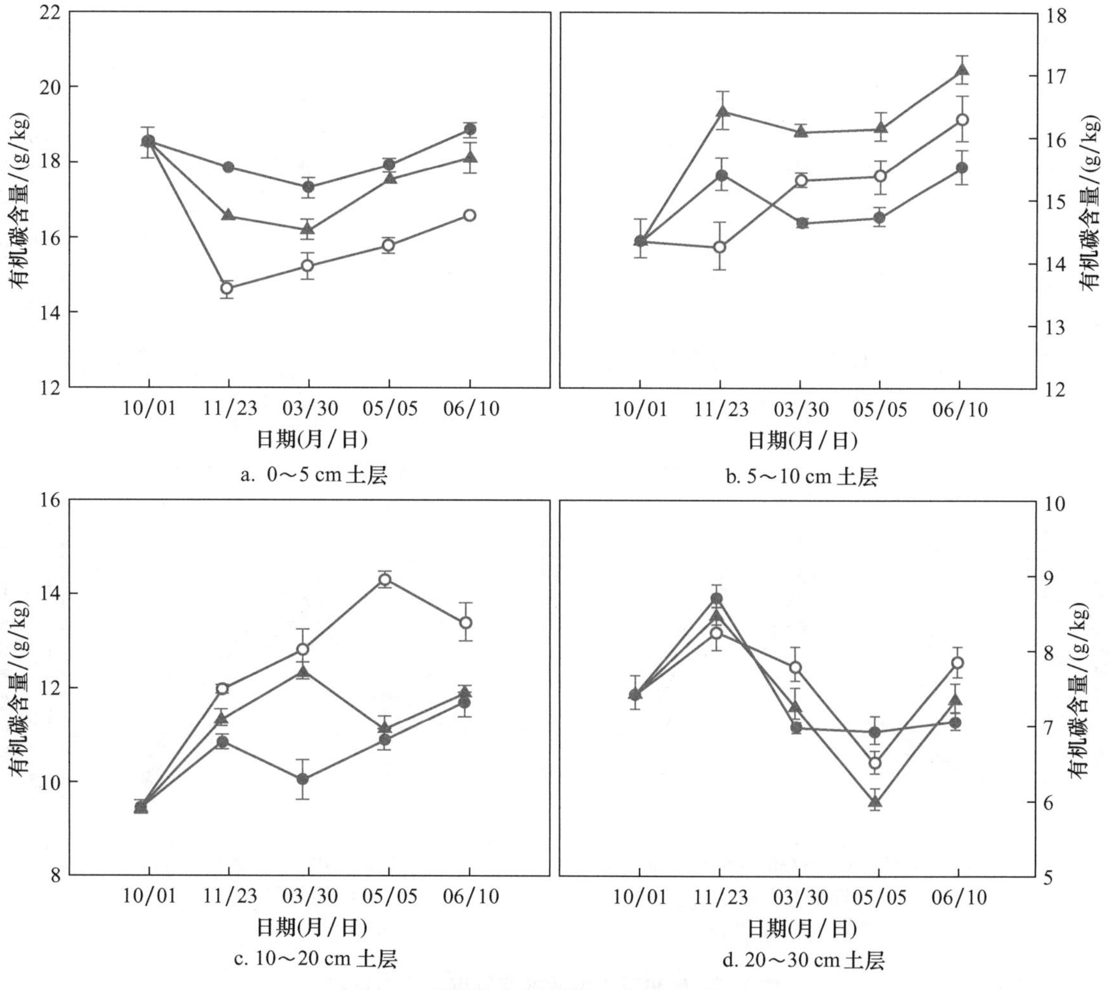

图 7.4 轮耕对土壤有机碳含量的影响

—●— 免耕 ···○··· 翻耕 —▲— 旋耕

从整体上看，与连续免耕相比，翻耕、旋耕表层 0～5 cm 土壤有机碳分别降低 11.2%、4.5%，且翻耕显著低于免耕；旋耕提高了 5～10 cm 层次土壤有机碳含量，比免耕增加 7.8%；翻耕、旋耕增加了 10～20 cm 层次土壤有机碳，分别比免耕增加 18.2%、3.5%，且翻耕显著高于免耕。但土壤总有机碳含量变化幅度不大，0～30 cm 层次平均总有机碳含量大小为翻耕＞旋耕＞免耕，分别为 11.82 mg/g、11.72 mg/g 和 11.37 mg/g。可见，连续免耕后进行土壤耕作主要改变了土壤有机碳在土壤层次上的分布变化，降低了土壤层化现象，而土壤总有机碳含量变化不大。

7.2.2 轮作对土壤活性有机碳的影响

轮耕对土壤活性有机碳的影响如图 7.5 所示。各处理土壤活性有机碳含量也呈现随土层深度增加而降低的趋势。小麦生长过程中，0～5 cm 土壤活性有机碳含量变化与有机碳

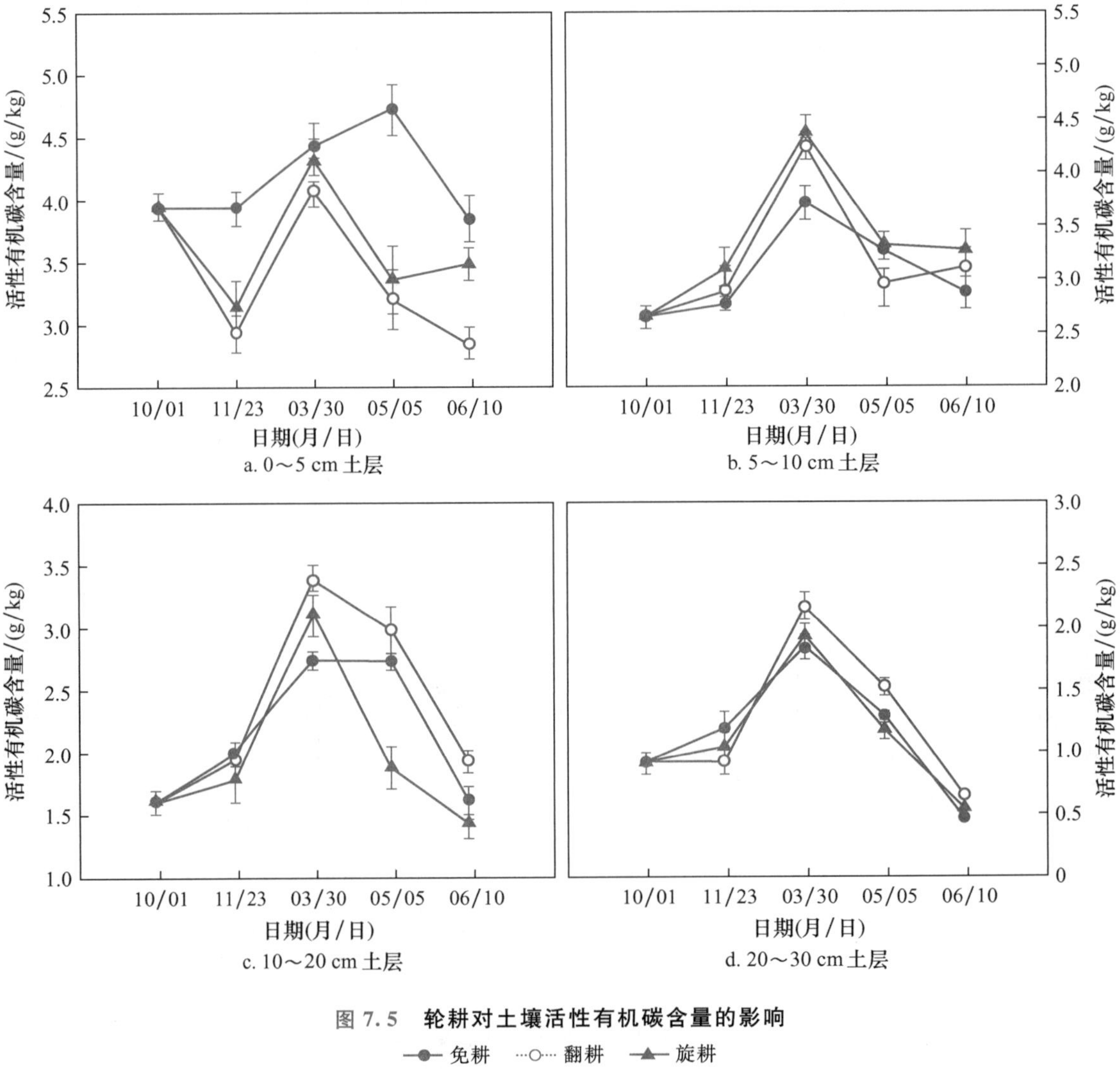

图 7.5 轮耕对土壤活性有机碳含量的影响

变化一致，表现为免耕＞旋耕＞翻耕，与连续免耕相比，翻耕和旋耕土壤活性有机碳含量显著降低，且在越冬前和开花期达到显著水平（$p<0.05$）。5～10 cm、10～20 cm、20～30 cm 层次土壤活性有机碳含量随小麦生长均呈现先增加后降低的变化趋势，且峰值均出现在拔节期；5～10 cm 层次土壤活性有机碳表现为旋耕＞翻耕＞免耕，且在小麦拔节期旋耕和翻耕显著高于长期免耕；10～20 cm 层次土壤活性有机碳表现为翻耕＞旋耕＞免耕，且翻耕与免耕差异达到显著水平（$p<0.05$）；20～30 cm 层次土壤活性有机碳随时间呈先增加后降低的趋势，但在各处理间变化幅度不大。翻耕降低 0～5 cm 表层土壤活性有机碳含量，增加 10～20 cm 土层活性有机碳，可见翻耕有利于土壤活性有机碳在 0～20 cm 土层的分布。各层次土壤活性有机碳整体上随时间呈现明显的先增加后降低的趋势，在小麦拔节期达到最大，这与秸秆腐解以及土壤微生物对有机物质分解有关。

土壤活性碳在土壤层次上的差异表现与有机碳相似，与连续免耕相比，翻耕、旋耕表层 0～5 cm 土壤活性碳显著降低，分别降低 17.3%、11.1%；旋耕显著提高了 5～10 cm 层次土壤活性碳含量，比免耕增加 9.9%；翻耕、旋耕 10～20 cm 层次土壤活性碳增加明显，分别比免耕增加 18.2%、8.5%。但土壤活性碳总含量变化不明显，各处理 0～30 cm 层次土壤活性有机碳含量与总有机碳一致，也表现为翻耕＞旋耕＞免耕，分别为 2.22 mg/g、2.18 mg/g和 2.15 mg/g，与免耕相比翻耕和旋耕分别提高了 3.3%、1.4%。表明长期免耕土壤耕作后提高了土壤活性有机碳含量，同时显著改变活性碳在土壤中的空间分布。

7.2.3 轮作对土壤碳库管理指数的影响

将连续免耕作为参照土壤，对小麦收获后不同处理各土层的土壤碳库管理指数进行计算。由表 7.3 可知，翻耕显著降低了表层 0～5 cm 土壤碳库指数、活度指数和碳库管理指数，提高了 10～20 cm、20～30 cm 土层活度指数和碳库管理指数，分析主要是由于翻耕降低了表层 0～5 cm 土壤活性碳和总有机碳，增加了 10～20 cm、20～30 cm 土层土壤活性碳和总有机碳，且活性碳变化幅度更大。旋耕降低了 0～5 cm、20～30 cm 土层活度指数和碳库管理指数，提高了 5～10 cm、10～20 cm 土层活度指数、碳库指数和碳库管理指数，且旋耕 5～10 cm、10～20 cm 土层活度指数、碳库管理指数显著高于连续免耕。

长期免耕土壤进行土壤轮耕后提高了土壤碳库管理指数，翻耕、旋耕分别比长期免耕提高 18.92%、8.69%。10～20 cm 土层和 0～30 cm 土层平均值，各参数的变化趋势大致相同，即活度指数、碳库指数和碳库管理指数均表现为翻耕＞旋耕＞免耕；10～20 cm 土层碳库管理指数在各处理间差异均达到显著水平；说明长期免耕土壤 0～30 cm 土层的碳库各项指数受土壤耕作的影响比较大，土壤耕作后均能增加碳库活度指数、碳库指数和碳库管理指数，且翻耕比旋耕增加明显。

7.2.4 轮作对土壤微生物生物量碳的影响

土壤微生物是土壤有机质和土壤养分转化循环的动力，它参与有机质的分解、腐殖质的形成、养分转化和循环的各个生化过程。土壤微生物生物量碳（SMBC）作为土壤微生物评价指标，能反映土壤同化和矿化能力的大小，是土壤活性大小的标志之一。同时，土壤微生物生物量能揭示土壤中物质代谢和肥力发展的规律，可以用作衡量土壤质量的灵敏指标之一。

表 7.3 小麦收获时轮耕处理对土壤碳库管理指数的影响

土层深度/cm	处理	活性有机碳/(mg/g)	稳态碳/(mg/g)	总有机碳/(mg/g)	碳库活度(*L*)	活度指数(*LI*)	碳库指数(*CPI*)	碳库管理指数(*CMI*)
0～5	免耕	3.74	15.14	18.89	0.25	1.00a	1.00a	100.00a
	翻耕	2.85	13.73	16.58	0.21	0.84b	0.88b	73.67b
	旋耕	3.49	14.63	18.12	0.24	0.97ab	0.96ab	92.73a
5～10	免耕	3.10	12.52	15.62	0.25	1.00a	1.00a	100.00a
	翻耕	3.14	13.61	16.76	0.23	0.93a	1.07a	100.15a
	旋耕	3.48	13.58	17.06	0.26	1.04a	1.09a	113.08a
10～20	免耕	1.19	10.63	11.82	0.11	1.00b	1.00b	100.00c
	翻耕	1.65	11.13	12.78	0.15	1.33a	1.08a	143.81a
	旋耕	1.46	10.42	11.88	0.14	1.26a	1.01b	126.29b
20～30	免耕	0.33	6.87	7.20	0.05	1.00b	1.00a	100.00b
	翻耕	0.41	7.37	7.78	0.06	1.17a	1.08a	126.05a
	旋耕	0.32	7.08	7.40	0.04	0.94b	1.03a	96.88b
平均值	免耕	1.64	10.45	12.09	0.14	1.00	1.00	100.00
	翻耕	1.69	10.72	12.41	0.14	1.13	1.05	118.92
	旋耕	1.76	10.54	12.29	0.14	1.07	1.02	108.69

注：不同小写字母分别表示同一土壤层次不同处理间的差异达显著($p<0.05$)和极显著($p<0.01$)水平(LSD)。

7.2.4.1 土壤微生物生物量碳的时空变化

1. 土壤微生物生物量碳的季节变化

由图 7.6 可知，在冬小麦生长期内 0～5 cm、5～10 cm 土层各处理 SMBC 呈相同变化规律，即随冬小麦生长 SMBC 先降低，且均在起身期达到最低，之后逐渐上升，在小麦收获期达到最高；10～20 cm 土层翻耕处理 SMBC 随时间变化呈增加的趋势，旋耕处理呈先降低后上升的趋势，免耕处理则呈波动性变化，且免耕与旋耕处理均在起身期最低，免耕处理在开花期达到高峰；20～30 cm 土层 SMBC 在冬小麦不同生育时期变化不同，翻耕和旋耕总体表现先升高后降低，在小麦返青后又呈缓慢增加的趋势，高峰值均出现在越冬前，而免耕处理 SMBC 呈波动性变化，且变化比较平稳。

从整体上看，0～5 cm、5～10 cm 土层 SMBC 在冬小麦生长季变化明显；10～20 cm 和 20～30 cm 土层 SMBC 的变化不明显。

2. 土壤微生物生物量碳在耕层中的差异

由冬小麦生育期平均值(图 7.7)可知，各处理 SMBC 随土壤层次均呈降低趋势，免耕处理 SMBC 随土壤层次明显降低，且各土壤层次 SMBC 差异达显著($p<0.05$)水平；免耕处理 0～5 cm 土层 SMBC 含量为 419.1 mg/kg，比 5～10 cm 土层增加 44.5%($p<0.05$)，而翻耕和旋耕处理的 SMBC 含量在这两个土层差异不显著。翻耕与旋耕处理 SMBC 在土壤层次上表现出相似的变化，除 0～5 cm 和 5～10 cm 土层外，其他土壤层次 SMBC 差异显著($p<$

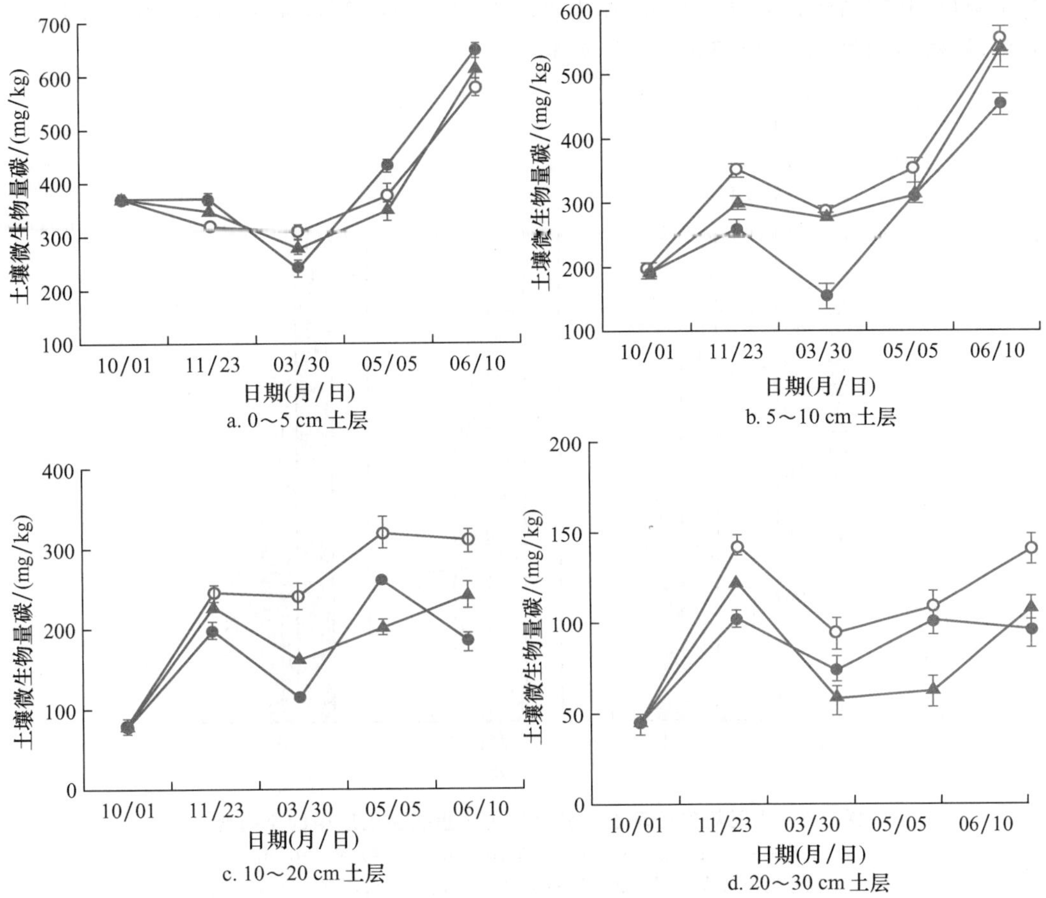

图 7.6 不同处理不同土壤层次土壤微生物生物量碳的动态变化

—●— 免耕 ···○··· 翻耕 —▲— 旋耕

0.05)。这主要是由于土壤微生物受土壤碳源和温度的影响显著，免耕处理玉米秸秆仅残留于土表，残存的秸秆为微生物提供了丰富的碳源，从而上层 SMBC 显著高于下层土壤；翻耕和旋耕将秸秆混入土壤，且 0～5 cm 和 5～10 cm 土层碳源分布均匀，故 SMBC 在这两个层次差异不显著；而在 10～20 cm 和 20～30 cm 土层，土壤温度较低成为限制土壤微生物活动的主要因子，降低了 SMBC。

土壤碳源和温度作为微生物活动的限制因子作用明显。长期免耕处理有机碳集中在土壤上层，随土壤深度的增加，有机碳显著降低，翻耕、旋耕后 SMBC 在耕作层中趋于均匀分布。随着土壤层次的增加微生物活动降低，免耕 SMBC 在土壤层次间的变化显著；而翻耕和旋耕处理 0～5 cm、5～10 cm 土层的碳源分布和温度状况对微生物的活动有利，SMBC 在这两个土层中无显著差异，而深层土壤不利于微生物活动。

由图 7.8 可知，0～30 cm 土层 SMBC 随冬小麦生长呈现先增加后降低，在起身期达到最低，随后有增加趋势，这主要是由于随着气温的上升土壤微生物活动加强，微生物量增加。SMBC 除开花期表现为翻耕＞免耕＞旋耕，其他各时期均表现为翻耕＞旋耕＞免耕。在越冬前和返青期，各处理间 SMBC 含量差异达到显著($p<0.05$)水平；在开花期翻耕和免耕显

著高于旋耕，翻耕与免耕差异不显著；在小麦收获期 SMBC 翻耕显著（$p<0.05$）高于长期免耕处理，旋耕与翻耕、免耕处理无显著性差异。

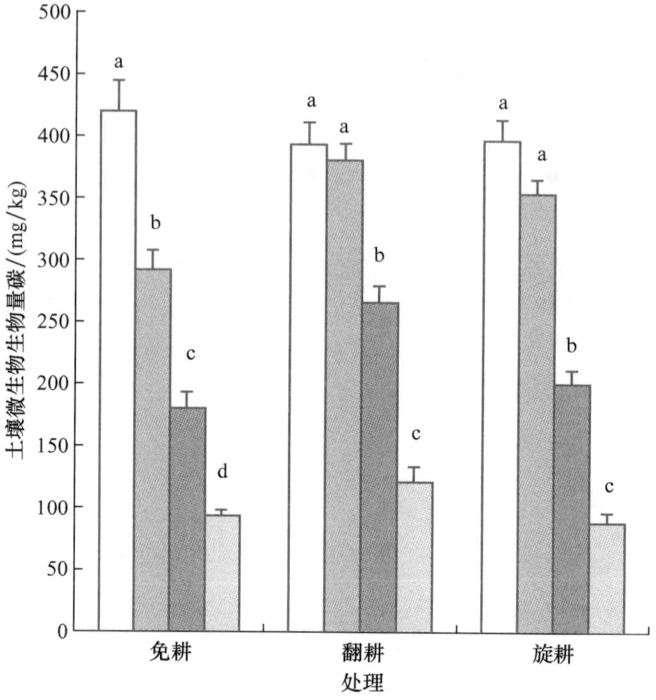

图 7.7　不同耕作处理土壤微生物生物量碳在土层中的空间变异

□ 0～5 cm　▨ 5～10 cm　■ 10～20 cm　□ 20～30 cm

注：不同小写字母表示同一处理不同土壤层次间差异达显著（$p<0.05$）水平。

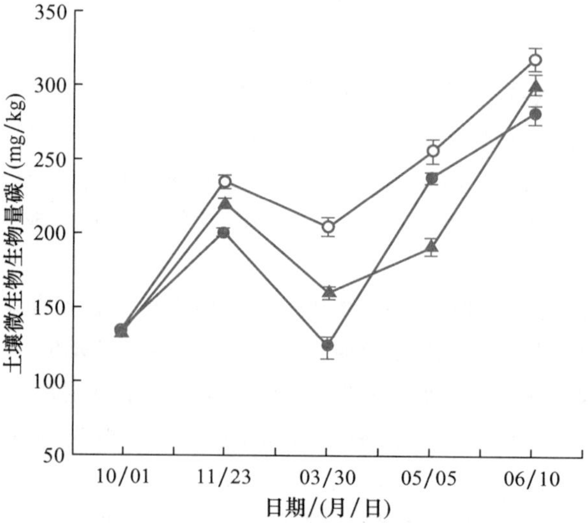

图 7.8　不同处理 0～30 cm 土层土壤微生物生物量碳含量变化

—●— 免耕　—○— 翻耕　—▲— 旋耕

7.2.4.2 轮耕对土壤微生物生物量碳稳定性的影响

对冬小麦生育期内各处理 SMBC 在土壤层次上最高值和最低值差值比较及低峰值比高峰值降低率分析表明(图 7.9),随土壤层次的增加,SMBC 稳定性增加。而在不同层次上,处理间差异达显著水平。

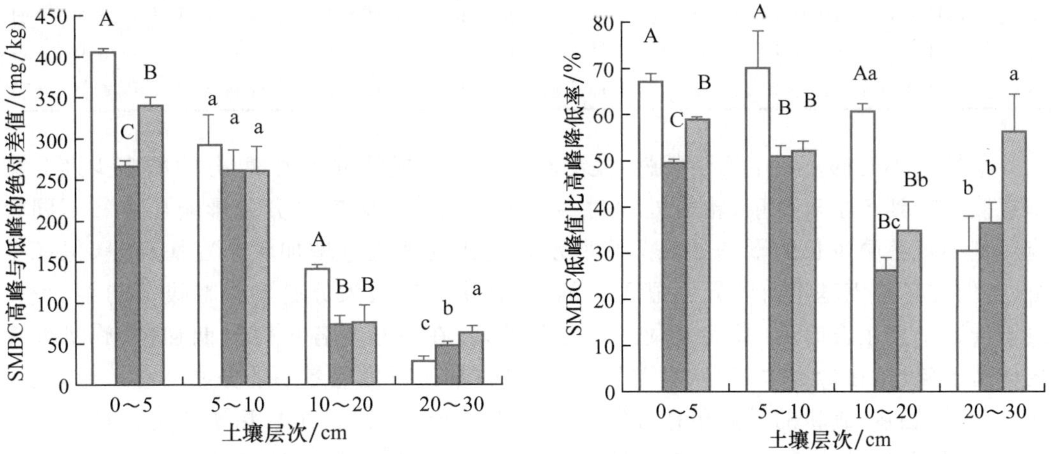

图 7.9 冬小麦生育期内土壤微生物生物量碳最高值与最低值之间的差异

注:不同小写、大写字母分别表示同一土壤层次不同处理间的差异达显著($p<0.05$)和极显著($p<0.01$)水平。

在 0~5 cm 土层,不同处理最高值与最低值之差的大小表现为免耕>旋耕>翻耕($p<0.01$);各处理高低峰的差值与其最高值比较,免耕、翻耕和旋耕分别降低 63.0%、44.4%、55.5%,表现为免耕>旋耕>翻耕($p<0.01$)。5~10 cm 土层,SMBC 最高值与最低值之差的大小表现为免耕>旋耕>翻耕;各处理高低峰的差值与其最高值比较,表现为免耕>旋耕>翻耕,免耕显著($p<0.01$)高于翻耕和旋耕,翻耕和旋耕差异不显著。10~20 cm 土层也表现出相似的规律。在 0~20 cm 土层,与其他两个处理相比,长期免耕较高的 SMBC 降低率表明,长期免耕土壤在冬小麦生育期土壤微生物变化剧烈,故该土层 SMBC 稳定性大小表现为翻耕>旋耕>免耕。而 20~30 cm 土层,SMBC 最高值与最低值之差大小表现为旋耕>翻耕>免耕;各处理高低峰的差值与其最高值比较,免耕、翻耕、旋耕分别降低 29.0%、34.6%、50.1%,表现为旋耕>翻耕>免耕,翻耕显著高于免耕和旋耕($p<0.05$),故 20~30 cm 土层 SMBC 稳定性大小表现为免耕>翻耕>旋耕。

7.3 轮耕对冬小麦生长发育的影响

7.3.1 轮耕对冬小麦生育进程的影响

不同轮耕处理冬小麦生育进程见表 7.4。与长期免耕相比,翻耕、旋耕出苗提前了4 d,分蘖提前了 12 d。返青后,翻耕和旋耕处理冬小麦生育进程仍早于长期免耕处理,翻耕和旋耕返青提前 4 d，拔节提前了 3 d，开花提前了 1 d。可见，长期免耕后进行土壤翻耕或旋耕处理可以加快冬小麦的生长发育。翻耕和旋耕加快了冬小麦生育进程可能与翻耕和旋耕处理玉米秸秆埋入土壤而增加了土壤温度有关。

表 7.4　轮耕对冬小麦生育进程的影响

处理	播种期	出苗期	分蘖期	返青期	拔节期	扬花期	成熟期
免耕	10月2日	10月14日	11月10日	3月9日	4月8日	5月2日	6月10日
翻耕	10月2日	10月10日	10月28日	3月5日	4月5日	5月1日	6月10日
旋耕	10月2日	10月10日	10月28日	3月5日	4月5日	5月1日	6月10日

分蘖是冬小麦的重要生物学特性，是冬小麦产量构成的重要因素，分蘖的多少及分蘖成穗率直接影响到冬小麦产量；轮耕处理对冬小麦不同生育时期的分蘖影响显著。不同轮耕措施对冬小麦茎蘖生长的影响如表 7.5 所示。免耕处理通过增加冬小麦播种量，保证了基本苗，各处理冬小麦基本苗差异不显著。翻耕、旋耕处理最大分蘖集中在拔节初期，免耕处理由于推迟小麦生育时期，最大分蘖出现在孕穗期；在冬小麦各生育时期翻耕、旋耕处理总茎数均高于免耕，在($p<0.01$)水平差异显著，翻耕和旋耕处理冬小麦分蘖动态一致，无显著差异。免耕、翻耕、旋耕的最大单株分蘖数分别为 0.65、2.04、2.04，翻耕和旋耕显著高于连续免耕处理；但免耕分蘖成穗率较高，在成熟期免耕、旋耕和翻耕处理的分蘖成穗率分别为 31.6%、24.8%和 19.7%；有效穗数翻耕、旋耕显著高于免耕处理。可见长期免耕土壤耕作后显著增加冬小麦的分蘖数和有效穗数。

表 7.5　轮耕对冬小麦基本苗和总茎数的影响

处理	基本苗	分蘖期	拔节期	孕穗期	成熟期
免耕	427 Aa	555 Bb	656 Bb	705 Bb	515 Bb
翻耕	424 Aa	1 131 Aa	1 289 Aa	1 274 Aa	639 Aa
旋耕	449 Aa	1 131 Aa	1 366 Aa	1 288 Aa	630 Aa

注：A，B 代表 LSD ($p<0.01$)水平差异显著性，a，b 代表 LSD ($p<0.05$)水平差异显著性。

与长期免耕处理相比，翻耕和旋耕冬小麦生育进程加快。分析可能与长期免耕处理的土壤紧实及"降温效应"阻碍并推迟了冬小麦的生长发育有关。所谓的"降温效应"是指在冬小麦越冬前和春季，免耕由于秸秆覆盖的原因导致免耕土壤与耕翻土壤相比地温降低。李少昆、李素娟、陈素英等研究表明，免耕处理"降温效应"导致冬小麦生育期延迟、营养生长弱，分蘖率低于翻耕和旋耕。

7.3.2　轮耕对冬小麦株高的影响

株高受冬小麦品种的遗传特性影响较大，但土壤耕作对株高的影响也同样显著。总体上，冬小麦株高在越冬前逐渐增加，经过越冬期后株高降低到最低，拔节后冬小麦生长加快，株高迅速增长，在灌浆期达到最大。长期免耕后进行土壤耕作改善了土壤状况，促进了冬小麦的生长发育，进而对冬小麦株高产生影响(图 7.10)。株高在冬小麦越冬前表现为免耕>翻耕>旋耕，免耕显著高于翻耕和旋耕，这主要是由于翻耕、旋耕处理冬小麦分蘖多，免耕分蘖少促进了植株高度的增加。冬小麦进入返青期后，株高表现为翻耕＞旋耕＞免耕，且在以后各生育时期翻耕和旋耕均显著高于免耕处理，翻耕、旋耕差异不显著。

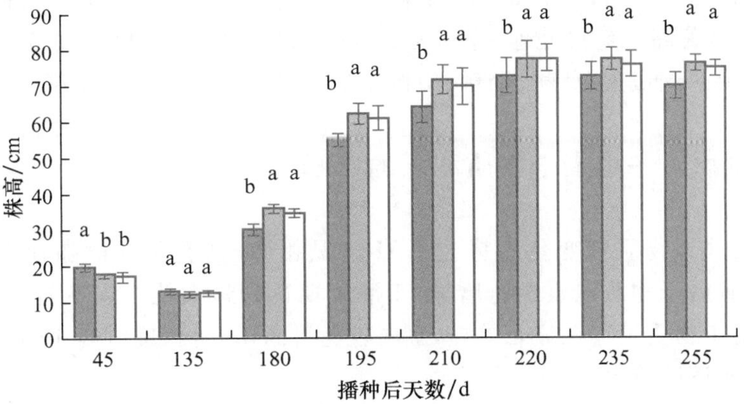

图 7.10 不同轮耕处理冬小麦株高动态变化

免耕 翻耕 旋耕

注：a，b 代表 LSD（$p<0.05$）水平差异显著性。

7.3.3 轮耕对冬小麦叶面积指数的影响

叶面积指数(LAI)是反映作物群体大小的较好的动态指标，冬小麦叶面积指数表现为翻耕＞旋耕＞免耕(图 7.11)。各处理冬小麦 LAI 变化趋势一致，免耕处理 LAI 最低，旋耕最高。在冬前分蘖期由于合适的水热条件冬小麦生长旺盛，叶面积指数达到冬前盛期；返青后叶面积指数开始上升，在开花期达到最高值。

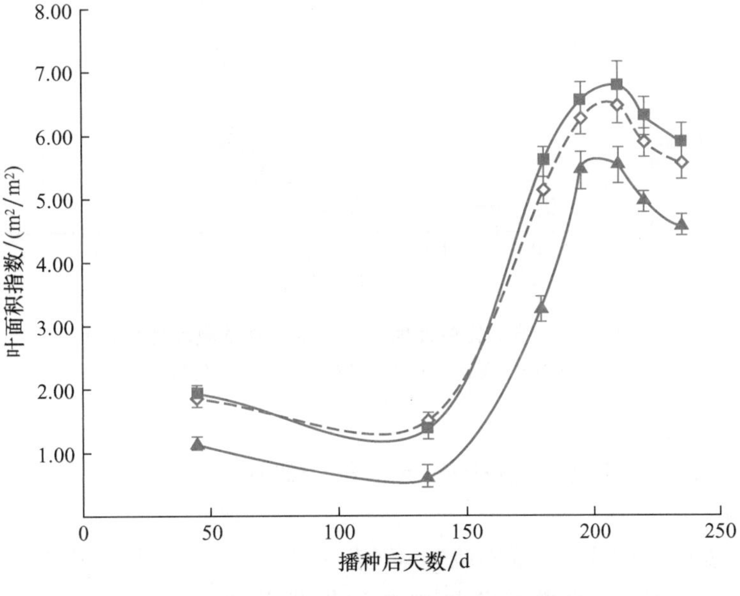

图 7.11 不同轮耕处理对冬小麦叶面积指数动态变化

免耕 翻耕 旋耕

越冬前由于翻耕、旋耕分蘖早、分蘖多，翻耕、旋耕 LAI 显著高于免耕，其中翻耕为免耕的 1.61 倍，旋耕为免耕的 1.68 倍。返青初期，由于免耕返青迟和冬前生长的积累较少，仍存在显著差异且翻耕为免耕的 2.39 倍，旋耕为 2.20 倍。随后各处理差异降低，但拔节期翻耕、旋耕 LAI 仍显著高于免耕处理，分别为免耕的 1.72 倍、1.58 倍。拔节后各处理 LAI 迅速增加，在开花期达到最大，免耕、翻耕、旋耕 LAI 分别为 5.5、6.45、6.77。

7.3.4 轮耕对冬小麦干物质积累的影响

不同耕作方式干物质量变化趋势与 LAI 情况相似，其变化规律随地上部的消长而波动，在冬小麦返青后干物质积累迅速增加，于灌浆期达到最大值。在冬前和返青初期，不同耕作方式冬小麦干物质量存在显著差异，翻耕较免耕高 1.3 倍，旋耕高 1 倍左右。随后冬小麦缓慢生长，差异逐渐减少。

由于免耕冬小麦叶面积和分蘖数小于翻耕和旋耕，导致地上干物质积累低，冬小麦生育期干物质积累整体表现为旋耕＞翻耕＞免耕，且翻耕和旋耕处理显著高于长期免耕处理（图 7.12）。冬小麦收获期翻耕、旋耕处理干物质积累量与免耕相比分别增加了 30.7％、36％。

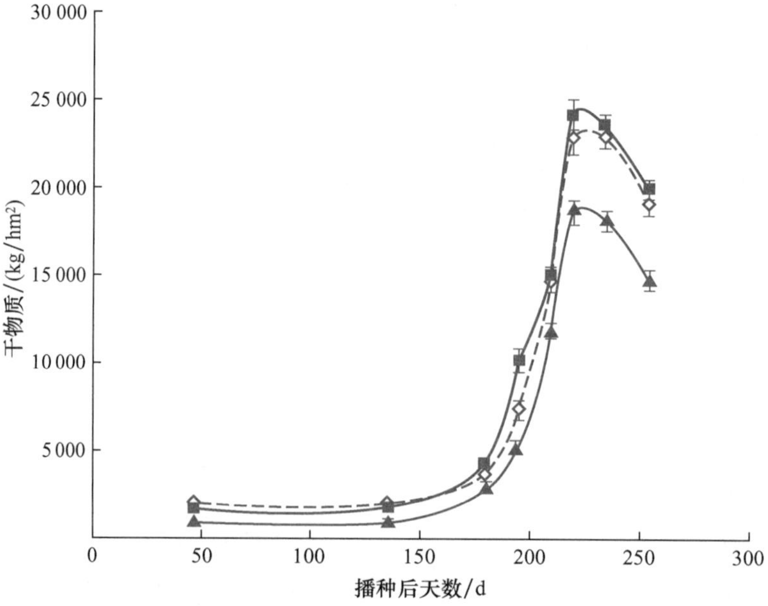

图 7.12 不同轮耕处理对冬小麦干物质量动态变化

—▲— 免耕 - -◇- - 翻耕 —■— 旋耕

7.3.5 轮耕对冬小麦产量构成及产量的影响

轮耕对冬小麦产量构成、产量影响显著（表 7.6）。从产量构成看，有效穗数表现为翻耕＞旋耕＞免耕，且翻耕、旋耕与免耕差异达极显著水平，分别比免耕提高了 24.1％、22.3％；穗粒数表现为免耕＞旋耕＞翻耕，但各处理间差异不显著；千粒重表现为旋耕＞免耕>翻耕，旋耕分别比免耕、翻耕高2.5%、3.8%，差异达显著水平；理论产量和实测产量均表现为旋耕>翻耕>免耕，旋耕和翻耕实测产量分别比免耕增产16.9%、11.8%，旋耕与免耕差异达极显著水平，翻耕与免耕差异达显著水平。在产量构成中起决定作用的是有效穗数，其相关系数 $r=0.856(n=9)$。与免耕相比，翻耕的理论产量、有效穗数分别提高24.1%、22.4%，旋耕的理论产量、有效穗数分别提高了11.7%、21.6%。

表7.6 轮耕对冬小麦产量构成、产量的影响

处理	有效穗数/(个/m^2)	穗粒数/个	千粒重/g	理论产量/(kg/hm^2)	实测产量/(kg/hm^2)
免耕	515Bb	29.60Aa	47.7Bb	7 272Bc	7 125Bb
翻耕	639Aa	27.01Aa	47.1Bb	8 126Ab	7 968ABa
旋耕	630Aa	28.71Aa	48.9Aa	8 842Aa	8 330Aa

注：A，B代表LSD（$p<0.01$）水平差异显著性，a，b代表LSD（$p<0.05$）水平差异显著性。

通过对轮耕后小麦群体和产量的分析可以看出，免耕形成了源小库大的低产群体结构，翻耕形成了源大库小的中产群体结构，旋耕形成了源大库大的高产群体结构。这表明，长期免耕土壤进行轮耕处理后可促进冬小麦的生长发育，提高冬小麦产量。

长期免耕与翻耕和旋耕在单株分蘖、株高、叶面积和干物质积累存在显著性差异，而且这些差异积累的最终表现就是产量的显著性差异。长期免耕处理造成了冬小麦株型相对弱小，尤其是分蘖能力的减小，导致冬小麦有效穗数的不足，降低了产量。长期免耕后进行翻耕和旋耕处理冬小麦生长株型较好，分蘖能力强，冬小麦有效穗数和产量显著增加。长期免耕后进行土壤耕作促进了冬小麦个体的发展和优良群体结构的形成，因此长期免耕后进行土壤耕作是必要的。

参考文献

[1] 孔凡磊，陈阜，张海林，等. 轮耕对土壤物理性状和冬小麦产量的影响. 农业工程学报，2010，26(8)：150-155.

[2] 孙国峰，陈阜，肖小平，等. 轮耕对土壤物理性状及水稻产量影响的初步研究. 农业工程学报，2007，23(12)：109-113.

[3] 孔凡磊，张海林，孙国峰，等. 轮耕措施对小麦玉米两熟制农田土壤碳库特性的影响. 水土保持学报，2010，24(2)：150-154.

[4] 张海林，秦耀东，朱文珊. 耕作措施对土壤物理形状的影响. 土壤，2003，(2)：140-144.

[5] 孔凡磊，张明园，范士超，等. 轮耕对冬小麦农田土壤微生物量碳的影响. 中国农业生态学报，2011，19(2)：240-245.

[6] 李琳，李素娟，张海林，等. 保护性耕作下土壤碳库管理指数的研究. 水土保持学报，2006，20(3)：106-109.

[7] 孙国峰，陈阜，李琳，等. 耕作措施对长期免耕双季稻田土壤碳库的影响. 中国农业大学学报，2007，12(6)：45-49.

[8] Balesdent J, Chenu C, and Balabane M. Relationship of soil organic matter dy-

namics to physical protection and tillage. Soil & Tillage Research, 2000, 53: 215-230.

[9] Campbell C A, McConkey B G, Zentner R P, *et al*. Long-term effects of tillage and rotations on soil organic C and total N in a clay soil in southwestern Saskatchewan. Can. J. SoilSci., 1996, 76: 395-401.

[10] 徐阳春,沈其荣,冉炜. 长期免耕与施用有机肥对土壤微生物生物量碳、氮、磷的影响. 土壤学报,2002,39(1):89-96

[11] Powlson D S, Jenkinson D S. A comparison of the organic matter, biomass, adenosine triphosphate and mineralizable nitrogen contents of ploughed and direct-drilled soils. J of Agricultural Science, 1981, 97(3): 713-721

[12] 牛新胜,张宏彦,王立刚,等. 玉米秸秆覆盖冬小麦免耕播种对土壤微生物量碳的影响. 中国土壤与肥料,2009(1):64-68

[13] 范丙全,刘巧玲. 保护性耕作与秸秆还田对土壤微生物及其溶磷特性的影响. 中国生态农业学报,2005,13(3):130-132

[14] Nath JC, Sarma R. Effect of organic mulches on growth and yield of Assam lemon (Citruslimon Burm). Horticultural Research, 1992, 5: 19-23.

第8章

保护性耕作生态效应综合分析与评价

不同耕作方式改变了各种土壤物理、化学、生物性状，这将直接导致各种性状间相互影响的程度和规律发生变化，将改变每个指标的性能及权重。在分析不同耕作方式条件下生态效应及土壤质量时，探讨不同耕作方式下土壤指标间的相关性显得十分必要。

本章以耕作前后的各类土壤性状为对象，综合分析不同耕作方式对性状间相互作用规律的影响，采用耕作指数来反映耕作措施对土壤质量的影响，对华北冬小麦田不同耕作方式作出初步评价。

8.1 运用耕作指数评价不同耕作措施土壤质量

Tapela 等(1998)认为，有利于种子萌发和作物生长的耕作方式才是优良的，但如何评价这种效应，许多研究还是通过主观的态度，土壤耕作指数法则将土壤理化参数与作物生长等相结合，为耕作措施的评价提供了定量的依据。土壤耕作指数法(tilth index)是通过比较不同耕作措施下土壤理化参数与作物产量来选取最优的耕作措施。计算土壤耕作指数的方法有两种，一种是采用 Singh 等(1992)构建的模型来计算，另一种是采用回归模型来计算。本研究采用多元线性回归的方法来计算耕作指数。

8.1.1 土壤养分与土壤耕作指数

选取 2010 年冬小麦收获期测定的土壤有机碳含量、土壤活性有机碳含量、土壤全氮含量以及大于 2 mm 水稳性团聚体的有机碳含量、2～0.25 mm 水稳性团聚体的有机碳含量等土壤养分指标进行土壤养分耕作指数的计算(图 8.1)，结果表明，在表层 0～5 cm 土壤层次，各处理土壤养分耕作指数以免耕(0.93)最高，旋耕(0.89)居中，翻耕(0.85)最低；5～10 cm

和 20～30 cm 土壤层次，旋耕(0.90)表现最高，翻耕则在 10～20 cm 层次出现一个最高的值。与翻耕和旋耕相比，免耕在表层 0～5 cm 层次土壤养分耕作指数最高，这与免耕处理下表层养分富集有很大关系。免耕处理下表层土壤养分含量较高，对于作物前期种子萌发、出苗等均具有作用，从而对作物产量产生重要的影响。

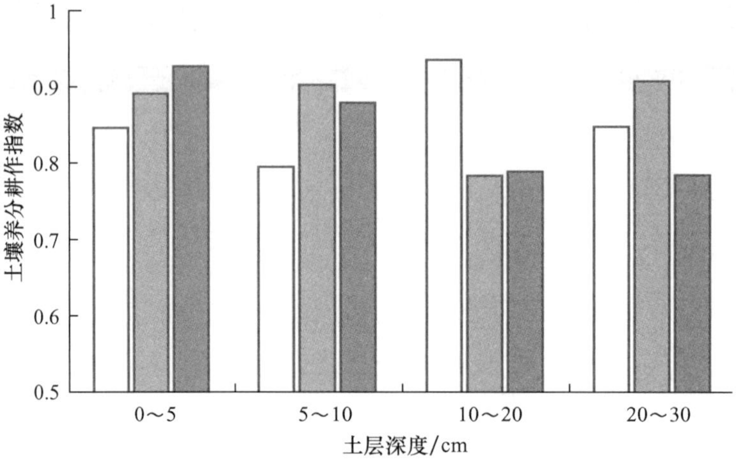

图 8.1　耕作措施对冬小麦田土壤养分耕作指数的影响

□ 翻耕　▨ 旋耕　■ 免耕

综合比较土壤整个层次，翻耕、旋耕和免耕处理 0～30 cm 平均土壤养分耕作指数分别为 0.86、0.87 和 0.85，免耕处理由于在平均重量直径 5 cm 以下深层土壤养分耕作指数比翻耕和旋耕低，从而在整个层次上降低了免耕处理土壤养分耕作指数。

8.1.2　土壤结构与土壤耕作指数

Lal 等(2009)认为，耕作措施由于机械对土壤的扰动，造成土壤结构发生变化，这些变化可能会对作物的产量产生影响。选取 2010 年冬小麦收获时测定的土壤干筛团聚体平均重量直径、土壤湿筛团聚体平均重量直径、土壤容重及土壤饱和导水率等物理指标来进行土壤结构耕作指数计算分析(图 8.2)。结果显示，免耕除了 5～10 cm 土壤层次外，其他层次土壤结构耕作指数均高于翻耕和旋耕，旋耕土壤结构耕作指数在 0～30 cm 层次均低于免耕。表层 0～5 cm土壤结构耕作指数，以免耕(0.86)最高，翻耕(0.82)居中，旋耕(0.80)最低，免耕较翻耕和旋耕高 4.97%和 7.52%；而在 5～10 cm 土层，则以翻耕(0.84)最高，免耕(0.72)居中，旋耕(0.66)最低，翻耕较旋耕和免耕高 25.92%和 15.72%。在 10～20 cm 和 20～30 cm 土层，各处理以免耕最高，但处理间差异较表层 0～10 cm 减小。

综合来看，翻耕、旋耕和免耕处理在 0～30 cm 土壤层次内平均土壤结构耕作指数分别为 0.77、0.72 和 0.78。免耕除了 5～10 cm 层次外，其他层次均高于翻耕和旋耕，这说明耕作机械扰动会降低土壤结构耕作指数。翻耕和旋耕由于机械扰动对土壤团聚体的破坏，从而降低了土壤团聚体的稳定性，同时，翻耕和旋耕的土壤孔隙相对于免耕连续性较差，从而降低了土壤饱和导水率，这些因素均可能导致翻耕和旋耕土壤结构耕作指数的下降，但免耕

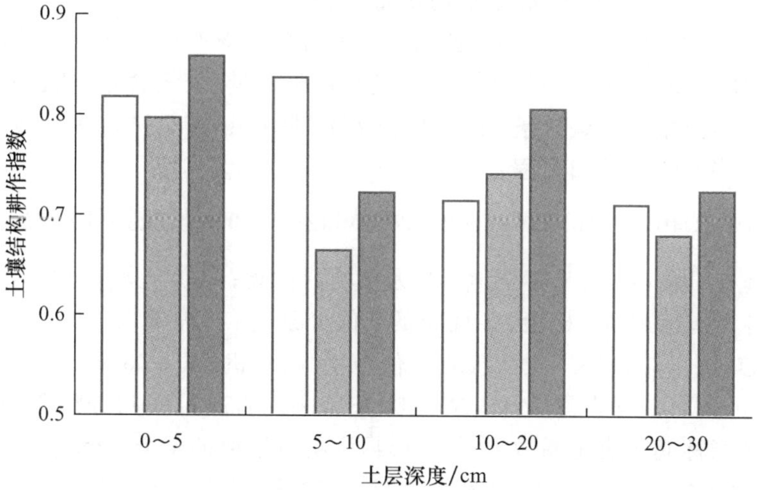

图 8.2 耕作措施对冬小麦田土壤结构耕作指数的影响

□翻耕 ▨旋耕 ■免耕

下土壤容重较翻耕和旋耕偏高，这可能不利于免耕处理下土壤结构耕作指数的增加。

8.1.3 冬小麦产量与土壤耕作指数

选取 2010 年冬小麦产量和土壤水稳性团聚体平均重量直径（WMWD）、土壤干团聚体平均重量直径（DMWD）、土壤饱和导水率、土壤容重、团聚体有机碳含量、土壤有机碳含量、土壤全氮含量、土壤活性碳，通过将冬小麦产量与 WMWD、DMWD、土壤饱和导水率、土壤容重、团聚体有机碳含量、土壤有机碳含量、土壤全氮含量、土壤活性碳进行多元线性回归分析，得出冬小麦产量的多元线性回归方程：

$$Y = -5\,055.771 - 936.392x1 + 1\,345.091x2 + 163.296x3 - 3\,837.505x4 + 236.8x5 + 404.608x6 + 6\,056.869x7 + 802.198x8$$

式中，x1 为 WMWD；x2 为 DMWD；x3 为土壤饱和导水率；x4 为土壤容重；x5 为团聚体有机碳含量；x6 为土壤有机碳含量；x7 为土壤全氮含量；x8 为土壤活性碳；Y 为冬小麦产量（kg/hm^2），对线性方程做 F 检验显示，$F=14.862$，$p<0.05$，因此冬小麦产量与上述各因素所得的回归方程线性显著。通过对其余各指标进行 t 检验，各性状的 t 值分别为：WMWD（−0.761）、DMWD（1.048）、土壤饱和导水率（0.144）、土壤容重（−0.774）、团聚体有机碳含量（0.77）、土壤有机碳含量（0.609）、土壤全氮含量（1.082）、土壤活性碳（0.949）。各性状的 P 值（为各性状单独与产量的显著性检验值）分别为：WMWD（0.466）、DMWD（0.322）、土壤饱和导水率（0.889）、土壤容重（0.459）、团聚体有机碳含量（0.461）、土壤有机碳含量（0.558）、土壤全氮含量（0.307）、土壤活性碳（0.367）。总的样本容量为 $P=18$，$R^2=0.93$，这说明通过回归分析冬小麦产量与本研究中所选取 8 个指标间的决定系数 $R^2=0.93$，说明所选取的 8 个指标对冬小麦产量的影响为 93%。冬小麦产量 Y 与土壤干团聚体平均重量直径 DMWD、土壤饱和导水率、团聚体有机碳含量、土壤有机碳含量、土壤全氮含量、土壤活

性碳呈正相关，与土壤水稳性团聚体平均重量直径 WMWD、土壤容重呈负相关，但均未达到显著性差异。通过比较 t 值和 p 值，各独立因素对冬小麦产量没有产生显著影响。

选取 2007 年和 2010 年冬小麦产量和土壤有机碳含量、全氮含量、活性碳含量、容重，通过将冬小麦产量与土壤有机碳含量、全氮含量、活性碳含量、容重进行多元线性回归分析，得出冬小麦产量的多元线性回归方程：

$$Y=26\,832.400+545.686\text{x1}+2\,237.695\text{x2}+1\,295.787\text{x3}-19\,855.271\text{x4}$$

式中：x1 为土壤有机碳；x2 为土壤全氮；x3 为土壤活性碳；x4 为土壤容重。Y 为冬小麦产量（kg/hm^2），对各个指标进行 t 检验，各性状的 t 值分别为：有机碳（0.961），全氮（0.642），活性碳（3.513），容重（－3.431）。各性状的 p 值分别为：有机碳（0.354），全氮（0.532），活性碳（0.004），容重（0.004）。样本量为 18，$R^2=0.764$，这说明通过回归分析冬小麦产量与本研究中所选取 4 个指标间的决定系数 $R^2=0.764$，说明所选取的 4 个指标对冬小麦产量的影响为 76.4%。通过比较 t 值和 P 值，对冬小麦产量有显著影响的因素为土壤活性碳和土壤容重。冬小麦产量 Y 与土壤活性碳含量呈显著正相关（非标准系数1 295.787），与土壤容重呈显著负相关（非标准系数－19 855.271），与土壤有机碳含量和土壤全氮呈正相关，但未达到显著性差异。

通过比较 P 值与相关系数 R 的关系，本研究筛选出土壤活性有机碳和土壤容重这两个指标。土壤活性有机碳和土壤容重与冬小麦产量的 R^2 分别为 0.47 和 0.32（图 8.3、图 8.4）。通过相关公式可以计算出土壤耕作指数（TI）

$$TI=0.60\,AOC'+0.40\,BD'$$

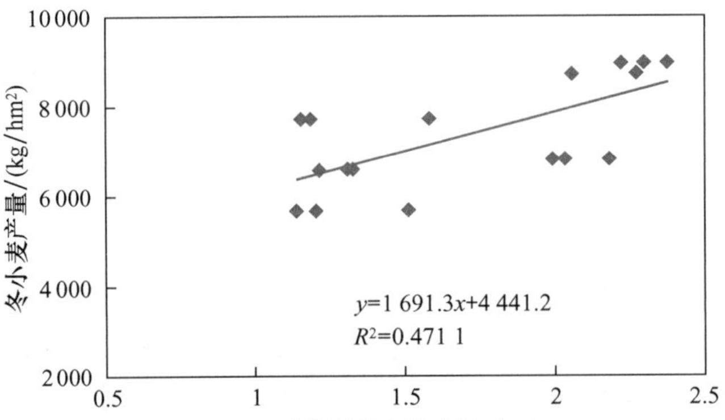

图 8.3 土壤活性有机碳对冬小麦产量的影响

Tripathi 等（2005）认为，麦田土壤的耕作指数一般分布在 0.86～1.0 之间，本研究中计算得出的冬小麦田土壤耕作指数最小值为 0.77，最大值为 0.97，与 Tripathi 等的研究结果较接近。

分析计算所得的耕作指数与冬小麦产量的关系可知，耕作指数 TI 与冬小麦产量呈正相关关系（图 8.5），方程为 $Y=11\,506TI-2\,633.5$（$R^2=0.62$），相关性达到显著，因此可以将 TI 作为评价河北冬小麦种植区土壤质量的评价指标。

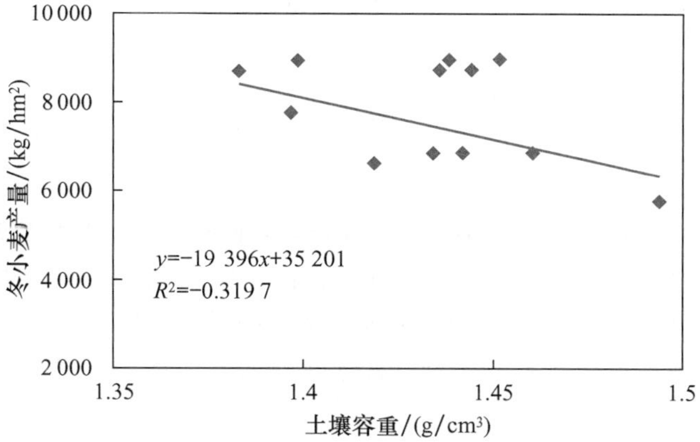

图 8.4　土壤容重对冬小麦产量的影响

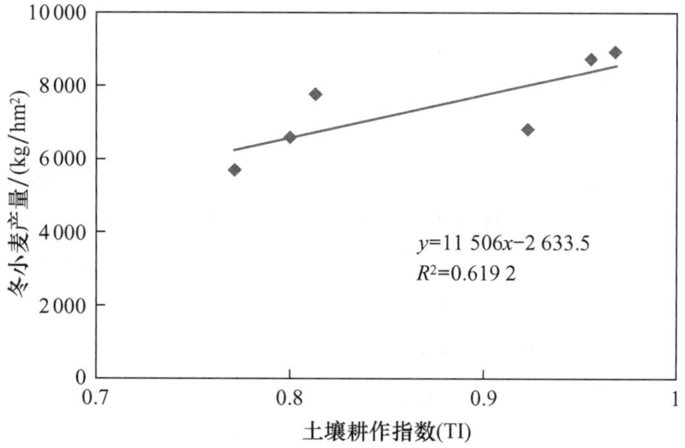

图 8.5　土壤耕作指数与冬小麦产量的关系

通过比较不同耕作措施下土壤耕作指数发现，翻耕、旋耕和免耕土壤耕作指数平均值分别为 0.89、0.88 和 0.85。也有研究者计算了美国 Iowa 州玉米产区土壤耕作指数，其耕作指数分布为 0.7 到 0.8 之间(Bakhs，1997)。Singh 等(1992)认为，耕作措施以及种植管理等会提高耕作指数，且在播种到收获期内随着时间不断减小。免耕相对于传统耕作减少了土壤扰动，因此免耕土壤耕作指数要低于翻耕和旋耕。Tapela 等(1998)则认为，土壤耕作指数为 0 表示土壤质量最差，而土壤耕作指数达到 1 表示为最好的土壤。本研究中免耕土壤耕作指数低于翻耕和旋耕，这可能主要是由于免耕处理下冬小麦产量较翻耕和旋耕低，免耕下冬小麦产量的提高将能进一步增加免耕处理土壤耕作指数。

8.2　不同耕作措施土壤生态效应的综合分析

土壤中的各种物理、化学、生物性状是一个相互作用、相互影响的有机统一体。不同耕作方式改变了各种土壤性状，这可能会导致各种性状间相互影响的程度和规律不同。本节以耕作前后的各类土壤性状为对象，综合分析不同耕作方式对它们之间相互作用的规律的影响。

8.2.1 耕作前

冬小麦播种前(耕作前)是冬小麦—夏玉米两熟种植制度下土壤结构较稳定的时间。将不同耕作方式下土壤总有机质等土壤化学性状、微生物生物量碳等土壤生物性状、孔隙度、各粒级土壤水稳性团聚体等土壤物理性状进行相关分析，同时讨论不同耕作方式下各指标随土壤深度增加的不同变化规律。本研究将土壤深度也作为一个指标与各土壤性状进行了相关分析(表 8.1)。

8.2.1.1 土壤有机质

翻耕农田土壤总有机质与 0.25～2 mm 粒径土壤水稳性团聚体呈显著正相关；旋耕土壤总有机质与＞2 mm 粒径土壤团粒呈显著正相关，而与 0.25～2 mm 和 0.053～0.25 mm 粒径呈正相关，但没有达到显著水平；免耕土壤总有机质则与大团聚体(＞0.25 mm)呈显著正相关而与微团聚体(＜0.25 mm)呈显著负相关。各处理土壤总有机质与＜0.053 mm 粒径土壤团粒均呈极显著负相关。结合不同耕作方式下各粒级土壤团粒的含量可见，不同耕作措施造成了土壤有机质在团聚体中的分布规律不同，翻耕土壤有机质主要分布于 0.25～2 mm 粒径土壤团粒中；旋耕土壤有机质除极少分布在＜0.053 mm粒径土壤团粒中外，较随机地分布于其他各粒级土壤团粒中；而免耕由于保持了土壤结构、保持了最高量的大团聚体含量，其土壤有机质主要分布于大团聚体中。

不同耕作方式土壤总有机质均与土壤深度呈极显著负相关，而相关系数以免耕最高、旋耕居中、翻耕最低，可见免耕随土壤深度增加具有最大的变化幅度，而翻耕最小，旋耕居于两者之间。这种现象导致了免耕在冬小麦的各生育时期均具有最高的土壤有机质层化率。

另外，不同耕作方式土壤有机质与土壤全氮、大团聚体、微生物生物量碳、毛管孔隙度及非毛管孔隙度均呈正相关，甚至达到极显著水平，可见土壤有机质在农田土壤中的主要作用是维持土壤物理、化学和生物性状。

8.2.1.2 土壤水溶性有机质

翻耕土壤水溶性有机质与非毛管孔隙度呈显著负相关，而其虽然与毛管孔隙度呈负相关，但没有达到显著水平；旋耕与免耕则与毛管孔隙度和非毛管孔隙度均呈显著负相关。水溶性有机质随土壤水向下迁移的过程中，较高的土壤孔隙度有利于其下移，而较低的孔隙度则有利于其累积。翻耕创造了一个孔隙分布均匀的 0～20 cm 耕层，导致其土壤水溶性有机质在 0～20 cm 土层逐渐向下迁移而在 20～30 cm 处大量累积，所以两者没有显著差异。旋耕与免耕土壤水溶性有机质均与毛管孔隙度呈显著负相关主要是因为其毛管孔隙度随土壤深度增加表现出逐渐下降的趋势。非毛管孔隙主要由空气填充，含有大量氧气。耕作前不同耕作方式土壤非毛管孔隙度在土壤剖面上的分布具有相似的特征，同时各处理均随土壤深度增加而降低，可以氧化水溶性有机质的氧气量也逐渐降低，所以各处理均呈显著负相关。

表 8.1 不同耕作方式农田土壤性状相关分析(耕作前)

		X1	X2	X3	X4	X5	X6	X7	X8	X9	X10	X11
1	X2	-0.889**										
	X3	0.895**	-0.757**									
	X4	0.944**	-0.771**	0.976**								
	X5	0.591*	-0.569	0.798**	0.716**							
	X6	0.703*	-0.585*	0.399*	0.567	0.197						
	X7	-0.743**	0.839**	-0.574	-0.625*	-0.341	-0.631*					
	X8	-0.047	-0.294	-0.315	-0.289	-0.154	0.210	-0.329				
	X9	0.740**	-0.553	0.437	0.602*	0.002	0.893**	-0.621*	0.081			
	X10	-0.244	0.064	0.118	-0.076	0.514	-0.691*	0.281	-0.142	-0.828**		
	X11	-0.966**	0.846**	-0.782**	-0.875**	-0.421	-0.815**	0.759**	-0.046	-0.876**	0.459	
	X12	-0.955**	0.930**	-0.761**	-0.836**	-0.472	-0.783**	0.812**	-0.214	-0.798**	0.353	0.975**
2	X2	-0.863**										
	X3	0.981**	-0.840**									
	X4	0.978**	-0.751**	0.967**								
	X5	0.870**	-0.806**	0.886**	0.847**							
	X6	0.763**	-0.937**	0.697*	0.645*	0.773**						
	X7	-0.756**	0.880**	-0.715**	-0.639*	-0.696*	-0.899**					
	X8	0.983**	-0.931**	0.955**	0.929**	0.873**	0.851**	-0.843**				
	X9	0.265	0.059	0.402	0.398	0.388	-0.224	0.124	0.158			
	X10	0.286	-0.429	0.130	0.170	0.050	0.514	-0.418	0.348	-0.806**		
	X11	-0.684*	0.355	-0.773**	-0.780**	-0.694*	-0.176	0.254	-0.591*	-0.881**	0.454	
	X12	-0.963**	0.937**	-0.948*	-0.909**	-0.879**	-0.864**	0.864**	-0.989**	-0.194	-0.266	0.603*

续表 8.1

		X1	X2	X3	X4	X5	X6	X7	X8	X9	X10	X11
3	X2	−0.574										
	X3	0.980**	−0.487									
	X4	0.993**	−0.536	0.988**								
	X5	0.958**	−0.595*	0.954**	0.958**							
	X6	0.718**	−0.725**	0.595*	0.663*	0.635*						
	X7	−0.777**	0.464	−0.691*	−0.733**	−0.668*	−0.850**					
	X8	0.892**	−0.593*	0.808**	0.861**	0.775**	0.914**	−0.889**				
	X9	0.729**	−0.104	0.819**	0.764**	0.796**	0.098	−0.260	0.393			
	X10	−0.744**	0.042	−0.780**	−0.759**	−0.728**	−0.304	0.402	−0.596*	−0.873**		
	X11	−0.917**	0.346	−0.963**	−0.936**	−0.935**	−0.406	0.533	−0.664*	−0.941**	0.865**	
	X12	−0.987**	0.522	−0.996**	−0.992**	−0.971**	−0.611*	0.701 *	−0.814**	−0.813**	0.768**	0.962**

注:1 代表翻耕,2 代表旋耕,3 代表免耕。* 表示两个相关变量在 $p=0.05$ 水平上达到显著水平,** 表示两个相关变量在 $p=0.01$ 水平上达到显著水平。表中代号意义如下:X1 代表土壤总有机质,X2 代表土壤水溶性有机质,X3 代表土壤全氮,X4 代表土壤微生物生物量碳,X5 代表土壤毛管孔隙度,X6 代表土壤非毛管孔隙度,X7 代表土壤容重,X8 代表>2 mm 粒径土壤水稳性团聚体,X9 代表 0.25～2 mm 粒径土壤水稳性团聚体,X10 代表 0.053～0.25 mm 粒径土壤水稳性团聚体,X11 代表<0.053 mm 粒径土壤水稳性团聚体,X12 代表土壤深度。

土壤水溶性有机质是土壤中最具有生物有效性的土壤有机质组分，但各处理土壤水溶性有机质均与微生物生物量碳呈负相关，其中翻耕和旋耕达显著水平。从它们呈负相关可以看出，一方面土壤水溶性有机质在土壤毛管孔隙度较低的地方较多的累积导致其生物有效性降低，在其累积量高的层次，土壤通气性成为微生物生长发育的主要限制因素；另一方面，免耕虽然也呈负相关，但没有达到显著水平，同时其土壤毛管孔隙和水溶性有机质在5 cm以下层次分布均匀，可见毛管孔隙度和水溶性有机质在土壤剖面上分布相对均匀时，两者均成为微生物的主要限制因素。因此，耕作措施不仅改变了土壤水溶性有机质的含量、在土壤剖面上的分布规律，而且改变了其生物有效性，其中免耕相对于传统耕作提高了水溶性有机质的生物有效性。

各处理土壤水溶性有机质与各粒级土壤水稳性团聚体呈负相关，或者没有显著相关性，这说明土壤水溶性有机质主要分布在毛管孔隙的液体环境中。

8.2.1.3 土壤微生物生物量

除前文所述土壤水溶性有机质、土壤孔隙度对土壤微生物生物量碳的影响外，各耕作措施土壤微生物生物量碳均与＜0.053 mm粒径土壤团粒呈极显著负相关。不同的是翻耕土壤微生物生物量碳与0.25～2 mm粒径土壤水稳性团聚呈显著正相关；旋耕和＞2 mm、0.25～2 mm和0.053～0.25 mm粒径土壤团粒呈正相关，其中与＞2 mm粒径达到显著水平；而免耕则与大团聚体（＞0.25 mm）呈显著正相关，而与微团聚体（＜0.25 mm）呈显著负相关。结合各粒级土壤水稳性团聚体含量可见，不同耕作措施改变了土壤微生物在土壤团聚体中的分布特征，使翻耕土壤微生物向0.25～2 mm粒径土壤团粒靠拢，旋耕除极少分布在＜0.053 mm粒径土壤团粒中外，较随机地分布于其他各粒级土壤团粒中；而免耕由于保持了土壤结构、保持了最高的大团聚体含量，其土壤微生物主要分布于大团聚体中。这与耕作对土壤有机质的影响规律完全一致。

另外，各处理土壤微生物生物量碳与土壤毛管孔隙度和非毛管孔隙度均呈正相关关系，其中与毛管孔隙度均呈极显著正相关，旋耕和免耕与非毛管孔隙度呈显著正相关。可见，在旋耕和免耕下层土壤，较低的孔隙度成为微生物生长发育的主要限制因素。较高的非毛管孔隙度提高土壤通透性，将有利于免耕和旋耕下层土壤微生物的生长发育。

土壤总有机质和全氮作为土壤微生物的物质来源，在不同耕作方式下均与土壤微生物生物量碳呈极显著正相关。由于不同耕作方式导致了土壤有机质和全氮在土壤剖面上分布特征和0～30 cm土层上储量的不同，显然对土壤微生物产生了重要影响，并形成了前文所述的各种状态。

8.2.1.4 土壤容重和土壤深度

翻耕条件下，土壤毛管孔隙度、＞2 mm和0.053～0.25 mm粒径土壤水稳性团聚体随土壤深度增加没有显著变化；旋耕土壤深度与0.25～2 mm和0.053～0.25 mm粒径土壤水稳性团聚体没有显著相关性；免耕土壤深度则仅与土壤水溶性有机质没有显著相关性。可见，随着耕作对土壤扰动程度的降低，一些指标与土壤深度增加不具有显著相关性，另外则有越来越多的指标呈现随土壤深度增加显著变化的趋势。同时耕作改变了土壤容重，并在不同耕作方式下改变了其随土壤深度增加的分布状况。土壤容重与其他指标的相关关系具有相似的特征：土壤容重除与土壤水溶性有机质和微团聚体呈正相关外，与其他各指标均呈负相关。土壤深度和土壤容重作为各种土壤性状在土壤剖面上的综合表现，也可以看作不同耕作方式下土壤质量的综合表现。不同耕作方式各土壤性状与土壤深度的相关关系说明了耕作强度对土壤质量产生了显著影响。

8.2.2 耕作后

不同耕作方式的实施，造成了各个土壤性状的不同变化规律，这可能会对不同耕作方式下土壤性状之间的相互关系也产生不同的影响。本研究以耕作初期各土壤性状为例，说明不同耕作方式对土壤性状之间相互关系的改变(表 8.2)。

耕作打乱了土壤性状在土壤剖面上原有的分布状态，而且对不同的土壤性状有不同程度的影响，所以在耕作实施后，土壤性状之间的相关性下降，部分彼此显著相关的土壤性状在耕作后变为没有显著相关。除大部分土壤性状相关性下降外，也有一小部分在耕作前没有显著相关性的土壤性状变为显著相关。

翻耕农田土壤有机质在耕作前仅与＞2 mm 及 0.053～0.25 mm 粒径土壤水稳性团聚体没有显著相关性，而耕作后，其土壤有机质仅与微生物生物量碳和 0.25～2 mm 粒径土壤团粒呈显著正相关，与＜0.053 mm 粒径土壤团粒呈显著负相关。旋耕土壤性状之间的相关关系改变的程度明显小于翻耕，在耕作前显著相关的土壤性状大部分仍然保持着显著性，但其相关系数降低。另外，旋耕大部分土壤性状仍然与土壤深度呈显著相关，即大部分土壤性状在耕作前后均随土壤深度增加表现明显的变化趋势，可见旋耕一方面由于扰动土壤的层次比翻耕浅，所以在土壤性状的层次分布上较好地保持了耕作前的状态；另一方面由于耕作对表层土壤有较大的扰动，虽然大部分土壤性状仍显著相关，但其相关系数下降，耕作破坏了土壤性状的联系度。免耕虽然动土量最少，对土壤破碎的程度最低，但由于免耕播种机将垄沟部位的表土翻盖到了垄背部位，显著改变了表土状况，导致土壤性状之间的相关性与耕作前相比有较大变化，其中土壤微生物生物量碳、毛管孔隙度和水稳性团聚体与前期相比均产生了显著变化。仅以 5～30 cm 土层分析可见，除土壤容重和毛管孔隙度外，其他指标基本保持了耕作前土壤性状之间的相关性。可见，免耕主要影响了 0～5 cm 土层土壤，而下层土壤没有显著变化，保持了较高的土壤稳定性。

耕作前，翻耕土壤毛管孔隙度仅与土壤总有机质和土壤微生物生物量碳呈显著相关，但耕作后毛管孔隙度与这两个指标没有显著相关性；相反，与其他多个指标，如水溶性有机质、非毛管孔隙度、土壤容重、微团聚体等显著相关，并随土壤深度增加表现明显的变化趋势。可见翻耕导致毛管孔隙在耕层中重新分布，与原有的显著相关的土壤性状之间的联系度下降，同时随着耕作对其他土壤性状的影响，形成了相似或者相反的分布规律。然而，有些土壤性状，如毛管孔隙度与非毛管孔隙度、毛管孔隙度与微团聚体之间相互作用、相互影响的因果关系不是很紧密，它们显著相关的现象主要是因为耕作对其起到的重新分布的作用。总体看来，翻耕对土壤性状之间相互作用程度的主要影响仍然是降低。旋耕与免耕在影响土壤性状之间的相互作用程度的规律上与翻耕相似，均表现为降低，但从随耕作扰动土壤的

表 8.2 不同耕作方式农田土壤性状相关分析(耕作后)

		X1	X2	X3	X4	X5	X6	X7	X8	X9	X10	X11
1	X2	−0.504										
	X3	0.740**	−0.501									
	X4	0.351	−0.930**	0.537								
	X5	0.214	−0.886**	0.426	0.982**							
	X6	0.471	−0.912**	0.590*	0.977**	0.932**						
	X7	−0.377	0.889**	−0.527	−0.935**	−0.915**	−0.893**					
	X8	0.525	−0.023	0.772**	0.177	0.080	0.289	−0.119				
	X9	0.845**	−0.752**	0.492	0.537	0.437	0.607*	−0.546	0.085			
	X10	−0.481	−0.460	−0.333	0.488	0.597*	0.332	−0.499	−0.675*	−0.055		
	X11	−0.693*	0.905**	−0.447	−0.726**	−0.658*	−0.746**	0.730**	0.051	−0.949**	−0.247	
	X12	−0.201	0.801**	−0.584*	−0.938**	−0.934**	−0.882**	0.890**	−0.284	−0.287	−0.486	0.502
2	X2	−0.575										
	X3	0.984**	−0.572									
	X4	0.771**	−0.903**	0.782**								
	X5	0.740**	−0.861**	0.746**	0.988**							
	X6	0.695*	−0.901**	0.698*	0.985**	0.992**						
	X7	−0.708**	0.875**	−0.717**	−0.929**	−0.895**	−0.905**					
	X8	0.900**	−0.482	0.865**	0.581*	0.528	0.498	−0.553				
	X9	0.059	0.753**	0.039	−0.535	−0.505	−0.586*	0.554	0.177			
	X10	−0.863**	0.097	−0.854**	−0.374	−0.355	−0.278	0.319	−0.812**	−0.533		
	X11	−0.493	−0.190	−0.441	0.103	0.143	0.189	−0.112	−0.742**	−0.719**	0.733**	
	X12	−0.846**	0.765**	−0.872**	−0.940**	−0.926**	−0.900**	0.887**	−0.585*	0.355	0.560	−0.037

续表 8.2

		X1	X2	X3	X4	X5	X6	X7	X8	X9	X10	X11
3	X2	−0.440										
	X3	0.806**	−0.281									
	X4	0.840**	−0.790**	0.632*								
	X5	0.612*	−0.545	0.767**	0.744**							
	X6	0.826**	−0.798**	0.556	0.989**	0.641*						
	X7	−0.683*	0.617*	−0.572	−0.790**	−0.582*	−0.780**					
	X8	−0.079	0.596*	0.375	−0.390	0.221	−0.499	0.282				
	X9	0.921**	−0.152	0.648*	0.628*	0.344	0.640*	−0.463	−0.027			
	X10	0.133	−0.822**	0.204	0.561	0.460	0.551	−0.590*	−0.476	−0.224		
	X11	−0.978**	0.302	−0.759**	−0.747**	−0.482	−0.747**	0.593*	0.051	−0.978**	0.031	
	X12	−0.982**	0.502	−0.743**	−0.868*	−0.539	−0.875**	0.714**	0.227	−0.909**	−0.203	0.970**

注：1 代表翻耕，2 代表旋耕，3 代表免耕。* 表示两个相关变量在 $p=0.05$ 水平上达到显著水平，** 表示两个相关变量在 $p=0.01$ 水平上达到显著水平。表中代号意义如下：X1 代表土壤总有机质，X2 代表土壤水溶性有机质，X3 代表土壤微生物生物量碳，X4 代表土壤总孔隙度，X5 代表土壤毛管孔隙度，X6 代表土壤非毛管孔隙度，X7 代表土壤容重，X8 代表>2 mm 粒径土壤水稳性团聚体，X9 代表 0.25～2 mm 粒径土壤水稳性团聚体，X10 代表 0.053～0.25 mm 粒径土壤水稳性团聚体，X11 代表<0.053 mm 粒径土壤水稳性团聚体，X12 代表土壤深度。

强度来看，随着动土量的增加，降低效应也增强。

另外，土壤有机质在农田中的主要作用之一是维持土壤物理、化学和生物性状，而不同耕作方式导致土壤有机质在土壤剖面上的分布规律和单位土壤体积有机质含量的不同，而且使土壤有机质与不同数量的土壤性状失去显著相关性，因而，可以得出不同耕作措施改变了土壤有机质在土壤中维持其他土壤性状的能力，而且随土壤耕作强度增加其能力降低幅度越大。

8.2.3 土壤温度与其他土壤性状

由于土壤温度对土壤性状的影响主要有以下 3 个方面：一是通过影响微生物的繁殖速度、活性等改变其他土壤性状；二是通过水热运移影响土壤中可溶性物质在土壤中的迁移；三是通过土壤的冻融作用直接影响土壤结构的变化。由于土壤温度对其他土壤性状的影响需要一定的持续时间，以与土壤样品取样同一时间点的温度来分析土壤温度对其他指标的影响缺乏科学性，所以本研究将土壤温度作为一个独立的指标探讨其效应。

免耕农田相对于传统耕作降低土壤温度变化幅度，因而具有在降温时表现"增温效应"、升温时表现"降温效应"的双重效应。其双重效应在日变化中的具体表现为白天表现降温效应、夜间表现增温效应；在季节变化中具体表现为冬小麦活动期表现降温效应、越冬期表现增温效应。而不同耕作方式土壤温度随时间的动态变化特征是一致的，即土壤温度日变化和季节变化均呈正弦曲线状态。

土壤微生物生物量碳在拔节期达到当季冬小麦田的高峰，可见经过越冬期至返青期的土壤冻融和干湿交替等作用对土壤微生物产生了激发效应。同时，土壤有机质和水溶性有机质均在拔节期达到当季最高值，但不同耕作方式比较发现 0～5 cm 土层以土壤温度最低的免耕含量最高，可见不同耕作方式土壤温度的变化不会对土壤有机质、水溶性有机质和微生物生物量碳产生显著影响。在冬小麦的其他生育时期，各类土壤性状的动态变化特征也与土壤温度的正弦变化特征没有相似性。可见不同耕作方式虽然对土壤温度，尤其是土壤温度变化幅度产生了显著影响；但在华北平原气候条件下，大田土壤温度范围内，不会对其他土壤性状产生显著影响。

参考文献

［1］Franzluebbers A J, Aushad M A. Water-stable aggregation and organic matter in four soils under conventional and zero tillage. Canada Journal of Soil Science. 1996, 76: 387-393.

［2］Singh K K, Colvin T S, Erbach D C, *et al*. Tilth index: an approach to quantifying soil tilth. 1992, 35: 1777-1785.

［3］Lal R. Challenges and opportunities in soil organic matter research. European Journal of Soil Science. 2009, 60: 158-169.

［4］Tripathi R P, Peeyush Sharma, Surendra Singh. Tilth index: an approach to optimize tillage in rice-wheat system. Soil and Tillage Research，2005，80：125-137.

[5] 王芸，李增嘉，韩宾，等. 保护性耕作对土壤微生物量及活性的影响. 生态学报，2007，27(8)：3384-3390.

[6] 汤树德. 作物秸秆直接还田的土壤生物学效应. 土壤学报，1980,17(2)：172-181.

[7] 谭周进，汤海涛. 秸秆还田栽培玩到土壤微生物动态研究. 湖南农业科学，2001，4：30-33.

[8] 刘刚，佟万红，杜周和. 秸秆覆盖对桑园土壤微生物年变化的影响. 蚕业科学，2003,29(2)：185-188.

[9] 金海洋，姚政，徐四新. 秸秆还田对土壤生物特性的影响研究. 上海农业报，2006，22(1)：39-41.

[10] Jonathan J H，Jefrey L S，Robert I P. Integration of multiple soil parameters to evaluate soil quality：a field example. Biology and Fertility of Soils，1996，21：207-214.

[11] Hussain I，Olson K R，Wander M M，*et al*. Adaptation of soil quality indices and application to three tillage systems in southern Illinois. Soil & Tillage Research，1999，50：37-249.

[12] Doran J W，Parking T B. Defining and assessing soil quality. In：Defining soil quality for a sustainable environment. 1994，3-21.